21 世纪全国高等院校环境系列实用规划教材

环境噪声控制工程

主　编　邢世录　　包俊江
副主编　李桂兰　　李春丽
主　审　田　瑞

北京大学出版社
PEKING UNIVERSITY PRESS

内 容 简 介

本书详细论述了环境噪声控制技术、环境噪声的测量分析及环境噪声影响评价的基本原理和措施，结合案例突出应用性，注重学生综合能力的培养。全书共分 10 章，第 1 章和第 2 章系统地介绍了环境噪声的基础知识，第 3～6 章详细论述了噪声与振动控制技术的原理和实用技术，第 7 章介绍了噪声与振动测量技术基础及分析方法，第 8 章阐述了环境噪声影响基本评价量、评价内容、评价程序及分析方法，第 9 章和第 10 章介绍了城市区域环境噪声、部分机电设备噪声的产生机理及防治措施。

本书可以作为普通高等院校环境科学与工程专业的教材，也可供环境保护、建筑设计、城市规划方面的工程技术人员参考使用。

图书在版编目(CIP)数据

环境噪声控制工程/邢世录，包俊江主编 . —北京：北京大学出版社，2013.4
(21 世纪全国高等院校环境系列实用规划教材)
ISBN 978-7-301-21416-9

Ⅰ.①环…　Ⅱ.①邢…　②包…　Ⅲ.①环境噪声—噪声控制—高等学校—教材　Ⅳ.①TB53

中国版本图书馆 CIP 数据核字(2013)第 047897 号

书　　　　名：环境噪声控制工程
著作责任者：邢世录　包俊江　主编
策 划 编 辑：童君鑫
责 任 编 辑：童君鑫　黄红珍
标 准 书 号：ISBN 978-7-301-21416-9/X · 0058
出 版 发 行：北京大学出版社
地　　　　址：北京市海淀区成府路 205 号　100871
网　　　　址：http://www.pup.cn　新浪官方微博:@北京大学出版社
电 子 信 箱：pup_6@163.com
电　　　　话：邮购部 62752015　发行部 62750672　编辑部 62750667　出版部 62754962
印 刷 者：北京大学印刷厂
经 销 者：新华书店
　　　　　　787 毫米×1092 毫米　16 开本　15.75 印张　368 千字
　　　　　　2013 年 4 月第 1 版　2015 年 8 月第 2 次印刷
定　　　　价：35.00 元

前　言

　　噪声污染、水污染、大气污染被认为是当今世界的三大污染。随着工业、农业、交通运输事业的迅速发展，噪声污染日趋严重，它对人们身心健康的危害，逐渐被人们所认识和关注，因此噪声的控制迫在眉睫。

　　面对环境科学与工程的迅猛发展，作为本科阶段一门专业课教材，本书的撰写以"三个力求"为指导思想。即力求学生在学习过程中看得懂、理得清、记得牢、用得上；力求启发性，培养学生的创新和开拓精神；在重要内容的取舍上做到提高信息量和信息密度的同时，确保信息质量，力求化繁为简、突出重点。如何把浩瀚的学科领域中的基础知识、重点知识和基本技能讲述清楚，除了进一步注重章节之间的有机衔接、结构安排合理以外，本书更加注重工程应用方面的知识讲述。

　　要进行环境噪声控制，使噪声控制在人们所能接受的程度，必须要了解噪声声学特性，用适合的评价量进行噪声影响评价，结合噪声允许的标准以及目前经济技术允许条件，再根据降噪原理确定降噪措施，才能既经济又有效地降低噪声，使之达到国家标准。为使环境工程类专业的学生在环境噪声的管理和噪声的治理中能得心应手地从事上述工作而编写了本书，而本书中所列工程实例、声学标准、环境影响评价方法可供设计参考。

　　环境噪声控制工程是环境科学与工程领域中一门应用学科，涉及声波的基础理论知识及相关特殊设备和有关噪声控制工程方面的知识，全书共分10章，包括绪论、噪声的基本特征、吸声和室内声场、隔声与隔声结构、消声技术、隔振和阻尼、噪声与振动测量技术、环境噪声影响评价、城市区域环境噪声控制和部分机电设备噪声控制。

　　本书编写工作分配如下：邢世录编写第1章、第4章、第7章第4节；包俊江编写第2章第3节、第6章、第7章第1节；李桂兰编写第2章除第3节外其他章节、第3章、第5章；李春丽编写第7章第2、3节、第8～10章；田瑞教授负责统稿并担任主审，在此表示衷心感谢。

　　由于编者水平有限，书中难免有不足之处，希望广大读者提出宝贵意见，批评指正。

编　者
2012 年 10 月

目　　录

第1章 绪 论

教学目标及要求

通过本章的学习，了解噪声污染的现状、特点，噪声的来源及分类，噪声的危害；掌握噪声的定义分类及控制基本途径。

教学要点

噪声的定义、噪声的类型、噪声控制基本途径。

随着现代工业、交通、运输事业的迅速发展，以及城市化进程的加快，各种机器设备、交通运载工具的数量急剧增加，而且为了提高生产率，其功率也越来越大，所以以工业噪声和交通噪声为主而造成的城市环境污染日趋严重。它破坏人们生活的环境，危害人体健康，影响人们正常的工作和生产活动，噪声已成为继水污染、大气污染之后当今重要公害之一。研究噪声的污染规律，寻找产生噪声的原因，从而有效地控制和治理噪声，已成为人们愈来愈迫切的要求。本书将系统介绍噪声的基本特性、噪声控制技术及其应用、评价量和测量方法、噪声的标准等。

 导入案例

俗语说："病从口入"，而"病从耳入"却很少引起人们的注意。噪声下人的失眠、心慌和全身乏力等症，就是噪声进入耳朵后，作用于中枢神经系统，使人的基本生理过程——大脑皮层的兴奋和抑制平衡失调，使脑血管的张力受到损伤所致，这在医学上被称作神经衰弱症（图1.01）。噪声通过耳朵侵入人体，还会诱发各种疾病，这早在一两百年以前就被发现了。但是，直到第二次世界大战时，炮兵耳聋人数剧增，才引起了医学界的高度重视。

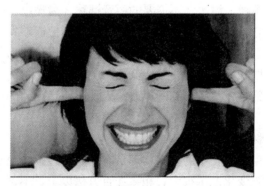

图 1.01 噪声导致的神经衰弱症

随着科学技术的飞速发展，噪声通过耳朵对人体的伤害更加明显了。噪声严重影响到人类的睡眠（图1.02），有的人便把噪声比作是"杀人元凶"、"无形的杀手"、"致人死命的毒物"等。有关资料表明，噪声除了致人耳聋以外，还会作用于人的消化系统、心血管系统、自主神经系统，对人体的健康产生不良影响，对女性还有特殊的伤害。正因为如此，世界上许多国家都制定了噪声卫生标准以及预防措施，早在1979年，我国卫生部、劳动部就颁发了《工业企业噪声卫生标准》，凡噪声超过本标准(85dB)规定的生产车间和作业场所，必须采取行之有效的控制措施，并限期达到本标准要求，在未达到标准前，厂矿企业必须发放个人防护用品，以保障工人健康。那么噪声是哪里来的？究竟有哪些危害？用什么办法来减弱噪声呢？

图 1.02　难以入眠(作者　老品子)

1.1　噪声的定义及分类

1.1.1　噪声的定义

人类的生存伴随着各种各样的声音。人们一般把声音分成乐声和噪声。物理学的观点是把节奏有调，听起来和谐的声音称为乐声，而把杂乱无章，听起来不和谐的声音称为噪声。心理学的观点认为噪声和乐声是很难区分的，它们会随着人们主观判别的差异而改变。因此，人们将使人烦躁、讨厌、不需要的声音都称之为噪声。

噪声是声的一种，它具有声波的一切特性，通常我们把能够发声的物体称为声源，产生噪声的物体或机械设备称为噪声源，能够传播声音的物质称之为传声媒质。人对噪声吵闹的感觉，同噪声的强度和频率有关，频率低于20Hz的声波称为次声，超过20000Hz的称为超声，次声和超声都是人耳听不到的声波。人耳能够感觉到的声音(可听声)频率范围是20～20000Hz。物理学上通常用频率、波长、声速、声压、声功率级及声压级等概念和量值来描述声的一般特性。

衡量噪声强弱或污染轻重程度的基本物理量是声压、声强、声功率。由于正常人的听觉所能感觉的声压或声强变化范围很大，相差在百万倍以上，不便表达，因此采用了以常用对数作相对比较的"级"的表述方法，分别规定了"声压级"、"声强级"、"声功率级"的基准值和测量计算公式。它们的通用单位计为"分贝"，记作"dB"。在这个基础上，为了反映人耳听觉特征，附加了频率计权网络，如常用的A计权，记作dB(A)。对于非稳态的噪声,目前一般采用在测量采样时间内的能量平均方法,作为环境噪声的主要评价量,简称**等效声级**,记作"L_{eq} - dB(A)"。噪声的这些特性和量度、评价基本方法,在污染情况的调查分析、治理技术的发展应用中都是必须掌握的。

1.1.2 噪声的分类

噪声因其产生的条件不同而分为很多种类,既有来源于自然界的(如火山爆发、地震、潮汐和刮风等自然现象所产生的空气声、地声、水声和风声等),又有来源于人类活动的(如交通运输、工业生产、建筑施工、社会活动等)。一般情况下,按噪声的强度可分为过响声、妨碍声、不愉快声、无影响声等;按噪声源的不同分为城市环境噪声、工业噪声和交通噪声 3 种。

1. 工业噪声污染源

工业噪声(图 1.1)是指在工业生产过程中,由机械设备运转、工业操作和物料传输等发出的噪声。工业噪声大都会在 75~95dB(A)左右,有一些机械的噪声级甚至可达到 120dB(A)以上(表 1-1),是我国目前城市环境噪声污染的主要来源之一。与交通噪声、建筑施工噪声、社会生活噪声相比,工业噪声具有长期固定的作用地点和时间,因而很容易引起厂群矛盾。

图 1.1 工业基地噪声污染源

表 1-1 一些机械噪声源强度

声级/dB	机械设备或厂房、车间
130	风铲、风铆、大型鼓风机、高炉和锅炉排气放空
125	轧材、热锯(峰值)、锻锤(峰值)
120	有齿锯锯钢材、大型磨球机、加压制砖机
115	振捣台、风热炉鼓风机、振动筛、抽风机
110	罗茨鼓风机、电锯、无齿锯
105	破碎机、大螺杆压缩机、织布机
100	电焊机、大型鼓风机站、柴油发动机

声级/dB	机械设备或厂房、车间
95	织带机、轮转印刷机
90	空气压缩机站、泵房、轧钢车间、冷冻机房
85	车床、铣床、刨床、造纸机
80	织袜机、漆包线机、针织机
75	上胶机、蒸发机
75 以下	拷贝机、放大机、电子刻板真空镀膜机

噪声污染是一种能量污染，由发声物体的振动向外界辐射的一种声能。若声源停止振动发声，声能就失去补充，噪声污染随之终止。工业噪声与工业废水、废气、废渣污染所不同的是它没有污染物的积累。工业噪声的分类大致有 3 种方式。

1) 按噪声的频率特性和时间特性分

(1) 高频噪声、低频噪声。

(2) 宽频噪声、窄频噪声。

(3) 稳态噪声、非稳定、不连续噪声和脉冲噪声等。

2) 按噪声源的发声机理分

(1) 空气动力性噪声——由于气体振动产生，气体的扰动和气体与物体之间的相互作用产生这种噪声。如鼓风机、空压机、燃气轮机、高炉和锅炉等设备气体放空时都可以产生空气动力性噪声。

(2) 机械噪声——由于撞击、摩擦、交变机械应力等作用而产生的噪声。球磨机、轧机、粉碎机、机床以及电锯等所产生的噪声均属于这类噪声。

(3) 电磁噪声——由于交变电磁场产生周期性的交变力，引起振动时产生的。电动机、发电机和变压器都会产生这种噪声。

3) 按行业性质分

机械制造、矿山冶金、纺织轻工、石油化工、航空航天、建筑建材、发电、造船等。在许多行业中，如供热、供电、供水、供气等部门的噪声问题具有一定的共性。但是，不同的行业生产工艺和设备不同，噪声问题会表现出不同的特点，从而发展了多种多样的治理技术措施。

2. 交通运输噪声污染源

交通运输噪声污染源(图 1.2)包括起动和运行中的各种汽车、摩托车、拖拉机、火车、飞机、轮船等。交通噪声强度与行车速度有关，车速加倍，噪声级平均增加 7～9dB；车流量增加 1 倍，噪声级平均增加 2.7dB。不同交通运输工具的噪声差别也大，载重车的噪声级可达 90dB(A)，而飞机起飞时在测点上的噪声达 100dB(A)以上。交通噪声主要来源于发动机壳体的振动噪声、进排气声、喇叭声以及轮胎与路面之间形成的噪声。交通噪声是一种不稳定的噪声，而且声源具有流动性，影响面较广，约占城市噪声源的40%。2001年江苏省开展监测的道路中有36%的路段等效声级超过了70dB(A)的允许标准。

2006年全国398个市(镇)开展道路交通噪声监测，道路交通噪声平均等效声级见表1-2。

图 1.2　交通运输噪声污染源

表 1-2　2006年全国道路交通噪声监测情况

道路交通噪声平均等效声级/dB(A)	≤68	68～70	70～72	72～74	≥74
相应声级内的城市数/个	229	124	34	7	4
相应声级内的城市数占总数的比例(%)	57.5	31.2	8.5	1.8	1.0

3. 建筑施工噪声污染源

建筑施工噪声污染源(图1.3)包括运转中的打桩机、打夯机、挖掘机、混凝土搅拌机、推土机、吊车和卷扬机、空气压缩机、凿岩机、木工电锯、运输车辆以及敲打、撞击、爆破加工等，在距声源15m外，噪声级高达80～105dB(A)(表1-3)。建筑施工噪声具有多变性、突发性、冲击性、不连续性等特点，不仅对附近居民干扰大，而且对现场操作人员的危害也大(表1-4)。

图 1.3　建筑工地噪声污染源

表 1-3　建筑施工机械噪声级　　　　　　　（单位：dB）

机械名称	距离声源 10m		距离声源 30m	
	范围	平均	范围	平均
打桩机	93～112	105	84～103	91
地螺钻	68～82	75	57～70	63
铆枪	85～98	91	74～98	86
压缩机	82～98	88	78～80	78
破路机	80～92	85	74～80	76

表 1-4　施工现场边界上的噪声级　　　　　　　（单位：dB）

场地类型	居民建筑	办公楼等	道路工程等
场地清理	84	84	84
挖土方	88	89	89
地基	81	78	88
安装	82	85	79
修正	88	89	84

4. 社会生活噪声污染源

社会生活噪声污染源（图 1.4）包括冷却塔、空调器、水泵、风机、排油烟机、高音喇叭、音响设备以及商业、交际和娱乐等社会活动和广泛使用的家用电器等，一些家电所产生的噪声可达 65～90dB(A)（表 1-5），有些活动中室内造成的噪声甚至可达 100dB(A) 以上。虽然社会生活噪声户外平均声级不是很高(55～65dB)，但给居民造成的干扰很大，是城市中影响环境质量的主要污染源，其所占比例近 50%。

图 1.4　社会生活噪声污染源

表1-5 家庭常用设备噪声 （单位：dB）

家庭常用设备	噪声级
洗衣机、缝纫机	50～80
电视机、除尘器、抽水马桶	60～84
钢琴	62～96
通风机、吹风机	50～75
电冰箱	30～58
电扇	30～68
食物搅拌器	65～80

2006年全国378个市(县)开展区域环境噪声监测的情况见表1-6。

表1-6 2006年全国378个市(县)开展区域环境噪声监测的情况

城市区域声环境质量等级	好	较好	轻度污染	中度污染	重度污染
相应等级内的城市数/个	19	241	111	6	1
相应等级内的城市数在总数中的比例(%)	5.0	63.8	29.3	1.6	0.3

1.2 噪声的危害

噪声对人体的影响是多方面的，首先是在听觉方面。从表1-7可知，噪声强度在85dB以上时，对人体的健康将有危害，最常见的是听觉的损伤。人们在较强的噪声环境中工作和生活时会感到刺耳难受，时间久了会使听力下降和听觉迟钝，甚至引起噪声性耳聋。据调查，在铆工、锻工和发动机车间的工人中患噪声性耳聋者可达90%，突然而来的极其强烈的噪声(如150dB)可使人鼓膜破裂、内耳出血而引起暴振性耳聋。

表1-7 各种声音的分贝数及其危害

声级/dB	160	140	120	100	80	60	40	20	0
人的感觉	很痛苦	痛苦	难忍受	很吵闹	吵闹	一般	一般	一般	一般
环境举例	导弹发射核爆炸	喷气机起飞	球磨机旁锅炉车间	纺织车间	公共汽车内大叫	室内交谈	建筑物内轻声耳语	郊区静夜	听阈
危害程度	严重危害		听觉较快受损，耳聋		常听受损耳聋	有无影响，尚无定论	安全		
	语言、通信受干扰								

噪声不仅影响人们正常工作，妨碍睡眠和干扰谈话，而且还能诱发多种疾病。噪声作用于人的中枢神经系统使大脑皮层的兴奋与抑制机能失调，导致条件反射异常，会引起头晕脑胀、反应迟钝、注意力分散、记忆力减退，是造成各种意外事故的根源。

噪声还影响人的整个器官，造成消化不良、食欲不振、恶心呕吐，致使胃溃疡发病率增高。近年来又发现噪声对心血管系统有明显影响，长期在高噪声车间工作的工人中有高血压、心动过速、心律不齐和血管痉挛等症状的可能性，要比无噪声时高 2～4 倍。噪声对视觉器官也会造成不良影响。据调查，在高噪声环境下工作的人常有眼痛、视力减退、眼花等症状。

此外，强烈的噪声影响会使仪器设备不能正常运转，灵敏的自控、遥控设备会失灵或失效。特强的噪声还能破坏建筑物。

1.3 噪声污染现状及存在的主要问题

我国于 20 世纪 70 年代初开始对一些城市环境作了全面调查，据不完全统计，全国已有 80 多座城市进行了噪声监测，确定了环境噪声功能区域划分，制定了相应的法律法规。

据统计，因噪声扰民的诉讼案件占环境污染事件的比例由 1979 年的 30%，激增到现在的 50% 以上。全国有 47 个大中城市白天的平均等效声级约为 65dB 以上，其中上海、成都和兰州污染最为严重。在这些城市中各类噪声影响面积(占全市面积%)约为：交通噪声 35%～60%、工业噪声 10%～40%、城市环境噪声 15%～50%。

其中，工业噪声在我国城市环境噪声构成中占有相当大的比例，平均约为 20%。它在各种形式的城市污染源中，虽然比机动车辆等交通噪声的传播影响范围要小，但它的发生源位置基本是固定的，持续时间又长，不仅直接使生产工人受害，而且对周围环境产生的干扰往往也更加严重。20 世纪 70 年代以来，我国对工业噪声污染及其危害情况作过多方面的调查，环境保护部门积累了大量扰民矛盾的信访申诉统计资料。20 世纪 80 代后期，从国家环境保护局组织完成的工业污染源调查结果看，被调查的 53 万个工业噪声源中有 28 万个超过国家标准，比例高达 53%。工业企业车间噪声大多在 75～105dB(A) 之间。表 1-8 列出了我国主要工业声级的分布情况。

表 1-8 我国主要工业企业声级分布表

噪声源 声级/dB(A)	机械工业	冶金工业	纺织工业	石油化工工业	食品工业	建筑建材工业
≤85	车、铣、刨、磨车间	平炉、转炉、焦化，各种鼓风机的控制室或隔声控制	羊毛衫横机、袜机、练编、绕纱、红木锭压光机、染丝印花、弹花	各类风机及仪表控制室、塑料筛树脂机、抽丝机、制药车间、橡胶制胶机、焦油蒸馏炉	烘烤机、包装机、面制品、冷饮食处理	制砖机、水泥立窑、油漆车间、控制室、休息室

（续）

声级/dB(A)　　噪声源	机械工业	冶金工业	纺织工业	石油化工工业	食品工业	建筑建材工业
86～90	冲天炉、机加工流水线	轧钢车间压缩机站泵房	电剪、轻纺落纱、梳棉、打穗、抽丝、漂染	泵房、煤气压缩机站、冷冻机站、橡胶挤出机、塑料机	切肉机、封盖机、硬糖成型机	水泥输送机、石灰碳化、胶水、砖瓦滚机、布沙机
91～114	冲床、柴油机及汽油机试验车间	鼓风机站、抽风机、加压制砖机振动筛、矿山潜孔站	织布机、成球、理条	透平机、加热塑料切粒机、热合机		电锯、电刨、锨切机、齐边机、球磨机、振动筛、碎运平洞、振捣台
≥115	铆接铲边	鼓风机、空压机、排气放风、大球磨机		排气放空		有齿锯

由于历史的原因，长期以来我国城市规划不合理，许多城市工业企业与居民混杂，由噪声污染引起的厂群矛盾，不仅使经济受到损失，而且影响了社会的安定团结。从总体看，近年来我国城市工业噪声恶化的趋势虽有所控制，但污染影响的范围仍不断扩大，据国家环保局监测统计资料，城市工业集中区的噪声超标率由1981年的24.2%上升到2000年的48.5%。因此，亟需依靠科技进步促进治理，强化管理。

噪声的治理无论是在管理上还是在技术上都还存在不少问题。

(1) 受到传统技术的局限。许多工业部门对于机械设备产品和加工工艺的严重噪声问题缺乏应有的重视。时至今日，有些行业尤其是不少乡镇企业由于生产条件落后造成的噪声污染还没有得到很好的重视，传统观念亟待转变到现代文明生产和环境保护上来。

(2) 管理体制不协调。土地使用、城市建设规划上，过去遗留下来的工厂与居民混杂，虽然在发达地区这种现象有所改善，但欠发达地区企业，诸如冶金、机电、纺织、化工等行业中，新的噪声扰民矛盾仍不断发生，除水污染、大气污染、高温高热和兼有高噪声问题等的中小型工厂，一旦建在居民区，事后治理很困难。

(3) 治理器材设备的生产技术落后，产品型号和规格杂乱，性能和质量缺乏必要的检测保证，造成工程上财力、物力的浪费。由于噪声控制设备制造行业绝大多数企业规模较小，工艺技术设备落后，又缺乏统筹规划和宏观指导，相当部分产品(如普通消声器的市场几乎饱和，生产能力过剩)处于盲目发展阶段。由于对声源识别技术缺乏研究，在治理上就难以对症下药，例如，冲击产生的噪声、排气产生的噪声、滚动噪声等，定性地可以解释其机理，而定量分析困难。如火车行驶的轮轧噪声、锯、钻、撕裂、摆动、纺织等机械噪声，其产生的机理尚未弄清，控制就更困难。

1.4 噪声污染防治对策

由于噪声给人类带来的危害引起了世界各国的普遍重视，从 20 世纪 60 年代起，各国就积极开展了噪声治理工作。为了对噪声加强控制和管理，各国先后设置了防治噪声的机构。日本、英国、加拿大、美国、瑞典等国家在环保部门均设有防治噪声的研究机构，并逐年增加其资金投入，同时重视社会管理，制定出环境噪声法规、条例和各区域允许的环境噪声标准。有的还规定了个人行为不得妨碍环境宁静。有了法规标准就有利于采取各种行政手段加强社会管理，从而达到控制噪声污染的目的。

国外防治噪声污染对策主要包含两个方面内容，一是从噪声传播分布的区域性控制角度出发，强化土地使用，加强城镇建设规划中的环境管理，贯彻合理布局，特别是工业区和居民区分离的原则，即在噪声污染的传播影响上间接采取防治措施；二是从噪声总（能）量控制出发，在对各类噪声源机电设备的制造、销售和使用等环节上，对污染源本身直接采取控制措施。具体可以分以下几点。

（1）制定科学合理的城市区域环境规划，划分好各个区域的社会功能，以保证要求安静的区域不受噪声污染。规划建设专用工业园区，组织并帮助高噪声工厂企业集中整治，对居住生活地区和道路交通建立必要的防噪声隔离带，或采取成片绿化等措施，缩小工业噪声的影响范围。

（2）对不同的噪声源机械设备，强制实施产品噪声限值标准和分级标准。质量监督部门据此对制造商、进口商、销售商进行管理，促使发展技术先进的低噪声产品逐步替代与淘汰落后的高噪声产品。国际标准化组织 ISO 已在加紧研究，推行把噪声级指标正式列为产品铭牌一项基本内容的规定。

（3）建立有关的中介机构，尤其是从事研究和技术开发、技术咨询的机构，为各类噪声源设备制造商提供技术指导，以便在产品的设计、制造中实现有效的噪声控制。

（4）提高吸声、消声、隔声、隔振等专用材料的性能，以适应通风散热、防尘防爆、耐腐蚀等技术要求，改进噪声污染影响的评价分析方法。开发应用计算机技术，发展模型实验，提高预测评价工作的效率和精度，节省防治工程的费用。

1.5 噪声控制的基本途径

声学系统的主要环节是声源、传播途径、接受者。因此，控制噪声必须从这三方面系统综合考虑，采取合理措施，消除噪声影响。

1.5.1 噪声源治理

要彻底消除噪声，只有对噪声源进行治理，而且噪声源控制是最根本、最有效的手段，但从声源上根治噪声是比较困难的，而且受到各种环境和条件的限制。然而，对噪声源进行必要的技术改造还是可行的。

（1）改进机械设备结构，应用新材料、新工艺来降噪，效果和潜力是很大的。近年来，随着科技的发展，各种新材料、新工艺应运而生，生产出一些内摩擦较大、高阻尼合金、高强度塑料、陶瓷生产机械及零部件已成为现实。例如，汽车生产中采用陶瓷发动机、碳纤维及高强度塑料等部件；尼龙齿轮对于机械制造行业、化纤行业及纺织行业的噪声控制可降噪 20dB；对于风机，选择最佳的叶片形状，可以降低风机噪声；对于旋转机械设备，尽量选用噪声小的传动方式。

（2）改革工艺和操作方法，也是从声源上降噪的一种途径。例如，用低噪声焊接代替高噪声铆接；采用液压装置代替机械传动等方法可以有效地、大幅度地降低噪声。

（3）提高零部件加工精度使机件之间尽量减少摩擦；提高装配质量，减少重心偏移，则可减小偏心振动。减小机械设备的噪声，对提高运行效率，降低能耗，延长使用寿命都有好处。

1.5.2　在噪声传播途径上的降噪

噪声传播途径中的控制是最常用的方法，在噪声源上治理效果不理想时，可考虑在噪声传播途径上采取措施。能够利用的措施：在噪声传播过程中，可以采取的声学控制方法是噪声控制技术的重要内容，它主要包括吸声技术、隔声技术、消声技术、阻尼技术等，这些内容在后面的章节将详细介绍。

除此之外，还要注意以下几种方式的应用。

（1）利用地形和声源的指向性降低噪声。

（2）利用绿化降低噪声。

（3）利用噪静分开的方法降低噪声。

1.5.3　接受者保护

在机械多而人员少或机械噪声控制不理想、不经济的情况下，控制噪声还可以采取对接受者进行个体防护的措施，这是一种经济而有效的措施。常用的防声器具有耳塞、耳罩、头盔、防声棉等，它们主要是利用隔声原理来阻挡噪声传入人耳。有关这方面的内容，在后面的个体防护一节中详细介绍。

习　　题

1. 什么样的声音称为噪声？

2. 噪声有哪些危害？

3. 噪声污染与水污染、大气污染及固体废物污染相比，其危害性有何特点？

4. 噪声控制基本途径有哪些？哪种途径是最有效最根本的途径？

5. 噪声按发生机理分为哪几类？

6. 噪声会诱发哪些疾病？

第 2 章　噪声的基本特征

教学目标及要求

本章首先介绍和讨论关于声音的一些基本特征，包括声音的物理特征、声学特征、传播特性及基本评价量。通过对声音的基本知识的学习，了解和掌握噪声污染的规律，为找到治理噪声污染的有效途径，改善生产和生活条件打下坚实的基础。

教学要点

声波的产生和传播过程、描述声波的物理量、声波的传播特性、声源的辐射特性。

 导入案例

我们生活的空间，充满各类声音，有些声音弱如虫鸣，有些则强如炮轰；有些声音尖如汽笛，有些又沉如闷雷；有些声音悦耳动听，有些却吵闹难忍。声音的性质是如何确定的呢？原来声音的大或小，与"声压"大小有关；声音的尖或沉，与"音频"高低有关；声音是悦耳还是嘈杂，与"音调"是否和谐有关。

英国伦敦，有一条著名的圆环形"私语走廊"，你在这直径 34m 的走廊任何一处墙边说悄悄话，在走廊其他地方，包括直径对面的最远处的人，都能听得清清楚楚。如若你对着墙壁"私语"，其他的人会觉得你正在他身边"耳语"，十分奇妙。更为著名的是北京天坛的回音壁（图 2.01）。回音壁，是天坛中存放皇帝祭祀神牌的皇穹宇外围墙。墙高 3.72m，厚 0.9m，直径 61.5m，周长 193.2m。墙壁是用磨砖对缝砌成的，墙头覆着蓝色琉璃瓦。围墙的弧度十分规则，墙面极其光滑整齐，两个人分别站在东、西配殿后，贴墙而立，一个人靠墙向北说话，声波就会沿着墙壁连续折射前进，传到一二百米的另一端，无论说话声音多小，也可以使对方听得清清楚楚，而且声音悠长，堪称奇趣，给人造成一种"天人感应"的神秘气氛，所以称之为"回音壁"。回音壁是采用声学原理实现的。首先是古建筑的墙壁比较坚实细密，

图 2.01　北京天坛的回音壁

对声波的反射效果较好。其次，回音壁为半圆形，圆形的宝顶矗立在圆弧内，声波的波长小于圆弧的半径，于是沿墙面或墙面宝顶间连续反射前进，声音就这样清晰地传到了另一方。声波的反射、声波的波长都属于噪声的基本特征。

现实生活中我们还会遇到很多关于声音的现象，如：据声源的距离越近，声音就越清楚，而离声源的距离越远，声音会变得越小；同样大小的声音晚上听感觉比白天清楚；逆风传播的声音难以听清。图 2.02 给出了声音的传播过程。几个声源同时在一个声场中时它们对环境噪声的共同效果的评价；高频声比低频声衰减得要快；在远处听到强噪声，如飞机、枪炮声等都比较低沉。那么关于声音的这些现象如何解释，与噪声的哪些基本特征息息相关呢？

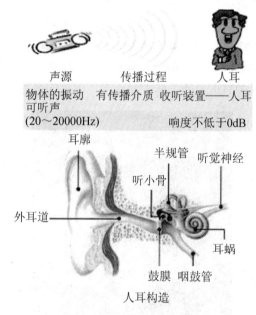

图 2.02　声音的传播过程

2.1　噪声物理特征

人类生活在声音的世界中。这些声音中有些是必不可少的，如人们在交流过程中的谈话声、欣赏影视时的对话和音乐声以及收听广播等，还有一些声音如机械设备、各种交通工具等发出的声音，则是日常工作、生活人们不想听到的声音——噪声。

日常生活中，人们总会用音量的大小、音调的高低和音色的悦耳程度及声音出现的连续性来形容我们所能听到的声音的感受。而人们的这些感受的不同，是与声音的物理特征密切相关的。

2.1.1　声音的产生

声音来源于物体的振动，如人的说话声来源于人喉内声带的振动，扬声器发声是因为纸盆的振动，机械设备的噪声发自其部件的振动等，我们把这些"制造"声音的振动着的**物体**称为**声源**。这里需要指出的是，声源不一定是固体，液体和气体振动同样可以发出声音，如海浪声、汽笛声就是由这些流体发出的。

研究发现，声源发出的声音必须通过中间媒质才能传播出去。我们以音箱为例，当电信号通入音箱时，引起音箱纸盆在原来静止位置附近来回振动，这样就带动了与它相邻近的空气层中的气体分子（质点），使它们产生压缩和膨胀运动。由于这些气体分子之间有一定的弹性，这一局部区域的压缩和膨胀又会促使下一邻近空气层气体分子发生同样的压缩和膨胀运动。如此周而往复，由近至远相互影响，就会把音箱纸盆的振动以一定速度沿着媒质向各个方向传播出去。当这种振动传播到人耳时，引起人耳的鼓膜的振动，通过听觉机构的振动，刺激人的听觉神经而使人有了声音的感觉。这种向外推进着的空气振动称为**声波**，也就是说，声波是依靠介质的质点振动向外传播声能，而介质的质点只是振动但不移动，是振动的传递，所以声音是一种波动。有声波传播的空间叫**声场**。在声场中人们最熟悉的传声媒质是空气，除此以外，液体和固体也都能传播声音。

声波传播（图 2.1）过程中，若媒质质点的振动方向与声波的传播方向相平行，称为**纵波**。若媒质质点的振动方向与声波的传播方向垂直，则称为**横波**。

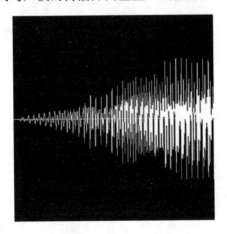

图 2.1 声音的传播

2.1.2 频率、波长与声速

物体振动产生声音，如果物体是周期性振动，那么媒质质点的振动状态也呈周期性变化。我们把质点振动状态相同的两个相邻层之间的距离称为声波的**波长**，记作 λ，单位是米（m）。前面讲过，媒质中某一层质点的振动将扰动相邻层质点以至于更远部分层面质点的振动，但不同层面质点振动在时间上分别有所延迟，也就是说振动状态的传播需要一定的时间，这种振动状态（或能量）在媒质中自由传播的速度叫**声速** c，单位是米/秒（m/s）。而周期性物体每振动一次所经历的时间称为**周期**，记作 T，单位是秒（s）。而物体在 1s 内振动的次数称为**频率**，记作 f，单位是赫兹（Hz），简称赫，或次/秒，$1Hz = 1s^{-1}$，它是周期的倒数，即

$$f = \frac{1}{T} \tag{2-1}$$

由式（2-1）可看出，每秒钟振动的次数越多，其频率越高，人耳听到的声音就越尖，或者说音调越高，表 2-1 为不同声音对应的频率表。

表 2 - 1　声音对应的频率范围

频率范围/Hz	<20	20～20000			>20000
声音定义	次声	低频声	中频声	高频声	超声
		<500	500～2000	>2000	
		音频声			

如果媒质质点振动的频率是 f，则有

$$c=\lambda \cdot f \tag{2-2}$$

式(2-2)表明媒质质点每振动一次，声波就向前移动一个波长 λ，在 1s 内质点振动了 f 次，因而 1s 内声波向前移动了 $\lambda \cdot f$ 的距离，这也就是声波的传播速度。此外，式(2-2)还表明，声波波长与频率成反比，频率愈高，波长愈短；频率愈低，波长愈长。也就是说，声波的频率或声源振动的频率决定了声波的波长。人耳听阈的频率范围为 20～20000Hz，相应的波长从 17m 到 1.7cm。由此可见，如此宽的频率范围，给噪声控制带来很大的困难。

必须指出，声速不是质点振动的速度，而是振动状态传播的速度。它的大小与振动的特性无关，而与媒质的弹性、密度以及声场的温度有关。温度为 0℃时，声波在不同媒质中的传播速度见表 2 - 2。

表 2 - 2　温度为 0℃时，声波在不同媒质中的传播速度

媒质	水	软木	松木	钢	空气
声速/(m/s)	1450	500	3320	5000	331.4

在空气中，声速与温度的关系如下：

$$c=331.4\sqrt{1+\frac{t}{273}} \tag{2-3}$$

式中　t——空气温度(℃)。

通常室温下(15℃)声音在空气中的传播速度为 340 m/s，100～4000Hz 的声音的波长范围约在 3.4～8.5cm 之间，次声和超声不能使人产生听觉。

2.1.3　声压、声强和声功率

1. 声压与声压级

当没有声波存在，大气环境处于相对静止状态时，空气每一媒质质点的压强为一个标准大气压 p_a。当有声音传入时，局部空气产生压缩和膨胀，在压缩的媒质层上压强增加，在膨胀的媒质层上压强减小。这样就在原来的大气压上又叠加一个压强的变化。这个叠加上去的压强变化是由声波的存在而引起的，所以被称为声压，用 p 表示，单位是帕斯卡(Pa)，1 帕斯卡＝1 牛顿/米²(N/m²)。在一个声场里任一媒质层质点的声压都是随时间变化而变化的，每一时间点(瞬时)的声压称为瞬时声压，某段时间内声压的均方根值称为有

效声压，用 p_e 表示，它等于瞬时声压的最大值除以 $\sqrt{2}$，即

$$p_e = \frac{1}{\sqrt{2}} p_{max} \tag{2-4}$$

如未说明，通常所指的声压即为有效声压。

日常生活中所遇到的各种声音，其声压数据见表 2-3。

表 2-3 不同环境的声压数据

环 境	听阈声压	对话 1m	公共汽车内	织布车间	柴油发电机	喷气飞机起飞
声压/Pa	2×10^{-5}	2×10^{-2}	0.2	2	20	200

空气中传播的声波，在 1000Hz 时，正常人的听阈声压为 2×10^{-5} Pa，痛阈声压为 20Pa，由于正常人的听阈的声压与痛阈的声压大小之间相差 100 万倍，在表达和应用上很不方便，同时，人耳的感受与声压大小不是成正比关系的，而是与声压的对数近似成正比的。因此，如果将两个声音的声压之比用对数来表示，则既简单，又接近人耳的听觉特性。这种用对数表示的声压称为**声压级**。这样在实际应用中，人们引入了"级"的概念。

所谓级是做相对比较的无量纲量。若把声压以 10 倍为一级划分，那么从听阈到痛阈可划分 10^0、10^1、10^2、10^3、10^4、10^5、10^6 七个级数。此时各声压的比值是 10^n 形式，级就是 n 的数值，但数值过少，所以都乘以 20，这时声压的变化范围为 $0 \sim 120$。即

$$L_p = 20 \lg \frac{p}{p_0} \tag{2-5}$$

式中 L_p——声压级（dB）；

p——某一点的声压（Pa）；

p_0——为参考声压，国际上规定 $p_0 = 2 \times 10^{-5}$ Pa。

式（2-5）表明：声压每变化 10 倍，相当于声压级变化 20dB。

当声压用分贝表示时，复杂的数字就可以大大地简化。听阈的声压为 2×10^{-5} Pa，其相对的声压级就是 0dB；普通说话声的声压是 2×10^{-2} Pa，相应的声压级代入式（2-5）可得为 60dB；人耳的痛阈的声压是 20Pa，则声压级为 120dB。由此可见，采用声压级的概念，即能衡量声音的相对强弱，又能把在百万数量级变化的数字变成 $0 \sim 120$ 之间的数字，而且"分贝"表达方法与人耳判断声音强度的变化大体一致。经验证：声压变化 1.4 倍等于声压级变化 3dB，人耳刚好可以分辨这种声音强度的变化；声压变化 3.16 倍，声压级差 10dB，人耳感觉响度约增加（或减小）一倍。

2. 声强与声强级

声波的强弱有多种不同的描述方法，可以测量振动位移、振动速度等，但最方便的是测量声波的声压，这要比其他方法更方便、更实用。除此之外，往往还需要知道声源振动发出噪声的声功率，这时就要用到声能量和声强来描述。

物理学告诉我们，任何运动的物体包括振动物体都能够做功，通常说它们能产生能量，这些能量来源于运动物体。因此声音的产生与传播也必定伴随着振动能量的传递。当

声波向四周传播时，振动能量也跟随转移。我们把声音传递的振动能量叫做**声能量**。在声波传播方向上单位时间垂直通过单位面积的声能量，称为声强，用 I 表示，单位是瓦特/平方米（W/m²）。声强也是衡量声波在传播过程中声音强弱的物理量。

$$I = \frac{\mathrm{d}W}{\mathrm{d}S} \qquad\qquad (2-6)$$

式中　$\mathrm{d}S$——声能所通过的垂直面积（m²）；

　　　$\mathrm{d}W$——单位时间内通过 $\mathrm{d}S$ 的声能（W）。

在无反射声波的自由场中，点声源发出的球面波均匀地向四周辐射声能。因此，距离声源中心为 r 的媒质层面上的声强为

$$I = \frac{W}{4\pi r^2} \qquad\qquad (2-7)$$

由于声波在媒质中传播时，声能总是有损耗的，声音的频率愈高，损耗也就愈大。可见，声强与离开声源的距离有关。在实际工作中，指定方向的声强很难测量，通常是先测出声压，再通过计算求出声强和声功率。

与声压一样，声强也可以用级来表示，即声强级 L_I，它的单位也是分贝（dB），定义为两个声强之比的对数，再乘以 10，即

$$L_I = 10\lg \frac{I}{I_0} \qquad\qquad (2-8)$$

式中　L_I——声强级（dB）；

　　　I——某点的声强（W/m²）；

　　　I_0——参考声强，$I_0 = 10^{-12}$ W/m²，它相当于听阈最弱声音的强度。

声强级与声压级的关系是

$$L_I = L_p + 10\lg \frac{400}{\rho c} \qquad\qquad (2-9)$$

在自由声场中，当空气的媒质特性阻抗 $\rho_0 c$ 等于 $400(\mathrm{kg \cdot s/m^2})$ 时，声强级与声压级在数值上相等，这里空气的媒质特性阻抗 $\rho_0 c$ 是指声波在空气中传播时受到的阻力，其中 ρ_0 为空气密度（$1.2\mathrm{kg/m^3}$），c 为声音在空气中的传播速度（340m/s）。$\rho_0 c$ 随媒质的温度和气压而改变。对于一般情况，声压级与声强级相差一个修正项 $10\lg \frac{400}{\rho_0 c}$，数值是比较小的。

如在室温 20℃，1 标准大气压下声强级比声压级约小 0.1dB，这个差别可忽略不计，通常可认为二者相等。

3. **声功率与声功率级**

所谓的**声功率**是指声源在单位时间内辐射的总能量，通常用 W 表示，用瓦特（W）作为单位。声强与声源辐射的声功率有关，声功率愈大，在声源周围的声强相对也就愈大，两者成正比关系：

$$I = \frac{W}{S} \qquad\qquad (2-10)$$

式中 S——波阵面面积。

声功率是衡量噪声声源声能输出大小的基本量。声功率不受距离、方向、声场条件等因素影响,所以被广泛用于鉴定和比较各种声源。在一般声学测量中,直接测量声强和声功率的设备比较复杂和昂贵,常常在某种条件下可以通过利用声压测量的数据计算得到。当声音以球面波或平面波传播时声强与声压和声功率的关系是

$$I = \frac{p^2}{\rho_0 c} \tag{2-11}$$

再由式(2-10)可得

$$W = \frac{p^2 \cdot S}{\rho_0 c} \tag{2-12}$$

这样,就可以利用公式及测得的声压值计算出声强和声功率。

同样,声功率也可以用声功率级 L_W 表示,单位也是分贝(dB)。若声源功率为 W,其声功率级为

$$L_W = 10 \lg \frac{W}{W_0} \tag{2-13}$$

式中 W_0——基准声功率,$W_0 = 10^{-12} W$。

这里需要强调的是声强级、声压级和声功率级是一些无量纲的量,分贝是一个用来比较的对数单位,其数值大小与基准参考值有关。不仅如此,其他任何一个变化范围很大的噪声物理量,都可以用分贝来描述它的相对变化。

4. 噪声级的叠加

如果有多个不同的声源同时在同一个声场中,若它们在离声源相同距离的某一点上所产生的振动时而加强,时而减弱,其结果与它们没有相互发生作用时一样,这样的声波叫不相干波。我们平常所遇到的噪声大多是不相干波。根据能量叠加的法则,n 个不相干波叠加后的总声压(有效声压)的平方是各声压平方的和,即

$$p = \sqrt{\sum_{i=1}^{n} p_i^2} \tag{2-14}$$

声压级叠加时不能进行简单的算术相加,而是需要进行数学运算。如 n 个相等的声波,每个声压级为 $20 \lg \frac{p}{p_0}$,则它的总声压级应为

$$L_p = 20 \lg \frac{\sqrt{n} \cdot p}{p_0} = 20 \lg \frac{p}{p_0} + 10 \lg n \tag{2-15}$$

从式(2-15)可以看出,两个数值相等的声压级叠加时,比原来增加 3dB,而不是增加一倍,100dB 加 100dB 等于 103dB,而不是 200dB。

此外可以证明,两个声压级分别为 L_{p1} 和 L_{p2}(设 $L_{p1} \geq L_{p2}$),其总声压级为

$$L_p = L_{p1} + 10 \lg (1 + 10^{-\frac{L_{p1}-L_{p2}}{10}}) \tag{2-16}$$

声压级的叠加计算也可利用表 2-4 进行,计算方法:从表中查出声压级差($L_{p1} - L_{p2}$)

所对应的附加值,将其加到较高的那个声压级上,即是所求的总声压级。如果两个声压级差超过 15dB,其附加值很小,可忽略不计。

表2-4 声压级(声强级、声功率级)的差值与增值的关系

$L_{p1}-L_{p2}$	0	0.1	0.2	0.3	0.4	0.5	0.6	0.7	0.8	0.9
0	3.0	3.0	2.9	2.9	2.8	2.8	2.7	2.7	2.6	2.6
1	2.5	2.5	2.5	2.4	2.4	2.3	2.3	2.3	2.2	2.2
2	2.1	2.1	2.1	2.0	2.0	1.9	1.9	1.9	1.8	1.8
3	1.8	1.7	1.7	1.7	1.6	1.6	1.6	1.5	1.5	1.5
4	1.5	1.4	1.4	1.4	1.4	1.3	1.3	1.3	1.2	1.2
5	1.2	1.2	1.2	1.1	1.1	1.1	1.1	1.0	1.0	1.0
6	1.0	1.0	0.9	0.9	0.9	0.9	0.9	0.8	0.8	0.8
7	0.8	0.8	0.7	0.7	0.7	0.7	0.7	0.7	0.7	0.7
8	0.6	0.6	0.6	0.6	0.6	0.6	0.6	0.6	0.5	0.5
9	0.5	0.5	0.5	0.5	0.5	0.5	0.4	0.5	0.4	0.4
10	0.4	—	—	—	—	—	—	—	—	—
11	0.3	—	—	—	—	—	—	—	—	—
12	0.3	—	—	—	—	—	—	—	—	—
13	0.2	—	—	—	—	—	—	—	—	—
14	0.2	—	—	—	—	—	—	—	—	—
15	0.1	—	—	—	—	—	—	—	—	—

同理,对 n 个声压级 $L_{pi}(i=1,2,\cdots,n)$ 叠加,可以用式(2-17)直接计算总声压级。

$$L_p=10\lg\left(10^{\frac{L_{p1}}{10}}+10^{\frac{L_{p2}}{10}}+\cdots+10^{\frac{L_{pn}}{10}}\right) \qquad (2-17)$$

声强级、声功率级的叠加也可以用上述方法进行计算,并可以查表2-4的数据。当有几个数值进行叠加时,应按大小顺序反复用上述方法逐个叠加。

2.1.4 噪声的频谱与声源的指向性

1. 噪声的频谱

一个单一频率的简谐声信号叫纯音。通过研究发现,如果声压随时间变化都是呈正弦曲线形式,那么这声音一定是只含有单一频率的纯音。只有音叉、音频振荡器等少数声源才能发出纯音,而一般我们听到的其他声音,尤其是噪声,都是由多种频率声波组成的复合声波。组成复合声波的频率成分及各个频率成分上的能量分布是不同的,我们把频率成分与能量分布的综合量称为声音的**频谱**。噪声的频率特性,常用频谱来描述。而描述方法通常是坐标法,即用横轴代表频率,纵轴代表各频率成分的强度(声压级、声强级和声功率级),这样绘出的图形称为频谱图。频谱图能反映噪声能量在各个频率上的分布特性。图2.2所示是几种典型噪声源的频谱图。

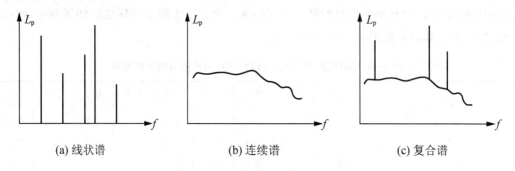

(a) 线状谱　　　　　　　(b) 连续谱　　　　　　　(c) 复合谱

图 2.2　几种典型噪声源的频谱图

在作频谱分析时，为方便起见，将噪声的频率范围分成若干个相连的小段，每一小段叫做**频带**或**频程**，根据精度要求，频带的带宽可窄可宽，且每一小段内声能量被认为是均匀的。用于噪声控制的频带划分是保持频带宽度 $\Delta f = f_2 - f_1$ 恒定，Δf 就是带宽。一般 Δf 取 $4\sim20\mathrm{Hz}$。测量噪声的滤波器有倍频带、1/2 倍频带和 1/3 倍频带。通常对 n 倍频带作如下定义：

$$\frac{f_2}{f_1}=2^n \tag{2-18}$$

当 $n=1$ 时，频程为倍频带；$n=1/2$ 时，称为 1/2 倍频带等。在明确了频带划分方法后，要知道各个频带通常用其中心频率来表示。频带的高低截止频率 f_2 和 f_1 与中心频率 f_0 间有如下关系：

$$f_0=\sqrt{f_1 f_2} \tag{2-19}$$

从式(2-19)可得倍频带、1/3 倍频带的带宽 Δf 分别为

$n=1$ 时，$\Delta f=f_2-f_1=0.707f_0$

$n=1/3$ 时，$\Delta f=f_2-f_1=0.23f_0$

在噪声测量中经常使用的频带是倍频带和 1/3 频带。图 2.3(a)、(b)、(c)所示为部分噪声源的噪声频谱图。

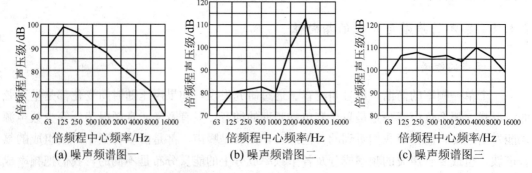

(a) 噪声频谱图一　　　　　(b) 噪声频谱图二　　　　　(c) 噪声频谱图三

图 2.3　部分机械噪声源频谱图

由上图可知有些噪声低频成分多一些，如图 2.3(a)所示空压机噪声频率多在低频段，称为**低频噪声**；有的噪声源如图 2.3(b)所示以高频成分为主，称为**高频噪声**；还有一些

噪声源均匀地从低频到高频辐射噪声，如图 2.3(c) 所示，称为**宽带噪声**。

在测量噪声能量时，采用的频带带宽不同，所测得的结果不同。也就是说，窄频带不能通过宽频带那样多的噪声。一般将 Δf 宽度的频带声压级与 $\Delta f'$ 宽度的频带声压级换算时，采用式 (2-20) 计算：

$$L_{\Delta f'} = L_{\Delta f} - 10\lg \frac{\Delta f}{\Delta f'} \qquad (2-20)$$

由式 (2-20) 计算可得，1/3 倍频带声压级加 4.8dB 即得倍频带声压级。

2. 噪声源的指向性

在自由声场中，噪声源辐射强度分布情况称为噪声源的指向性。

当声源的尺寸大小比波长小很多时，可以看作噪声源是无指向性的**点声源**，即在距声源中心等距离处的声压级相等。

当声源的尺寸大小与波长相近或更大时，则噪声源被认为是由许多点声源组成的，在距声源中心等距离不同方向的空间处的声压级不相等。因而叠加后各方向的声能辐射量各异，具有指向性。声源的尺寸大小与波长之比越大，指向性就越强。

通常用极坐标图来表示声源的指向性：在同一极坐标图中，同一曲线上的各点具有相同的声压级。指向性愈强，声能就愈集中于声源辐射的轴线附近。室内建筑设计、音响布置等，都要考虑声源的指向性。

还要强调的是，频率愈高，指向性愈强。

2.2 噪声的声学特征

上一节提到，人耳能够接受到的声音振动，主观上产生的感觉近似地与声波强度的对数成正比。但研究表明，人耳对于不同频率的声音主观感觉是不一样的，显然，人耳对于声波的响应已经不是一个物理学问题了。这一节着重讲述噪声的这些声学特征。

2.2.1 等响曲线与响度级

当人耳听到声强级相同而频率不同的两个声音，感觉是不同的，不妨做两个实验。

实验 1：同为 60dB 的两个纯音，一个频率为 100Hz，另一个为 1000Hz，两个声音先后发出。

实验 2：先后发出一个 67dB，100Hz 的纯音；另一个 60dB，1000Hz 的纯音。

两个实验结果具体如下。

实验 1：人耳听到的 60dB，100Hz 的声音感觉要比另一个轻得多。

实验 2：人耳听到的两个声音感觉基本相同。

两个实验说明，要使 100Hz 的声音听起来和 60dB、1000Hz 的声音感觉相同，则应将其声压级增加到 67dB。

这样，为了使人耳对频率的感觉与客观声压级联系起来，人们采用响度级来定量地描述这种关系，它是以 1000Hz 纯音为基准，对大量听觉正常的人进行大量试听比较的方法来定出声音的响度级。**响度级**的定义是以频率 1000Hz 的纯音的声压级为其响度级。对频率不是 1000Hz 的纯音，则用 1000Hz 的纯音与之进行试听比较，调节 1000Hz 纯音的声压级，使它和待定的纯音听起来一样响，这时的 1000Hz 的声压级就是这一纯音的响度级。响度级记为 L_N，单位是"方"，符号为 phon。

把各个频率的声音都作这样的试听比较，再把听起来同样的响应声压级按频率大小连成一条条曲线，这些曲线被称为等响曲线，如图 2.4 所示。在同一条曲线上的每个频率的声音感觉一样响，它们的响度级都是这条曲线上 1000Hz 处的声压级值。

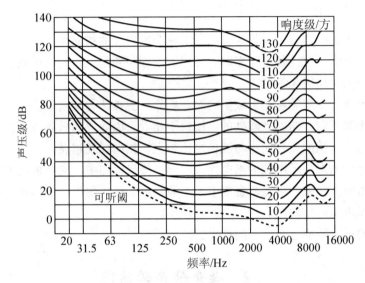

图 2.4 等响曲线

由等响曲线可以得出各个频率的声音在不同声压级时，人们主观感觉出的响度级是多少。

由定义可知，响度级也是一种对数标度单位，不同响度级的声音不能直接进行比较。比如：响度级由 20phon 增加到 40phon，并不意味着 40phon 声音比 20phon 声音加倍响。

2.2.2 响度

响度级只反映了不同频率声音的响度感觉，且其单位"方"仍基于客观量"分贝"，还不能表达出一个声音比另一个声音响多少倍的那种主观感觉。

而响度就是人们用来描述声音的主观感觉的量，用 N 表示，单位是"宋"，符号为 sone。它的定义是 1000Hz 纯音，声压级为 40dB 的响度为 1sone。2sone 的声音是 40phon 声音响度的 2 倍，0.5sone 的声音是 40phon 声音响度的 1/2，……对许多人来讲，大约响度级每改变 10phon，响度感觉就增减一倍。

响度级与响度之间有如下近似关系：

$$N=2^{\frac{1}{10}(L_N-40)} \tag{2-21}$$

或

$$L_N=40+10\log_2 N \tag{2-22}$$

注意：响度涉及人的主观感受，所以两个声音叠加时，不能将响度值作代数相加，而是需借助实验得出的频率加以修正，才能得到总响度。表 2-5 给出了响度级所对应的响度。

表 2-5　L_N 对应的 N

L_N	N	L_N	N	L_N	N	L_N	N
40	1.0	60	4.0	80	16	100	64
45	1.41	65	5.66	85	22.6	105	90.5
50	2.0	70	8.0	90	32		
55	2.83	75	11.3	95	45.3		

2.2.3　斯蒂文斯响度

如果有两种声音同时存在，它们就会相互干扰，使人分辨不清。其中一个声音感觉会因为另一个声音所干扰，使该声音听阈提高，这种现象称为**掩蔽效应**，提高的分贝数值称为**掩蔽阈**。假定对声音 A 的阈值已经确定为 50dB，若同时又听到声音 B，人们发现，由于声音 B 的存在使声音 A 的阈值提高到 64dB，即比原来的声音提高 14dB 才能被听到。一个声音的阈值因另一个声音的出现而提高听阈的现象称为**听觉掩蔽**。上例中，声音 B 称为掩蔽声，声音 A 称为被掩蔽声，14dB 称为掩蔽阈。

注意：掩蔽效应与听觉传导系统无关，它是神经系统判断的结果。

对于宽频带的连续谱噪声的响度计算方法，国际标准化组织推荐斯蒂文斯(Stevens)和茨维克(Zwicker)方法(ISO 532—1975)。两种方法的计算结果比较接近，一般后者比前者高 5dB，茨维克法的精确度高一些，但计算方法复杂得多，在欧洲使用较多，而在我国通常采用斯蒂文斯法。

斯蒂文斯法考虑到不同频率噪声之间会产生掩蔽效应，得出了一组等响度指数曲线(图 2.5)，并认为响度指数最大的频带贡献最大，而其他频带由于前者的掩蔽而贡献减小。故在计算总响度时，它们应乘上一个小于 1 的修正系数 F(带宽因子)，这个修正因子和频带宽度的关系见表 2-6。

表 2-6　修正因子和频带宽度的关系

频带宽度	倍频带	1/2 倍频带	1/3 倍频带
修正因子 F	0.30	0.20	0.15

该方法假定是扩散声场，计算步骤如下。

(1) 测量频带声压级(倍频带或 1/3 倍频带)。

(2) 根据各频带中心频率的声压级，利用图 2.5 确定各频带响度指数。

(3) 用式(2-23)计算总响度 S_t：

$$S_t = S_m + F\left(\sum_{i=1}^{n} S_i - S_m\right) \quad (\text{sone}) \tag{2-23}$$

式中 S_m——响度指数中的最大值；

　　S_i——第 i 个频带的响度曲线；

　　F——带宽因子。

　　对倍频程，$F=0.30$；对 1/2 倍频程，$F=0.2$；对 1/3 倍频程，$F=0.15$。

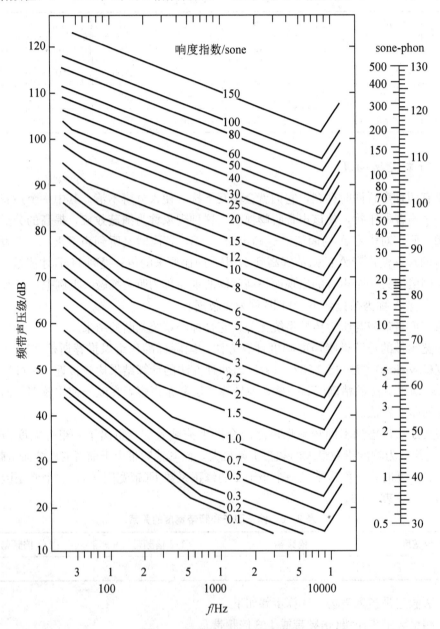

图 2.5　斯蒂文斯响度指数曲线

　　(4) 求出总响度后，可根据图 2.5 右侧的列线图求出该复合噪声的响度级值，也可以按式(2-24)计算出响度级：

$$L_N=40+10\log_2 S_T \quad (\text{phon})$$

或

$$L_N = 40 + 33.3 \lg S_T \quad (\text{phon}) \tag{2-24}$$

例题： 根据所测得的倍频带声压级(表2-7)，求响度及响度级。

表2-7 测得的倍频带声压级

中心频率/Hz	63	125	250	500	1000	2000	4000	8000	说明
声压级/dB	76	81	78	71	75	76	81	59	测量
响度指数/sone	5	10	10	8	12	15	25	8	查图2.5

解： (1) 根据表2-7所给出的倍频带声压级值，由图2.5中查出相应的响度指数 S_i。

(2) 其中最大值为 $S_M = 25$，倍频带的修正因子 $F = 0.3$。

(3) 由式(2-23)可求得总响度为 $S_t = 25 + 0.3 \times (93 - 25) = 45.4(\text{sone})$。

(4) 根据图2.5右侧的列线图或式(2-24)，可求得响度为45.4sone(S)的噪声所对应的响度级为95phon(S)。

注：响度和响度级单位后标注(S)，表示为 Stevens 法，以与 Zwicker 法(Z)相区别。

2.3 噪声的传播特性和控制途径

声波在大气中传播是噪声控制学中普遍遇到和要研究的现象，如工厂的车间噪声向其四周传播；沿道路两旁的交通噪声的传播；各种机械噪声在车间内的传播等。声音的传播是从声源向四周发散性传播，并且在大气中传播的过程受到许多复杂因素的影响。下面讨论的是声音的声波的一些传播特性。

2.3.1 平面波、球面波和柱面波

1. 平面波

一般情况下，常用声压 p 来描述声波的特性，在均匀的理想流体媒质中小振幅声波的波动方程是

$$\frac{\partial^2 p}{\partial x^2} + \frac{\partial^2 p}{\partial y^2} + \frac{\partial^2 p}{\partial z^2} = \frac{1}{c^2} \frac{\partial^2 p}{\partial t^2}$$

或

$$\nabla^2 p = \frac{1}{c^2} \frac{\partial^2 p}{\partial t^2} \tag{2-25}$$

式中 ∇——拉普拉斯算符，在直角坐标系中 $\nabla^2 = \frac{\partial^2}{\partial x^2} + \frac{\partial^2}{\partial y^2} + \frac{\partial^2}{\partial z^2}$;

c——声速。

式(2-25)表明声压 p 为空间坐标 (xyz) 和时间 t 的函数，记为 $p(xyzt)$，表示不同时刻的声压变化规律。

因为声音在空气中是向三维空间传播的，所以空间坐标要用 x、y、z 三个变量表示。如果声场在空间的两个方向是均匀的，则声压只随 x 方向变化，在垂直 x 轴的平面上，无

论 y、z 如何，p 都不变，即在同一 x 的平面上各点的相位都相等。于是可用一个坐标 x 来描述声场，式(2-25)就变成

$$\frac{\partial^2 p}{\partial x^2} = \frac{1}{c^2} \frac{\partial^2 p}{\partial t^2} \qquad (2-26)$$

式(2-26)表示的是沿 x 方向传播的声波方程。相位相等的共同面称为波振面。平面波的波振面为一系列垂直于 x 轴的平面。设声源只作单一的简谐振动，则媒质中的各质点也同样作同一频率的简谐振动，简谐振动位移与时间的关系可表达为

$$x = a\sin(2\pi ft + \varphi) \qquad (2-27)$$

式中　　x——位移；

$(2\pi ft + \varphi)$——简谐振动的周相；

f——频率；

φ——初相位；

a——振幅。则原点处($x=0$)的声压

$$p(0,\ t) = p_0 \sin 2\pi ft$$

那么在 t 时刻 x 点(传播到 x 的时间是 t')的声压是 $(t-t')$ 时刻的 0 点的声压，即有

$$p(x,\ t) = p_0 \sin\left[2\pi f(t-t')\right] \qquad (2-28)$$

若在媒质中的传播速度为 c，则 $t' = x/c$，代入式(2-28)，可得

$$p(x,\ t) = p_0 \sin\left[2\pi f\left(t-\frac{x}{c}\right)\right] \qquad (2-29)$$

设振动圆频率 $\omega = 2\pi f$，(圆)波数 $k = \frac{\omega}{c} = \frac{2\pi}{\lambda}$ 的物理意义是长为 2π 米的距离上所含的波长 λ 的数目，再代入式(2-29)，有

$$p(x,\ t) = p_0 \sin(\omega t - kx) \qquad (2-30)$$

式(2-30)表示沿 x 方向传播的平面波。p_0 为声压的幅值；$(\omega t - kx)$ 为其相位，它描述的是不同点 x 和不同时刻 t 的声波运动状况。因只含有单频 ω，没有其他频率成分，所以又叫**简谐平面波**。

研究声波的传播过程可以看出，当式(2-30)中时间由 t 增加至 $t+\Delta t$ 时，原来 x 处的声压状态相应传播到 $x+\Delta x$ 处，此时的声压与 t 时刻 x 处的声压状态相同，则有

$$p_0 \sin(\omega t - kx) = p_0 \sin\left[\omega(t+\Delta t) - k(x+\Delta x)\right] \qquad (2-31)$$

则要求

$$x\Delta t - k\Delta x = 0 \qquad (2-32)$$

因为 $k = \frac{\omega}{c}$，所以

$$c = \frac{\Delta x}{\Delta t} \qquad (2-33)$$

也就是说，t 时刻 x 处的声压状态经过 $t+\Delta t$ 时间后传播到 $x+\Delta x$ 处，是整个波形以速度 c 沿正 x 方向移动，可见声速 c 既是波的相位传播速度，也是自由空间声能量的传播速度，而不是质点的振动速度。

2. 球面波

当声源很小，且其尺寸比辐射声波波长小很多时，可视声源为一点，即称点声源。点声源在均匀媒质中传播时，声波向各个方向传播，在同一半径的球面媒质层质点上声波相位相同，所以它的波振面是一系列同心球面，发出的声波为球面波（图2.6）。同样也用声压 $p(r, t)$ 来描述球面波，r 为质点到声源的距离，根据声波波动方程(2-26)，在 r 点的声压为

$$p(r, t) = \frac{A}{r}\sin(\omega t - kr) = p_0\sin(\omega t - kr) \tag{2-34}$$

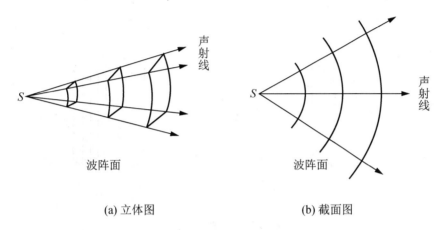

(a) 立体图   (b) 截面图

图 2.6 球面声波声线立体图

声压的振幅 $p_0 = \dfrac{A}{r}$，与 r 成反比，即离声源越远，声压越小，声音越轻，当 $r \to \infty$ 时，声压趋于 0。

与平面波的区别是 p_0 不再保持恒定，而是随 r 增大而减小，当距离改变 $\mathrm{d}r$ 时，声压幅值的变化为

$$\mathrm{d}p_0 = -\frac{A}{r^2}\mathrm{d}r \text{ 或表示为} \frac{\mathrm{d}p_0}{p_0} = -\frac{1}{r}\mathrm{d}r \tag{2-35}$$

这里的负号表示声压的变化与距离的变化方向相反，即声压随距离的增加而衰减。

同样由式(2-11)，可以推导出球面波的声强是

$$I = \frac{p_0{}^2}{2\rho c} = \frac{p_e{}^2}{\rho c} \tag{2-36}$$

平均声功率是

$$\overline{W} = I \cdot S = I \cdot 4\pi r^2 = \frac{2\pi}{\rho c}A^2 \tag{2-37}$$

3. 柱面波

若声源发出的是圆柱面声波，这时 $S = 2\pi rl$，其中 l 为圆柱体长度，柱面波的波动方程为

$$\frac{\partial^2 p}{\partial t^2} = c^2 + \left(\frac{\partial^2 p}{\partial r^2} + \frac{1}{r} \frac{\partial p}{\partial r} \right) \qquad (2-38)$$

在距离较大时，柱面波的声强为

$$I = \frac{1}{\pi k r} \frac{A}{\rho c} \qquad (2-39)$$

声强与距离成反比，每单位长度辐射的声功率为

$$W = 2\pi r I = \frac{2A}{k \rho c} \qquad (2-40)$$

以上公式的推导类似平面波和球面波。在噪声控制过程中，经常遇到的是平面波和球面波(图 2.7)。

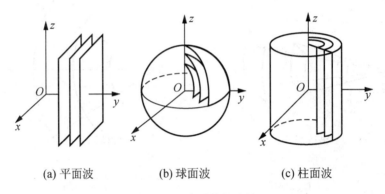

|(a) 平面波|(b) 球面波|(c) 柱面波|

图 2.7　噪声的传播特性

2.3.2　声音的衰减

声源的振动在传播过程中，其声压、声强随着传播距离的增加而逐渐衰减。造成这种衰减的原因有两个：一个是传播衰减，另一个是空气对声波的吸收。

1. 传播衰减

声波在传播过程中波振面不断扩展，距声源的距离愈远，波振面的面积愈大，这样在声能不变的情况下，通过单位面积的能量就相应减少。像这样由于波振面扩展而引起的声强随距离增加而减弱的现象称为**传播衰减**。

对于平面波，其声强 $I = \frac{W}{S}$。由于平面波的波振面 S 为常数，所以声强也是常数，即平面波在传播过程中几乎无衰减。

而球面波可以看做是点声源(声源大小与接收者的距离相比较小时，一般为 3～5 倍)向四周辐射的声波，球面波的波振面面积与距离平方成正比，声强与距离平方成反比。如果在距离声源 r_1 处的声强级为 L_1 dB，则在距离声源 r_2 处的声强级就应为

$$L_2 = L_1 - 20 \lg \frac{r_2}{r_1} \qquad (2-41)$$

常见的噪声源如飞机、单个车辆等。

柱面波可以看做是"线声源"向四周辐射的声波，而线声源是由大量分布在直线上且

十分密集的点声源组成。常见的线声源有工厂互相靠近的设备、传送带、火车及公路上的车辆等。

2. 空气对声波的吸收

在噪声传播过程中，空气也能对声波能量产生吸收作用而引起声强的减小，距离越远，声能被吸收得越多。因空气吸收而引起的声强随距离的指数衰减关系为（以 x 方向的平面波为例）

$$I = I_0 e^{-2ax} \tag{2-42}$$

式中　I_0——$x=0$ 处的声强；

　　　a——空气吸收系数，它与媒质的温度和湿度，以及声波的频率有关，一般与频率的平方成反比。

由式（2-42）可知，高频声波比低频声波衰减得快，当传播距离较大时其衰减值是很大的，因此，高频声波是传不远的。在远处听到的强噪音（如飞机、枪炮声等）都是比较低沉的，这是因为在传播过程中高频成分被吸收衰减较快的缘故。

除了空气能吸收噪声外，其他一些材料例如泡沫塑料、玻璃棉、毛毡等也会吸收声音，称为吸声材料。当声波通过这些多孔性吸声材料时，由于材料本身的内部摩擦和材料小孔中的空气与孔壁之间的摩擦，使得声能受到很大的吸收而衰减，所以这种吸声材料能有效地吸收入射到它上面的声能。

2.3.3　声音的反射、干涉、折射、绕射

1. 声波的反射

声波在传播过程中经常会遇到障碍物，由于这两种媒质的声学性质不同，一部分声波透射到障碍物里去，另一部分从障碍物表面反射回去。反射部分声强 I_r 与入射部分声强 I_0 之比称为反射系数 r_1：

$$r_1 = \frac{I_r}{I_0} \tag{2-43}$$

透射声强与入射声强之比叫投射系数 t_1：

$$t_1 = \frac{I_0}{I_r} \tag{2-44}$$

若有某两种媒质互相接触，媒质的密度与其间声速的乘积即特性阻抗，分别为 $\rho_1 c_1$ 和 $\rho_2 c_2$，则声波垂直入射到交界面上时声强反射系数

$$r_1 = \left(\frac{\rho_2 c_2 - \rho_1 c_1}{\rho_2 c_2 + \rho_1 c_1} \right)^2 \tag{2-45}$$

由此可知，反射系数取决于媒质的特性阻抗 $\rho_1 c_1$ 和 $\rho_2 c_2$，当 $\rho_1 c_1 \approx \rho_2 c_2$ 时，$r_1 \approx 0$，表示声波没有反射而全部透射到第二种媒质中；当 $\rho_2 c_2 \gg \rho_1 c_1$ 时，$r_1 \approx 1$，表示两种媒质的特性阻抗相差很大时，声波将全部反射回到原媒质中去；而当 $\rho_1 c_1 \gg \rho_2 c_2$ 时，$r_1 \approx 1$，这表明声波几乎被完全反射，但反射波与入射波的相位相反。

根据以上原理，利用媒质不同的特性阻抗可以达到减噪的目的。例如，由于在室内安装的机器的噪声，会从墙面、地面、天花板及室内各种不同物体上多次反射，这种反射声的存在，相当于噪声源声压级提高 10~15dB。为了减少室内反射声波的影响，可以考虑在室内墙壁上覆盖一层吸声性好的材料，这样就可以大大降低反射声。表 2-8 介绍了几种常见媒质的特性阻抗。

表 2-8　几种常见媒质的特性阻抗

媒　　质	c/(m/s)	ρ/(kg/m³)	ρc(瑞利)
空气	344	1.20	413
水	1450	1000	145×10^4
钢	5000	7800	390×10^5
玻璃	4900	2500	130×10^5
砖	3600	~1800	650×10^4

2. 声波的干涉

多个声波同时在一种媒质中传播，当它们相遇时，在相遇区内任意一点上的振动是两个或多个声波引起的振动合成。振幅、频率和相位都不同的声波，在叠加时比较复杂。如果是两种声波的频率相同，振动方向相同，相位相同或相位差固定，那么这两列波叠加时，在空间某些点振动加强，另一些点振动减弱或抵消，这种现象称为声波的**干涉现象**。产生干涉现象的声源称为**相干声源**。两个声波相互干涉现象如图 2.8 所示。

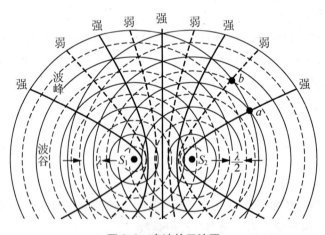

图 2.8　声波的干涉图

现在假设由声源 S_1 和 S_2 发出的两列声波分别为

$$S_1 = a_1 \sin(\omega t + \varphi_1) \tag{2-46}$$
$$S_2 = a_2 \sin(\omega t + \varphi_2) \tag{2-47}$$

它们具有恒定的相位差。S_1 和 S_2 在空间 P 点相遇，而 P 点离 S_1 和 S_2 的距离为 r_1 和 r_2，则在 P 点相遇后的合成振动的相位差为

$$\Delta\varphi = \varphi_2 - \varphi_1 - 2\pi\frac{r_2 - r_1}{\lambda} \tag{2-48}$$

$r_2 - r_1$ 表示从声源 S_1 和 S_2 出发的声波到 P 点的路程差，当 $\Delta\varphi = \pm 2k\pi$，$k = 0$，1，2，…时，合成振动的振幅最大；当 $\Delta\varphi = \pm 2\pi\left(k + \frac{1}{2}\right)$，$k = 0$，1，2，…时，合成振幅最小。

如果两列声波具有同相位，则 $\Delta\varphi = \pm 2\pi\left(\dfrac{r_2 - r_1}{\lambda}\right)$，当 $r_2 - r_1 = k\lambda$ 时，即路程差等于 0 或波长的整数倍时，合成振幅最大；当 $r_2 - r_1 = \left(k + \dfrac{1}{2}\right)\lambda$ 时，即路程差等于半波长的奇数倍时，合成振幅最小。

干涉现象在噪声控制技术中被用来抑制噪声。

3. 声波的折射

声波在传播途中遇到不同媒质的分界面时，除发生反射外，还会发生折射，声波折射时方向将会改变，声波从声速大的媒质折射入声速小的媒质时，声波传播方向折向分界面的法线；反之，声波从声速小的媒质折射入声速大的媒质时，声波传播方向折离法线。由此可见，声波的折射是由声速决定的，即使在同一媒质中，如果存在着速度梯度时各处的声速不同，同样会发生折射。如白天地面温度较高，因而声速较大，声速随离地面高度的增加而降低，反之，夜间地面温度较低，因而声速较小，声速随离地面高度的增加而增加。这种现象可以用来解释声音在晚上要比在白天传播得远一些。此外，当大气中各点风速不同时，也会影响噪声传播方向。

4. 声波的绕射

当声波遇到障碍物时，除发生反射和折射外，还会发生绕射现象。绕射现象与声波的频率、波长及障碍物的大小有关系。

如果声波频率较低，波长较长，而障碍物的大小比波长小得多，这时声波能绕过障碍物，并在障碍物的后面继续传播。图 2.9(a)所示的障碍物是一堵墙，而图 2.9(b)所示是一个小孔 p，这种条件下，当小孔比波长小得多时，声音仍可通过小孔继续传播，这种情况为低频绕射。

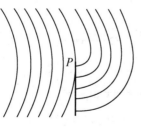
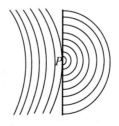

(a) 声波绕过墙传播　　　　　　(b) 声波通过小孔传播

图 2.9　低频绕射

如果声波频率较高，波长较短，而障碍物又比波长大得多，这时绕射现象不明显。在障碍物的后面声波到达的就较少，形成一个明显的"影区"，图2.10(a)所示为障碍物后面的影区，而图2.10(b)所示是小孔出现的影区。

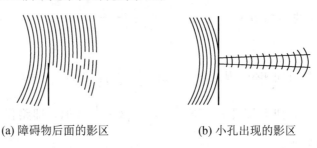

(a) 障碍物后面的影区　　　　　　　　(b) 小孔出现的影区

图 2.10　高频绕射

绕射现象在噪声控制技术中应用很广，隔声屏障可以用来隔住大量的高频噪声，它经常被用来减弱高频噪声的影响。

2.3.4　几种简单的声源

向四周空间辐射噪声的振动物体一般称为噪声源。由于物体的振动源不同，所引起的振动方式也就不同，这样向外辐射的声波特性也有所区别。但是，无论多么复杂的噪声源，都可以视为一些简单的有规律振动的合成。这些简单的有规律振动声源称为简单声源，或声源模型。

1. 单极声源

单极声源(图2.11)也称单极子源，或脉动球源、点源。这种声源可以认为是一个周期性小幅度膨胀或收缩的球体，称为脉动球，脉动球向四周空间辐射均匀的球面波，我们把这种脉动球视为一个单极声源。

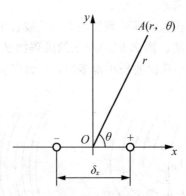

图 2.11　单极声源简图及指向图

当单极声源以正弦形式脉动时，距离球心为 r 处的声压为

$$p = \frac{\omega \rho_0 Q}{4\pi r} \sin(\omega t - kr)$$

(2-49)

式中　Q——单源强度，是脉动球面处空气体积流的最大值，$Q = \pi d^2 v$；

d——脉动球直径；

v——脉动球表面振动速度幅值；

ω——脉动球振动圆频率，$\omega = 2\pi f$；

ρ_0——空气密度；

k——波矢，$k = \dfrac{2\pi f}{c_0}$。

单极声源的声压级和声功率分别由式(2-50)和式(2-51)表达：

$$L_p = 20\lg\left(\frac{\rho_0 fq}{2rp_0}\right) \tag{2-50}$$

$$W = \frac{\rho_0 k\omega^2 Q^2}{8\pi} \tag{2-51}$$

因为单极声源是球面波，在同一球面上各点的振幅和相位相同，所以球源是最理想的辐射源，也是没有指向特性的声源。

常见的单极声源有笛子的发声孔，质点爆炸、燃烧，及当空压机的排气管声波波长大于排气管直径时，也被视为单极声源。

2. 偶极声源

偶极声源由两个相近距离、相位相反的单极声源组成。设偶极声源的第一个声源的强度为 I，两个声源相距 l，则 I 与 l 的乘积称为偶极距或偶极声源强度，如图 2.12 所示。

偶极声源辐射与 θ 角有关，即在声场中，同一距离不同方向的位置上的声压不同，例如，在 $\theta = \pm 90°$ 的方向上，声压为零；在 $\theta = \pm 0°$ 或 $180°$ 的方向上，声压最大。这说明偶极声源是有方向性的。只要求出距离声源中心为 r，与极轴成 θ 角方向上一点的声压，就能了解偶极声源的特性。这一点的声压是两个单极声源在该点声压的叠加。

$$p = \frac{\rho_0 c_0 kQ\cos\theta}{4\pi r}\left[\frac{1}{r}\sin(\omega t - kr) + k\cos(\omega t - kr)\right] \tag{2-52}$$

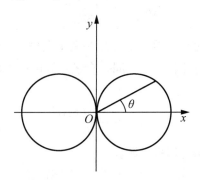

图 2.12 偶极声源简图及指向图

由此可以求得偶极声源中该点的平均声强为

$$\bar{I} = \frac{\rho_0 c_0 k^4\ (Ql)^2\ \cos^2\theta}{32\pi^2 r^2} \tag{2-53}$$

偶极声源与单极声源不同，因其声场具有明显的指向性，其声强只有在远场条件下测

量才有实际意义，其声功率应当在 $kr \gg 1$ 远场区的以声源中心为球心的球面上，所以

$$W = \frac{\rho_0 c_0 k^4 (Q^2 l)^2}{24\pi} \qquad (2-54)$$

可见，偶极声源有很大一部分声压被相互抵消，所以其辐射功率不如单极声源强。用式(2-54)除以式(2-51)后得

$$\frac{W_单}{W_偶} = \frac{4\pi^2 f^2 l^2}{3c_0^2} \qquad (2-55)$$

式(2-55)说明偶极声源辐射声波在低频段，即 f 很小时，比单极声源辐射的声功率更小。

3. 四极声源

四极声源有横向和纵向两种构成形式。横向四极声源由两个平行的相距很近的偶极声源构成。其声场有各单极声源之间相互干涉，计算比较复杂，其声源指向性呈 4 个花瓣状，如图 2.13 所示。

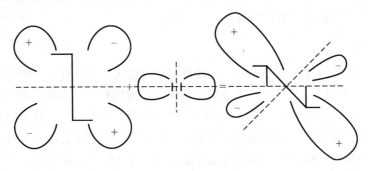

图 2.13　四极声源简图及指向图

横向四极声源辐射的声功率为

$$W_横 = \frac{\rho_0 c_0 k^6 Q^2 l_1^2 l_2^2}{480\pi} \qquad (2-56)$$

式中　$Ql_1 l_2$——为四极声源强度，其中 l_1、l_2 为两个偶极声源的距离。

纵向四极声源是由两个极性相反，在同一直线上的偶极声源组成。其指向性与偶极声源相似，辐射功率为

$$W_纵 = \frac{\rho_0 c_0 k^6 Q^2 l_1^2 l_2^2}{40\pi} \qquad (2-57)$$

喷气噪声、阀门噪声等都是四极声源。

习　　题

1. 真空中能否传播声波，为什么？

2. 可听声的频率范围为多少？试求出频率为 500Hz、2000Hz、5000Hz 的声波波长。

3. 频率为 1000Hz 的声波，在空气中、水中的波长分别为多少？（已知声波在空气中

的传播速度为 340m/s，在水中的传播速度为 1483m/s。）

4. 在夏天 40℃时空气中的声速比冬天 0℃时快多少？在这两种温度下 1000Hz 声波的波长分别为多少？

5. 某测点处的声压为 10Pa、20Pa，分别计算相应的声压级。

6. 设在媒质中有一无限大平面沿法线方向作简谐振动，振动速度为 $u = U_0\cos\omega t$。试求速度幅值为 $U_0 = 1.0 \times 10^{-4}$ m/s 时，在空气中和水中的声压。（已知：空气密度为 1.21kg/m³，声波在空气中的传播速度为 340m/s；水的密度为 998kg/m³，在水中的传播速度为 1483m/s。）

7. 测得在空气中离点声源 2m 处的声压为 $P = 0.6$Pa，试求此处的声强 I、质点振速 U、声能密度 D 和声源的声功率 W。

8. 当声压为原来声压的(a)加倍；(b)减半；(c)十倍；(d)十分之一时，分别求声压级变化。

9. 已知噪声的声压级分别为 40dB、40dB、90dB、120dB，试求它们的有效声压值。

10. 测得离点声源较远的 5m 处的声压级为 75dB，求该声源的声功率 W。

11. 已知大功率小型鼓风机的声功率为 140dB，设测点离鼓风机距离远大于声波波长，鼓风机可视为点声源，求离鼓风机分别为 5m、10m 和 100m 远处的声压级。

12. 为什么声音在晚上要比晴朗的白天传播得远一点？

13. 测量某机器发出的噪声，各频带的声压级见表 2-9，测量时采取包络面测量方法，包络面面积为 60m²，求声源的总声功率级。

表 2-9　各频带的声压级

f_0/Hz	63	125	250	500	1000	2000	4000	8000
声压级/dB	83.2	88.6	85.5	85.0	81.9	78.0	73.0	72.4

14. 测得各倍频程的声压级见表 2-10，求总响度和总响度级。

表 2-10　测得各倍频程的声压级

f_0/Hz	63	125	250	500	1000	2000	4000	8000
声压级/dB	55	57	59	65	67	73	65	41

15. 某噪声各倍频程的声压级见表 2-11，根据计算响度的斯蒂文斯法，计算噪声的响度级。

表 2-11　某噪声各倍频程的声压级

f_0/Hz	63	125	250	500	1000	2000	4000	8000
声压级/dB	60	57	62	65	67	62	48	36

16. 计算平面声波由空气垂直入射于水面时反射声的大小及声强的透射系数，如果以 $\theta_i = 30°$ 斜入射时，折射角多大？在何种情况下会产生全发射，入射临界角 θ_{ic} 是多少？（已

知：空气密度为 $1.21kg/m^3$，声波在空气中的传播速度为 $340m/s$；水的密度为 $998kg/m^3$，在水中的传播速度为 $1483m/s$。）

17. 在某车间测量机器噪声，在机器运转时测得声压级为 $87dB$，该机器停止运转时的背景噪声为 $79dB$，求被测机器的噪声值。

18. 有 3 个声音在空间某点的声压级分别为 $75dB$、$70dB$、$65dB$，求该点的总声压级。

19. 源的指向性与声源的尺寸及频率有何关系？

20. 在一台机器半球辐射面上的 5 个测点测得的声压级见表 2 - 12。计算第 3 个测点的指向性指数和指向性因数。

表 2 - 12   各测点测得的声压级

测点	1	2	3	4	5
声压级/dB	84	87	85	86	89

第 3 章　吸声和室内声场

教学目标及要求

　　在一般未做任何声学处理的室内空间，壁面和地面多是用一些硬而密实的材料，如混凝土天花板、抹光的墙面及水泥地面。这些材料与空气的媒质特性阻抗相差很大，声波在传播过程中很容易引起反射，因此接受者在室内听到的声音不仅仅是直达声，还会有一次与多次反射形成的混响声的叠加，这些混响声的叠加使室内噪声强度提高。本章主要介绍吸声材料与吸声结构的吸声特性及原理，以及室内声场吸声降噪设计原则、实际方法及设计计算。

教学要点

　　1. 不同的吸声材料与吸声结构的吸声特性及性能评价。
　　2. 吸声降噪原理、吸声性能影响因素。
　　3. 室内声场吸声降噪设计计算。

 导入案例

　　吸声材料，是具有较强的吸收声能、减低噪声性能的材料，借自身的多孔性、薄膜作用或共振作用而对入射声能具有吸收作用的材料，超声学检查设备的元件之一。吸声材料要与周围的传声介质的声特性阻抗匹配，使声能无反射地进入吸声材料，并使入射声能绝大部分被吸收。吸声材料常用于录音棚(图 3.01)、影音室、视听室、家庭影院等场所的降噪。

　　图 3.02 为吸声尖劈构造，其是选用一定粗细的钢筋制成符合设计形状尺寸的框架，框架上缝护面材料，在框内均匀地填充多孔吸声材料。吸声尖劈的吸声原理为当声波从尖端入射时，由于吸声层的逐渐过渡性质，材料的声阻抗与空气的声阻抗能较好地匹配，使声波传入吸声体，并被高效地吸收。吸声尖劈由尖部、基部和空腔三部分组成，它的吸声特性与尖劈的长度、尖度与基部长度之比，尖劈与刚性面间的空腔，以及材料密度等参数有关。尖劈越长，低频吸声性能愈好。其可用于消声室、半消声室以及声学检测室。

图 3.01　含有吸声材料的录音棚

图 3.02　吸声尖劈构造

3.1　吸声系数与吸声量

3.1.1　吸声系数

噪声源发出的噪声，在室内感觉到的响度远比室外感觉到的响度要大，这说明在室内所接收到的噪声除了通过空气直接传来的，还包括经室内各墙壁多次反射的反射声（混响声）。由于反射声的存在，在室内所感觉到的噪声提高 10～20dB。

在前面讲到，声波在传播过程中遇到各种固体障碍物时，一部分声波反射，另一部分声波进入到固体障碍物内部被吸收，还有很少一部分能透射到固体障碍物的另一侧，吸声示意图如图 3.1 所示。用以表征材料和结构的吸声能力的参数通常采用吸声系数，如果入射声波的声能为 E_i，反射声波的声能为 E_r，那么吸声系数 α 为

$$\alpha = \frac{E_i - E_r}{E_i} \tag{3-1}$$

式(3-1)表明，α 的取值在 0～1 之间。当 $\alpha=0$ 时，表示声波全部被反射，材料不吸声；当 $\alpha=1$ 时，表示声波被全部吸收，没有反射；当 $0<\alpha<1$ 时，吸声系数 α 取值愈大，表明材料吸声性能愈好。通常把 $\alpha>0.2$ 的材料称为吸声材料，则 $\alpha>0.5$ 的材料就是理想的吸声材料。

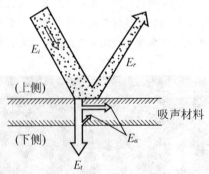

图 3.1　吸声示意图

E_i—入射总声能　E_r—被材料或结构反射的声能　E_a—被材料或结构吸收的声能
E_t—透过材料或结构吸收的声能，若透过声不能再返回所控制的声场，可视作被吸收，并一起归入到 E_a 中

吸声系数的大小除与材料的物理性质如密度、厚度有关外，还与声波的频率、入射角度和材料的安装条件有关。

根据声波的入射角度，可将吸声系数分为垂直入射吸声系数、斜入射吸声系数和无规则入射吸声系数。实际应用时采用无规则入射吸声系数。

同一材料对不同频率的声波，其吸声系数不同，在工程中采用 125Hz、250Hz、500Hz、1000Hz、2000Hz、4000Hz 六个倍频带的中心频率的吸声系数的算术平均值来表示某一材料的**平均吸声系数**。有时把 250Hz、500Hz、1000Hz、2000Hz 四个频率吸声系数的算术平均值，取 0.05 的整数倍，称为降噪系数（NRC），用降噪系数可粗略地比较和选择吸声材料。

3.1.2 吸声量

吸声量是表征具体吸声构件的实际吸声效果的量，用 A 表示，单位是 m^2，它与构件的尺寸大小有关。对于建筑空间的围蔽结构，吸声量 $A = S\alpha$，S 为围蔽结构的表面积。如果一个房间有 n 个面（包括墙面、家具和其他器具的表面），各自的面积为 S_1，S_2，$\cdots$，S_n；各自的吸声系数为 α_1，α_2，$\cdots$，α_n。则此房间的总吸声量是

$$A = S_1\alpha_1 + S_2\alpha_2 + \cdots + S_n\alpha_n + \sum_{i=1}^{n} S_i\alpha_i \qquad (3-2)$$

把房间总吸声量 A 除以房间界面总面积 S，得到房间的平均吸声系数 $\bar{\alpha}$：

$$\bar{\alpha} = \frac{A}{S} = \frac{\sum_{i=1}^{n} S_i\alpha_i}{\sum_{i=1}^{n} S_i} \qquad (3-3)$$

3.1.3 吸声系数的测量

吸声材料的吸声系数可由实验方法测出，常用的方法有混响室方法和驻波管方法两种。测量方法不同，所得的测试结果也有所不同。

1. 混响室方法

把被测吸声材料（或吸声结构）按一定的要求放置于专门的声学试验室——混响室中进行测定。将不同频率的声波以相同几率从各个角度入射到材料的表面，这与吸声材料在实际应用中声波入射的情况比较接近。然后根据混响室内放进吸声材料（或吸声结构）前后混响时间的变化来确定材料的吸声特性。用此方法所测得的吸声系数，称为混响室吸声系数或无规入射吸声系数，记作 α_s，在实际应用中有普遍意义。

2. 驻波管方法

将被测材料置于驻波管的一端，用声频信号发生器带动扬声器，从驻波管的另一端向管内辐射平面波，声波以垂直入射的方式入射到材料表面，部分吸收，部分反射。反射的平面波与入射波相互叠加产生驻波，波腹处的声压为极大值，波节处的声压为极小值。根据测得的驻波声压极大值和极小值，就可以计算出垂直入射吸声系数。这样测得的称为驻波管吸声系数或法向吸声系数，记作 α_0。

驻波管的装置和测试设备如图 3.2 所示、驻波管装置实物图如图 3.3 所示,主体是一根内壁光滑而坚硬的刚性管。形状可为方管,也可为圆管。管的横向尺寸 d(圆管的直径或方管的边长)应小于最高测试频率所对应波长的 1/2,即

$$d \leqslant \frac{\lambda}{2} = \frac{c}{2f_{max}} \tag{3-4}$$

式中 f_{max}——最高的测试频率。如 f_{max} 为 2000Hz,则 d 应小于 8.5m。

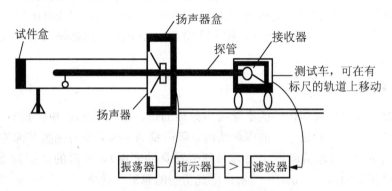

图 3.2 驻波管装置和测试设备

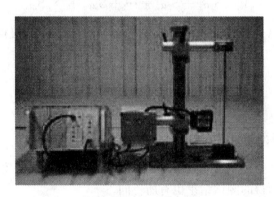

图 3.3 驻波管装置实物图

管子的长度应大于最低测试频率所对应波长的 1/2,即

$$l \geqslant \frac{\lambda}{2} = \frac{c}{2f_{min}} \tag{3-5}$$

式中 f_{min}——最低的测试频率。如 f_{min} 为 125Hz,则 l 应大于 1.36m。

驻波管的一端安装声源的扬声器,另一端是待测吸声性能的试件,驻波管中的声场利用探管测试。

声波入射到材料表面后有一部分反射波向相反方向传播,叠加后在管内形成驻波,利用探管可测出声压的极大值 p_{max} 和极小值 p_{min}。p_{max} 和 p_{min} 之比 n 称为驻波比。驻波比 n 与声压反射系数 r 和声能法向吸声系数 α_0 的关系为

$$r = \frac{n-1}{n-2}, \quad \alpha_0 = 1 - |r|^2 = \frac{4n}{(n+1)^2} \tag{3-6}$$

测出驻波比 n,即可由式(3-6)求出材料表面上的法向吸声系数 α_0。

驻波管法比混响室法简单方便，但所得的数据与实际应用情况相比有一定误差。混响室法和驻波管法测得的吸声系数可按表3-1进行换算。

表3-1 α_0 与 α_s 的换算表

驻波管法吸声系数 α_0	0.10	0.20	0.30	0.40	0.50	0.60	0.70	0.80
混响室法吸声系数 α_s	0.25	0.40	0.50	0.60	0.75	0.85	0.90	0.98

表3-2和表3-3列出了一些常见材料的吸声系数，可供实际应用时参考。

表3-2 常见材料的吸声系数（α_0）

材料或结构名称	密度/ (kg/m³)	厚度/cm	频率/Hz					
			125	250	500	1000	2000	4000
超细玻璃棉	15	2.5	0.02	0.07	0.22	0.59	0.94	0.94
	15	5	0.05	0.24	0.72	0.97	0.90	0.98
	15	10	0.11	0.85	0.88	0.83	0.93	0.97
	20	5	0.15	0.35	0.85	0.85	0.86	0.86
	20	10	0.25	0.60	0.85	0.87	0.87	0.85
	20	15	0.50	0.80	0.85	0.85	0.86	0.80
玻璃棉	100	5	0.15	0.38	0.81	0.83	0.79	0.74
	150	5	0.12	0.30	0.72	0.99	0.87	
	200	5	0.21	0.28	0.74	0.87	0.90	
矿渣棉	150	8	0.30	0.64	0.73	0.78	0.93	0.94
	240	6	0.25	0.55	0.78	0.75	0.87	0.91
	240	8	0.35	0.65	0.65	0.75	0.88	0.92
	300	8	0.35	0.43	0.55	0.67	0.78	0.92
工业毛毡	370	5	0.11	0.30	0.50	0.50	0.50	0.52
	370	7	0.18	0.35	0.43	0.50	0.53	0.54
	80	3	0.04	0.17	0.56	0.65	0.81	0.91
	80	4.5	0.08	0.34	0.68	0.65	0.83	0.88
沥青玻璃棉毡	100	5	0.09	0.24	0.55	0.93	0.98	0.98
沥青含量2%～5%	150	5	0.11	0.33	0.65	0.91	0.96	0.98
纤维直径13～15μm	200	5	0.14	0.42	0.68	0.80	0.88	0.94
沥青矿棉毡	200	1.5	0.10	0.09	0.18	0.40	0.79	0.92
	200	3	0.08	0.17	0.50	0.68	0.81	0.89
	200	6	0.19	0.51	0.67	0.68	0.85	0.86

（续）

材料或结构名称	密度/(kg/m³)	厚度/cm	频率/Hz					
			125	250	500	1000	2000	4000
棉絮	10	2.5	0.03	0.07	0.15	0.30	0.62	0.60
腈纶棉	20	5	0.14	0.37	0.68	0.75	0.78	0.83
聚氨酯泡沫塑料	40	4	0.10	0.19	0.36	0.70	0.75	0.80
	45	8	0.20	0.40	0.95	0.90	0.98	0.85
木丝板		2	0.15	0.15	0.16	0.34	0.78	0.54
		4	0.19	0.20	0.48	0.79	0.42	0.70
		8	0.25	0.53	0.82	0.63	0.84	0.59
水泥膨胀珍珠岩板	350	5	0.16	0.46	0.64	0.48	0.56	0.56
	350	8	0.34	0.47	0.40	0.37	0.48	0.55
酚醛树脂玻璃棉板	100	3	0.06	0.11	0.26	0.56	0.93	0.97
树脂含量5%~9%	100	5	0.09	0.26	0.60	0.92	0.98	0.99
纤维直径13~15μm	100	10	0.30	0.66	0.90	0.91	0.98	0.99
甘蔗板	200	1.3	0.12	0.19	0.28	0.54	0.49	0.70
软质木纤维板	380	1.3	0.08	0.10	0.10	0.12	0.30	0.33
木栅栏地板			0.15	0.10	0.10	0.07	0.06	0.07
水磨石地面			0.01	0.01	0.01	0.02	0.02	0.02
混凝土地面			0.01	0.01	0.02	0.02	0.02	0.02
砖墙抹灰			0.02	0.02	0.02	0.03	0.03	0.04
砖埠抹灰油漆			0.01	0.01	0.02	0.02	0.02	0.03
砖墙拉毛水泥			0.04	0.04	0.05	0.06	0.07	0.05
板条抹灰			0.15	0.10	0.05	0.05	0.05	0.05
氨基甲酸泡沫塑料	25	2.5	0.05	0.07	0.26	0.81	0.69	0.81
微孔聚氨酯泡沫塑料	30	4	0.10	0.14	0.26	0.50	0.82	0.77
粗孔聚氨酯泡沫塑料	40	4	0.06	0.10	0.20	0.59	0.88	0.85
纺织品丝绒挂墙上	0.31		0.03	0.04	0.11	0.17	0.24	0.35
			0.02	0.06	0.15	0.25	0.30	0.35
厚地毡铺在混凝土上			0.10	0.10	0.20	0.35	0.60	0.65
干沙子	176	10	0.15	0.35	0.40	0.50	0.55	0.80
皮面门			0.10	0.11	0.11	0.09	0.09	0.11
木门			0.16	0.15	0.10	0.10	0.10	0.10

表 3-3　常用材料的吸声系数(α_s)

材料或结构名称	密度/ (kg/m³)	厚度/cm	频率/Hz						备注
			125	250	500	1000	2000	4000	
砖：清水石		0.02	0.03	0.04	0.04	0.05	0.07		
墙：普通抹灰		0.02	0.02	0.02	0.03	0.04	0.04		
拉毛水泥		0.04	0.04	0.05	0.06	0.07	0.05		
超细玻璃棉	20	2	0.05	0.10	0.30	0.65	0.65	0.65	
矿棉吸声板		1.2	0.07	0.26	0.47	0.42	0.36	0.28	后不空
		1.2	0.44	0.57	0.44	0.35	0.36	0.39	后空 5cm
	1.2	0.55	0.53	0.38	0.33	0.40	0.37		后空 5cm
混凝土、水磨石			0.01	0.01	0.01	0.02	0.02	0.02	
石棉水泥板		0.15	0.10	0.06	0.06	0.04	0.04		
木栅栏地板			0.15	0.11	0.10	0.07	0.07	0.07	
铺实木地板、沥青粘在混凝土上			0.04	0.04	0.07	0.06	0.06	0.07	
玻璃窗（关闭时）			0.35	0.25	0.18	0.12	0.07	0.04	
木板		1.3	0.30	0.30	0.16	0.10	0.10	0.10	腔后 2.5cm
硬质纤维板		0.4	0.25	0.20	0.14	0.08	0.06	0.04	腔后 10cm
胶合板		0.3	0.20	0.70	0.15	0.09	0.04	0.04	腔后 5cm
		0.5	0.11	0.26	0.15	0.14	0.04	0.04	腔后 5cm
木块厚玻璃			0.18	0.06	0.04	0.03	0.02	0.02	
普通玻璃			0.35	0.25	0.18	0.12	0.07	0.04	

3.2　吸声机理

3.2.1　多孔吸声材料的吸声原理

多孔材料内部具有无数细微孔隙，孔隙间彼此贯通，且通过表面与外界相通，当声波入射到材料表面时，一部分在材料表面上反射，一部分则透入到材料内部向前传播。在传播过程中引起孔隙中的空气运动，与形成孔壁的固体筋络发生摩擦，由于粘滞性和热传导效应，声能转变为热能而耗散掉。声波在刚性壁面反射后，经过材料回到其表面时，一部分声波透回空气中，一部分又反射回材料内部，声波的这种反复传播过程，就是能量不断转换耗散的过程，如此反复，直到平衡，这样材料就"吸收"了部分声能。

由此可见，只有材料的孔隙对表面开口，孔孔相连，且孔隙深入材料内部，才能有效地吸收声能。有些材料内部虽然也有许多微小气孔，但气孔密闭，彼此不相通，当声波入射到材料表面时，很难进入到材料内部，只是使材料作整体振动，其吸声机理和吸声特性与多孔材料不同，不应作为多孔吸声材料来考虑。如聚苯和部分聚氯乙烯泡沫塑料以及加气混凝土等，内部虽有大量气孔，但多数气孔为单个闭孔，互不相通，它们可以作为隔热材料，但不能作为吸声材料。

在实际工作中，为防止松散的多孔材料飞散，常用透声织物缝制成袋，再内充吸声材料，为保持固定几何形状并防止对材料的机械损伤，可在材料间加筋条（龙骨），材料外表面加穿孔护面板，制成多孔材料吸声结构。

3.2.2 共振吸声结构的吸声原理

在室内声源所发出的声波的激励下，房间壁、顶、地面等围护结构以及房间中的其他物体都将发生振动。振动着的结构或物体由于自身的内摩擦和与空气的摩擦，要把一部分振动能量转变成热能而消耗掉，根据能量守恒定律，这些损耗掉的能量必定来自激励它们振动的声能量。因此，振动结构或物体都要消耗声能，从而降低噪声。结构或物体有各自的固有频率，当声波频率与它们的固有频率相同时，就会发生共振。这时结构或物体的振动最强烈，振幅和振动速度都达到最大值，从而引起的能量损耗也最多，因此，吸声系数在共振频率处最大。利用这一特点，可以设计出各种共振吸声结构，以更多地吸收噪声能量，降低噪声。

3.3 吸声材料和结构

吸声材料和吸声结构的种类很多。根据材料的外观和构造特征，大致可以分为表 3-4 中所列的几种，工程应用中有时把表中的不同材料和结构结合起来。通常情况下，材料的外观特征和吸声机理有密切联系。

表 3-4 吸声材料(结构)的基本类型

多孔吸声材料	纤维状　颗粒状　泡沫状
共振吸声结构	单个共振器　穿孔板共振吸声结构　薄膜共振吸声结构　薄板共振吸声结构
特殊吸声结构	空间吸声体

吸声材料和结构的种类很多，按其材料结构状况可分为多孔吸声材料、共振吸声结构、特殊吸声结构等，其中多孔吸声材料又分为纤维状、颗粒状和泡沫状；而共振吸声结构又分为单个共振器、穿孔板共振吸声结构、薄膜共振吸声结构、薄板共振吸声结构等。从其吸声特性上看，几种材料或结构的吸声系数的变化规律各不相同，但在噪声控制和厅堂音质设计方面，具有相同的作用：①缩短和调整室内混响时间，消除回声以改善室内的听闻条件；②降低室内的噪声级；③作为管道衬垫或消声器件的原材料，以降低通风系统的噪声；④在轻质隔声结构内和隔声罩内作为辅助材料，以提高构件的隔声量。

在噪声控制工程上选择吸声材料或结构时，除了要考虑它的声学特性外，同时还必须从其他一些方面进行综合评价。不同的吸声材料的吸声特性不同，而同种吸声材料由于使用方法不同，吸声性能也有变化，因此须根据不同的使用要求或侧重某一方面进行选用。一般选择吸声材料（或结构）时应着重考虑：①在宽频带范围内吸声系数要高，吸声性能要保持长期稳定；②有一定的力学强度，在运输、安装和使用过程中，要结实、耐用、不易老化，防潮、防蛀性能好，不易发霉，不易燃烧；③表面易于装饰，容易清洗，不散发有害气体和特殊气味；④易于维修保养；⑤不因自重下沉，不因发脆而掉渣；⑥价格性能比合理。

3.3.1 多孔吸声材料

1. 多孔材料的结构特征和吸声特性

1）结构特征

多孔材料内部具有无数的微孔和间隙，孔隙间彼此贯通，且通过表面与外界相通。只有材料的孔隙对表面开口，孔孔相连且孔隙深入材料内部，才能有效地吸收声能（图 3.4(b)）。有些材料内部虽然也有许多微小气孔，但气孔密闭，彼此不相通，当声波入射到材料表面时，很难进入到材料内部，只是使材料作整体振动。其吸声机理和吸声特性与多孔材料不同，不应作为多孔吸声材料来考虑，只能作为保温隔热材料（图 3.4(a)）。图 3.5 所示为各种多孔吸声材料。

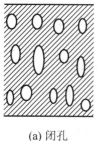
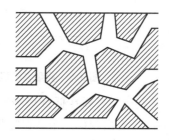

(a) 闭孔　　　　　　　　　　　　　(b) 开孔

图 3.4 多孔材料的构造

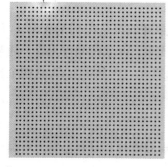

图 3.5 各种多孔吸声材料

图 3.5　各种多孔吸声材料(续)

2)吸声特性

典型多孔吸声材料的频谱特性曲线如图 3.6 所示。

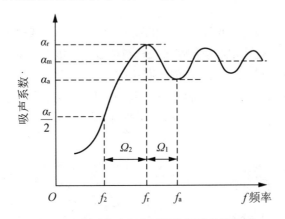

图 3.6　典型多孔吸声材料的频谱特性曲线

由图可知:多孔吸声材料在低频段吸声系数较小,当频率提高时,吸声系数将增大,并在第一共振频率 f_r 上出现第一个共振吸收峰,α 称为**峰值吸声系数**。

在 f_r 以上时,吸声系数在峰值和谷值间的范围内起伏变化,即 $\alpha_r \geqslant \alpha \geqslant \alpha_a$。随着频率的升高,起伏变化的幅值逐渐减小,趋向于一个随频率变化不明显的数值 α_m,称为高频吸声系数。这表明,多孔吸声材料并不存在吸声上限频率,因而比共振吸声结构具有更好的高频吸声性能。

f_a 为第一反共振频率,α_a 为第一谷值吸声系数。吸声系数降低至 $\alpha_r/2$ 时的频率 f_2 作为吸声下限频率,f_2 和 f_r 之间的倍频程数 Ω_2 称为下半频带宽度。从实用角度出发,通常用第一共振频率 f_r 及其相应的共振吸声系数 α_r、高频吸声系数 α_m、平频带宽 Ω_2 这四个量来描述多孔材料的吸声特性。

2. 多孔吸声材料的吸声原理

主导机制:声能入射到多孔材料上,进入通气性的孔中引起空气与材料振动,材料内摩擦与粘滞力的作用使声振动能转化成热能而散耗掉。

次要机制:声能入射到多孔材料上,进入通气性的孔中引起空气与材料振动,由于媒质振动时各处质点疏密不同,这种压缩与膨胀引起它们的温度不同,从而产生温度梯度,通过热传导作用将热能散失掉。

3. 影响多孔吸声材料吸声特性的因素

多孔材料一般对中高频声波具有良好的吸声效果,低频吸声系数一般都较低。影响多孔材料的吸声特性的主要因素是材料的空气流阻和材料层厚度、容重等,其中以空气流阻最为重要。

1) 空气流阻的影响

当稳定气流通过多孔材料时,材料两面的静压差和气流线速度之比定义为材料的流阻 R_f,单位为 Pa·s/m。

$$R_f = \Delta p / v \tag{3-7}$$

式中 Δp——材料两面的静压差(Pa);

      v——材料中通过气流的线速度(m/s);

单位材料厚度的流阻称为流阻率(或比流阻)R_S,单位为 Pa·s/m²。

$$R_S = R_f / d \tag{3-8}$$

式中 d——材料的厚度(m)。

空气流阻反映了空气通过多孔材料时阻力的大小,反映了材料的透气性。

流阻对材料吸声特性的影响如图 3.7 所示。

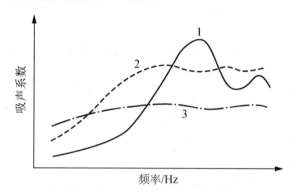

图 3.7 多孔材料的流阻与吸声系数的关系
1—流阻较低 2—流阻较高 3—流阻很高

当材料厚度不大时,比流阻越大,说明空气穿透量越小,吸声性能会下降;但若比流阻大,声能因摩擦力、粘滞力而损耗的效率也将降低,吸声性能也会下降。

当材料厚度充分大时,比流阻越小,吸声越大,所以多孔材料存在一个最佳的流阻值,过高和过低的流阻值都无法使材料具有良好的吸声性能。一般 $R_f = 100 \sim 1000 \text{Pa·s/m}$ 时吸声性能较好,此时也比较接近空气的特性阻抗。通过控制材料的流阻可以调整材料的吸声特性。

多孔材料的孔隙率和结构(用结构因子表征)对吸声材料的吸声特性也有影响,但一般与流阻有很大的关联,它们的影响也综合反映在流阻上。

2) 材料层厚度的影响

多孔吸声材料的低频吸声性能一般都较差。当材料层厚度增加时，吸声频谱峰值 f_r 向低频方向移动，低频吸声系数将有所增加，但对高频吸收的影响很小。

图3.8(a)所示为不同厚度超细玻璃棉(密度为 $27kg/m^3$)的典型吸声频谱曲线。从图中可以看出，当玻璃棉层厚度加倍时，中频吸声系数显著增加；而高频则保持原来较大的吸收，变化不大；厚度增加一倍，f_r 约降低一个倍频程。

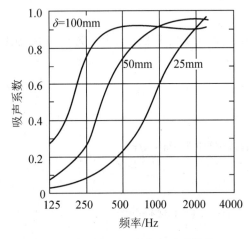

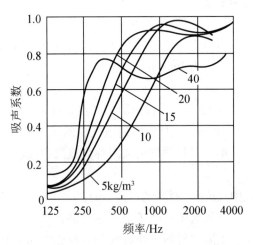

(a) 容重为 kg/m^3 的超细玻璃棉的　　　　(b) 5cm厚超细玻璃棉的容重
　　厚度变化对吸声系数的影响　　　　　　　变化对吸声系数的影响

图3.8　不同厚度和密度(容重)的超细玻璃棉的吸声系数

通常情况下，多孔材料的第一共振频率 f_r(此时 $\delta \approx \lambda/4$)与吸声材料的厚度 δ 满足如下关系，即

$$f_r\delta = 常数，约为 c/4 \qquad (3-9)$$

式中　　f_r——多孔材料的第一共振频率(Hz)；

　　　　δ——材料的厚度(cm)。

厚度增加，低频吸声系数增大，峰值吸声系数 α_r 向低频移动；对于不同厚度的材料，如果以频率和厚度的乘积 $f_r\delta$ 为参数，即波长与厚度相对比值不变，则它们的 $\alpha \sim f_r\delta$ 吸声频谱特性是很接近的。继续增加材料的厚度，吸声系数增加值逐步减小。当材料厚度相当大时，就看不到由于材料厚度的变化而引起的吸声系数的变化了，故材料厚度的选择应考虑性价比。

吸声材料的 $f_r\delta$ 值是一个重要的参数：当 δ 给定时，可由 $f_r\delta$ 值求出 f_r；如果 Ω_2 已知，就可估计出 f_2；反之，当 f_r 值给定时，由 $f_r\delta$ 值可估计出所需的 D 值。表3-5列出了一些国产吸声材料的上述参数。

实用中考虑制作成本及工艺方便，对于中高频噪声，一般可采用2~5cm厚的成型吸声板；对于低频吸声要求较高时，则采用5~10cm厚的吸声板。

表3-5 国产吸声材料的吸声参数

吸声材料	密度 $\rho_m/(kg/m^3)$	共振频率×厚度 $f_r\delta/$(kHz·cm)	共振吸声系数 α_r	高频吸声系数 α_m	下半频带度 Ω_2/oct	说明
超细玻璃棉	15	5.0	0.90~0.99	0.90	$1\frac{1}{3}$	纤维直径约 $4\mu m$
	20	4.0	0.90~0.99	0.90	$1\frac{1}{3}$	
	25~30	2.5~3.0	0.80~0.90	0.80	1	
	35~40	2.0	0.70~0.80	0.70	2/3	
高硅氧玻璃棉	45~65	5.0	0.90~0.99	0.90	$1\frac{1}{3}$	纤维直径约 $38\mu m$
粗玻璃纤维	~100	5.0	0.90~0.95	0.90	$1\frac{1}{3}$	纤维直径 $15~25\mu m$
酚醛玻纤毡	80	8.0	0.85~0.95	0.85	$1\frac{1}{3}$	纤维直径约 $20\mu m$
沥青玻纤毡	110	8.0	0.90~0.95	0.90	$1\frac{1}{3}$	纤维直径约 $12\mu m$
毛毡	100~400	2.5~3.5	0.85~0.90	0.85	1	
聚氨酯泡沫塑料	20~50	5.0~6.0	0.90~0.99	0.90	$1\frac{1}{3}$	流阻较低
		3.0~4.0	0.85~0.95	0.85	1	流阻较高
		2.0~2.5	0.75~0.85	0.75	1	流阻较高
微孔吸声砖	340~450	3.0	0.80	0.75	$1\frac{1}{3}$	流阻较低
	620~830	2.0	0.60	0.55	$1\frac{1}{3}$	流阻较高
木丝板	230~600	5.0	0.80~0.90	—	1	

例题：一吸声材料，要求频率在250Hz以上时，吸声系数达0.45以上。如果采用体积质量为 $20kg/m^3$ 的超细玻璃棉，求材料层所需的厚度 δ?

解：由表3-5查出，对于体积质量为 $20kg/m^3$ 的超细玻璃棉，$f_r\delta$ 值约为4.0kHz·cm，α_r 值应在0.9以上，Ω_2 值约为 $1\frac{1}{3}$ 倍频程。因此可取吸声下限频率 f_2 为250Hz，相应的第一共振频率 f_r 应取为

$$f_r = 2^{\Omega_2}f_2 = 2^{1\frac{1}{3}}f_2 \approx 2.52\times250 = 630Hz$$

所以

$$\delta = \frac{f_r\delta}{f_r} = \frac{4000}{630} \approx 6.35\text{cm}$$

即玻璃棉厚度应选择在 6.35cm 以上。

3）材料密度（容重）的影响

在实际工程中，测定材料的流阻及空隙率通常比较困难，可以通过材料密度粗略估算其比流阻。多孔材料的密度与纤维、筋络直径以及固体密度有密切的关系，同一种纤维材料，密度越大，空隙率越小，比流阻越大。

图 3.8(b)所示为不同密度（厚 5cm）的超细玻璃棉的吸声系数。当厚度一定而增加密度时，一方面可以提高中低频吸声系数，但比材料厚度所引起的吸声系数变化要小；另一方面密度增加，则材料就密实，引起流阻增大，减少空气透过量，造成吸声系数下降。所以，材料密度也有一个最佳值。常用的超细玻璃棉的最佳密度范围为 $15\sim25\text{kg/m}^3$，但同样密度增加厚度，并不改变比流阻。所以，吸声系数一般总是增大，但增至一定厚度时，吸声性能的改变就不明显了。

4）吸声材料背后空腔的影响

多孔吸声材料置于刚性墙面前一定距离，即材料背后具有一定深度的空腔或空气，其作用相当于加大材料的有效厚度，与该空气层用同样的材料填满的吸声效果近似。与将多孔材料直接实贴在硬底面上相比，中低频吸声性能都会有所提高，其吸声系数随空气厚度的增加而增加，但增加到一定厚度之后，效果不再明显增加，如图 3.9 所示。

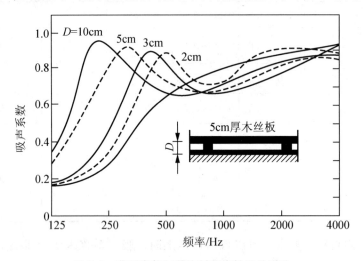

图 3.9　背后空气层厚度对吸声性能的影响

一般当空气层深度 D 为入射声波 1/4 波长时，具有共振吸声结构的作用，吸声系数最大；气层深度为 1/2 波长时，吸声系数最小。对于中频噪声，一般推荐空气层厚 70～100mm，对于低频噪声则可增大到 200～300mm。空气层对常用吸声材料结构吸声性能的影响见表 3-6。

5）护面层的影响

大多数多孔吸声材料的整体强度性能差，表面疏松，易受外界侵蚀，因此在实际的使用过程中往往需要在材料表面上覆盖一层护面材料，以提高其使用寿命。

从声学角度来看，由于护面层本身也具有声学作用，因此对材料层的吸声性能也会有一定程度的影响。为尽可能保持材料原有的吸声特性，饰面应具有良好的透气性。要求材料饰面（护面层）的穿孔率＞20％，穿孔率越大，穿孔护面层对吸声性能的影响就越小。

常用的护面层有各种网罩、纤维布、塑料薄膜和穿孔板等。

表 3-6 空气层对常用吸声材料结构吸声性能的影响

种类	穿孔板孔径/mm	板厚/mm	空气层厚度/mm	各倍频程中心频率的吸声系数 α_0					
				125Hz	250Hz	500Hz	1000Hz	2000Hz	4000Hz
玻璃棉厚 25mm			300	0.75	0.80	0.75	0.75	0.80	0.90
穿孔板＋25mm玻璃棉	$\phi6\sim\phi15$	$4\sim6$	300	0.50	0.70	0.50	0.65	0.75	0.60
			500	0.85	0.70	0.75	0.80	0.70	0.50
	$\phi8\sim\phi16$	$4\sim6$	300	0.75	0.85	0.75	0.70	0.65	0.65
	$\phi9\sim\phi15$	$5\sim6$	300	0.55	0.85	0.65	0.80	0.85	0.75
			500	0.85	0.70	0.80	0.90	0.80	0.70
	$\phi0.8\sim\phi1.5$	$0.5\sim1$	300	0.65	0.65	0.75	0.70	0.75	0.90
			500	0.65	0.65	0.75	0.70	0.75	0.90
	$\phi5\sim\phi11$	$0.5\sim1$	$300\sim500$	0.55	0.75	0.70	0.75	0.75	0.75
	$\phi5\sim\phi14$	$0.5\sim1$	$300\sim500$	0.50	0.55	0.60	0.65	0.70	0.45

6）湿度和温度的影响

高温高湿会引起材料变质，其中湿度的影响较大（图 3.10），温度的影响较小（图 3.11）。

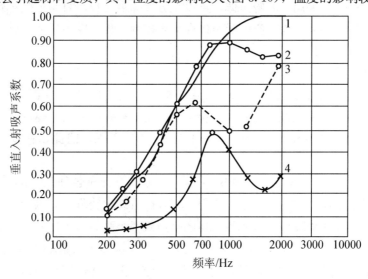

玻璃面板，厚 50mm，密度 24kg/m³

图 3.10 湿度变化对多孔材料吸声特性的影响

1—含水率 0％ 2—含水率 5％ 3—含水率 20％ 4—含水率 50％

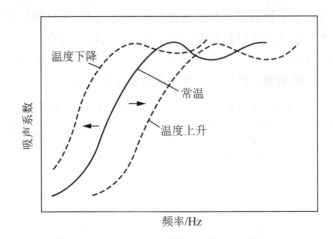

图 3.11　温度变化对多孔材料吸声特性的影响

随着空隙内含水量增大，空隙被堵塞，吸声材料中空气不再连通，空隙率下降，高频吸声系数降低；随着含水量的增加，受影响的频率范围将进一步扩大，吸声频率特性也将改变。因此，在一些湿度较大的区域，应合理选用具有防潮作用的超细玻璃棉毡等，以满足潮湿气候和地下工程等使用的需要。

温度对多孔吸声材料有一定影响。温度下降时，低频吸声性能增加；温度上升时，低频吸声性能下降。因此，在工程应用中温度的影响也应引起注意。

4. 空间吸声体

把吸声材料或吸声结构悬挂在室内离壁面一定距离的空间中，称为空间吸声体。由于悬空悬挂，声波可以从不同角度入射到吸声体，其吸声效果比相同的吸声体实贴在刚性壁面的要好得多。因此，采用空间吸声体，可以充分发挥多孔吸声材料的吸声性能，提高吸声效率，节约吸声材料。目前，空间吸声体在噪声控制工程中应用非常广泛。

1）空间吸声体的分类

空间吸声体大致可分为 3 类。

（1）大面积的平板体（图 3.12(a)），如果板的尺寸比波长大，则其吸声情况大致上相当于声波从板的两面都是无规入射的。实验结果表明，板状空间吸声体的吸声量大约为将相同吸声板实贴壁面的两倍，设计时可按 1.7～1.8 倍考虑，因此，它具有较大的总吸声量。

（2）离散的单元吸声体（图 3.12(b)～(k)），可以设计成各种几何形状，如立方体、圆锥体、圆柱体、菱柱体或球体及瓦棱板等，其吸声机理比较复杂，因为每个单元吸声体的表面积与体积之比很大，所以单元吸声体的吸声效率很高。

（3）吸声尖劈（图 3.13），它是一种特殊的高效楔状吸声体，由基部 L_1、尖部 L_2 及尖劈性面间的空腔 h 组成，尖部表面是它的主要吸声面。图 3.13 所示的吸声尖劈示意图中，左图为基部横剖面，右图为尖劈纵向剖面。当尖劈的长度等于入射波长的 1/4 时，吸声系数达到 0.99；尖劈垂直入射吸声系数在 0.99 以上的频率下限称为尖劈的截止频率，优化的吸声尖劈的截止频率可达 50Hz 左右。吸声尖劈的吸声性能与吸声尖劈的总长度 L($L=L_1+L_2$)、L_1/L_2 以及空腔深度 h、填充的吸声材料的密度与吸声特性等都有关系。L 越长，其频吸声性能越好；调节空腔深度 h，使共振频率位置恰当，有利于共振吸声，可有效地提高吸声性能。应该注意的是，上述参数之间有一个最佳协调关系，一般有如下的比例关系：

$$h=5\%\sim15\%(L_1+L_2) \tag{3-10}$$

$$L_2:(L_1+h)=4:1 \tag{3-11}$$

这些参数需要在使用时根据吸声的要求进行调整优化，必要时还需要通过实验加以修正，以期获得最佳吸声性能。尖劈常用于有特殊用途的场合，如消声室。

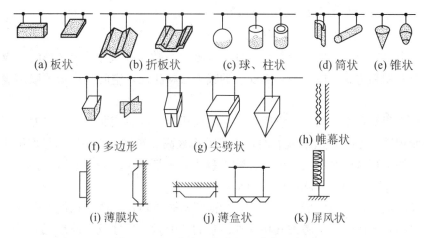

(a) 板状　　(b) 折板状　　(c) 球、柱状　　(d) 筒状　　(e) 锥状

(f) 多边形　　(g) 尖劈状　　(h) 帷幕状

(i) 薄膜状　　(j) 薄盒状　　(k) 屏风状

图 3.12　几种产品化空间吸声体示意图

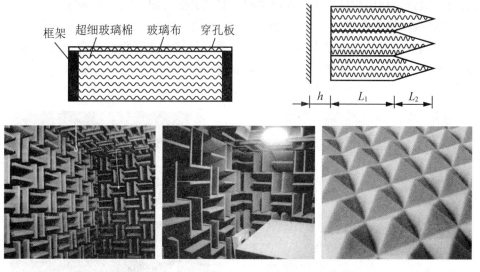

图 3.13　吸声尖劈结构示意图和实物图

2）空间吸声体的应用

空间吸声体彼此按一定间距排列悬吊在天花板下某处，吸声体朝向声源的一面，可直

接吸收入射声能，其余部分声波通过空隙绕射或反射到吸声体的侧面、背面，使得各个方向的声能都能被吸收。空间吸声体装拆灵活，工程上常把它制成产品，用户只要购买成品，按需要悬挂起来即可。空间吸声体适用于大面积、多声源、高噪声车间，如织布、冲压钣金车间等。

3）空间吸声体的性能

板状吸声体是应用最广泛的一种空间吸声体。空间吸声板悬挂在扩散声场中，吸声板之间的距离大于或接近于板的尺寸时，它的前后两面都将吸声，单位面积吸声板的吸声量 A 可取为

$$A=2\bar{\alpha}=\alpha_1+\alpha_2 \tag{3-12}$$

式中　　α_1、α_2——分别为正反面的吸声系数；

　　　　$\bar{\alpha}$——两面的平均吸声系数。

如果吸声量按吸声体的投影面积计算，其吸声系数往往大于1，这是由于吸声体增大了有效吸声面积和边缘效应。与贴实安装的吸声材料相比，空间吸声板的吸声量有明显的增加。

实验和工程实践都表明，当空间吸声板的面积与房间总表面面积之比为15%左右或为房间平顶面积的40%（面积比）左右时，吸声效率最高。考虑到吸声降噪量取决于吸声系数及吸声材料的面积这两个因素，因此实际工程中，一般取40%～60%，与全平顶式相比，材料节省一半左右，而吸声降噪效果则基本相同。

一些吸声结构也可以制成空间吸体，如薄塑盒式吸声体、微穿孔板吸声体等。

设计空间吸声体时除了考虑其功能外，它们的形状、尺寸及饰面形式和色彩等也要具有美学效果。

优点：吸声，利用率高，不占地面面积，安装灵活方便，吸声效率高。

4）空间吸声体的布置

（1）空间吸声板的悬挂方式有水平悬挂、垂直悬挂和水平垂直组合悬挂等（图3.14），效果相差不大。吸声板的悬挂位置应该尽量靠近声源及声波反射线密集的地方，如声聚焦的位置。

图3.14　吸声板垂直和水平悬挂示意图

（2）吸声体尺度减小，有利于高频吸收；反之，则有利于低频吸收。通常在选择吸声体单块时，大厂房选 5～11m²，小厂房选 2～4m²。

（3）吊挂时，空间吸声体之间有一最佳间距，达到这一最佳间距时才能最大限度地发挥吸声体的吸声效果，一般通过实验求得。大、中型厂房通常取 0.8～1.8m² 左右，小型厂房可取 0.4～0.8m²。

（4）离顶高度为车间净高的 1/7～1/5 或者 0.5～0.8m 左右。

（5）排列方式为集中式、棋格式、队列式（长条式），以长条式效果最好。

（6）吸声体悬挂后，应不妨碍采光、照明、起重运输、设备检修、清洁等。

3.3.2 共振吸声结构

建筑空间的围蔽结构和空间中的物体，在声波的激发下会发生振动，振动着的结构和物体由于自身的内摩擦和与空气的摩擦产生热能，因此要消耗声能，这样就产生吸声效果。结构和物体都有自己的固有振动频率，当声波和物体的固有频率相同时，就会发生共振现象。此时结构和物体的振动最强烈，振幅和振速达到极大值，共振引起的能量消耗也最多，因此吸声系数在共振频率处最大。

利用共振原理设计的共振吸声结构一般分为两种，一种是空腔共振吸声结构，一种是薄膜或薄板共振吸声结构。

1. 薄膜、薄板共振吸声结构

皮革、人造革、塑料薄膜等材料具有不透气、柔软、受拉伸时有弹性等特点。这些材料可与背后封闭的空气层形成共振系统。共振频率与薄膜面积、薄膜背后空气层的厚度和薄膜的张力大小有关。在工程中薄膜的张力很难控制，而且张力会随着时间减小。

1）吸声原理

薄板和其后的空气层如同质量块和弹簧一样组成一个单自由度振动系统，该系统具有固有频率 f_0，由于薄板(膜)的劲度较小，因此 f_0 都处在中、低频范围内。当入射声波频率 f 等于系统的固有频率 f_0 时，系统产生共振，导致薄板(膜)产生最大弯曲变形，由于板的阻尼和板与固定点间的摩擦而将振动能转化成热能耗散掉，起到吸收声波能量的作用。

2）吸声性能

（1）共振吸声频率。薄板(膜)共振吸声结构固有频率为

$$f_0 = \frac{1}{2\pi}\sqrt{\frac{\rho_0 c_2}{M_0 D}} \approx \frac{600}{\sqrt{M_0 D}} \qquad (3-13)$$

式中　M_0——薄板(膜)的面密度(kg/m²)，M_0 = 板厚 δ × 板密度；

　　　D——薄板(膜)与刚性壁之间空气层厚度(cm)。

对于没有张力或张力很小的薄膜，其共振频率可用式(3-14)计算：

$$f_0 = \frac{1}{2\pi}\sqrt{\frac{\rho_0 c^2}{M_0 L}} \approx \frac{600}{\sqrt{M_0 L}} \qquad (3-14)$$

式中　M_0——薄膜的单位面积质量(kg/m^2)；

　　　L——薄膜后空气层厚度(cm)；

　　　ρ_0——空气密度(kg/m^3)。

薄膜吸声结构的共振频率通常在 $200\sim1000Hz$ 范围，最大吸声系数为 $0.3\sim0.4$，一般把它作为中频噪声吸声材料。工程上一般把薄膜材料作为多孔材料的面层，这样会提高多孔材料的吸声系数。

除此之外，还有空间吸声体、强吸声结构和幕帘等一些吸声材料。

（2）吸声系数。吸声系数主要由实验测定，表 3-7 和表 3-8 列出了一些薄膜共振吸声结构的常用吸声系数。

表 3-7　薄膜共振吸声结构的吸声系数

吸声结构	背衬材料厚度/mm	各倍频程中心频率的吸声系数 α_0					
		125Hz	250Hz	500Hz	1000Hz	2000Hz	4000Hz
帆布	空气层 45	0.05	0.10	0.40	0.25	0.25	0.20
	空气层 20+矿棉 25	0.20	0.50	0.65	0.50	0.32	0.20
人造革	玻璃棉 25	0.20	0.70	0.90	0.55	0.33	0.20
聚乙烯薄膜	玻璃棉 50	0.25	0.70	0.90	0.90	0.60	0.50

表 3-8　薄板共振吸声结构的吸声系数

材料	构造/cm	各倍频程中心频率的吸声系数 α_0					
		125Hz	250Hz	500Hz	1000Hz	2000Hz	4000Hz
三夹板	空气层厚 5，框架间距 45×45	0.21	0.73	0.21	0.19	0.08	0.12
三夹板	空气层厚 10，框架间距 45×45	0.59	0.38	0.18	0.05	0.04	0.08
五夹板	空气层厚 5，框架间距 45×45	0.08	0.52	0.17	0.06	0.10	0.12
五夹板	空气层厚 10，框架间距 45×45	0.41	0.30	0.14	0.15	0.10	0.16
刨花压轧板	板厚 1.5，空气层厚 5，框架间距 45×45	0.35	0.27	0.20	0.63	0.25	0.39
木丝板	板厚 3，空气层厚 5，框架间距 45×45	0.05	0.30	0.81	0.53	0.70	0.91
木丝板	板厚 3，空气层厚 10，框架间距 45×45	0.09	0.36	0.62	0.38	0.71	0.89
草纸板	板厚 2，空气层厚 5，框架间距 45×45	0.15	0.49	0.41	0.32	0.51	0.64

（续）

材料	构造/cm	各倍频程中心频率的吸声系数 α_0					
		125Hz	250Hz	500Hz	1000Hz	2000Hz	4000Hz
草纸板	板厚3，空气层厚10，框架间距 45×45	0.50	0.48	0.34	0.32	0.49	0.60
胶合板	空气层厚5	0.28	0.22	0.17	0.09	0.10	0.11
胶合板	空气层厚10	0.34	0.19	0.10	0.09	0.12	0.11

（3）讨论。

① 薄板厚 δ 一般取 3～6mm；空气层厚 D 一般为 3～10cm，则 f_0=80～300Hz，属于低频吸声，最大吸声系数 α_m=0.2～0.5。

② 薄膜：f_0=200～1000Hz，属于中频吸声，最大吸声系数。

③ 增加 M_0 或 D，可使 f_0 下降。

④ 龙骨与薄板之间垫上柔性软衬垫（柔性连接）和空气层中衬贴吸声材料，均有利于提高吸声系数 α 和吸声频带宽度 Δf（图3.15）。

⑤ 可选用的板材有胶合板、硬质纤维板、石膏板、石棉水泥板、金属板等，可选用的薄膜有塑料膜、帆布、皮革、人造革、金属膜等。

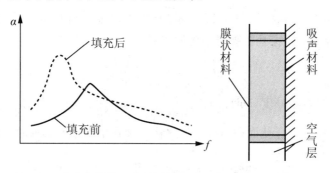

图 3.15　填充纤维状吸声材料的薄板吸声结构及其吸声特性

2. 穿孔板共振吸声结构

空腔共振吸声结构是结构中间封闭有一定体积的空腔，并通过有一定深度的小孔与声场空间连通，其吸声机理可以用亥姆霍兹共振器来说明。图3.16（a）所示为共振器示意图。当小孔深度 h 和小孔直径 d 比声波波长小得多时，孔颈中的空气柱的弹性变形很小，可以当做整体处理。封闭空腔 V 的体积比孔颈大得多，起着空气弹簧的作用，整个系统类似图3.16（b）所示的弹簧振子。当外界入射声波频率 f 和系统固有频率 f_0 相等时，孔颈中的空气柱就由于共振而产生剧烈振动，在振动中空气柱和孔颈侧壁摩擦而消耗声能。

亥姆霍兹共振器的共振频率 f_0 可用式（3-15）计算：

$$f_0=\frac{c}{2\pi}\sqrt{\frac{S}{V(h+\delta)}} \tag{3-15}$$

式中　S——颈口面积(cm^2)；

　　　c——声速，取 34000cm/s；

　　　V——空腔体积(cm^3)；

　　　h——孔颈深度(cm)；

　　　δ——开口末端修正量(cm)。因为颈部空气柱两端附近的空气也参加振动，所以要对 h 加以修正。对于直径为 d 的圆孔，$\delta=0.8d$。

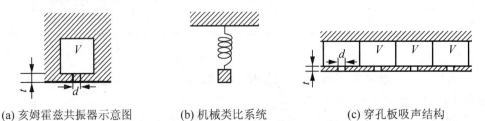

(a) 亥姆霍兹共振器示意图　　(b) 机械类比系统　　(c) 穿孔板吸声结构

图 3.16　空腔共振吸声结构

　　亥姆霍兹共振器在共振频率附近吸声系数较大，而对于共振频率以外的频率，吸声系数下降很快，说明亥姆霍兹共振器的吸收频带窄和共振频率较低，因此较少单独采用。在某些噪声环境中，噪声频率在低频有明显的峰值时，可采用亥姆霍兹共振器组成的吸声结构。

　　穿孔板吸声结构(其结构如图 3.17 所示)相当于许多并列的亥姆霍兹共振器，每一个开孔和背后的空腔对应。穿孔板吸声结构的共振频率是

$$f_0=\frac{c}{2\pi}\sqrt{\frac{K}{L(h+\delta)}} \tag{3-16}$$

式中　L——板后空气层厚度(cm)；

　　　K——穿孔率，即穿孔面积与总面积之比。圆孔呈正方形排列时，$K=\frac{\pi}{4}\left(\frac{d}{B}\right)^2$；圆孔呈等边三角形排列时，$K=\frac{\pi}{2\sqrt{3}}\left(\frac{d}{B}\right)^2$，其中 d 为孔径，B 为孔中心距。

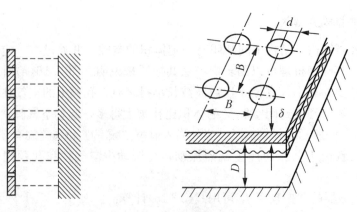

图 3.17　穿孔板吸声结构图

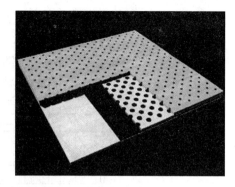

图 3.17　穿孔板吸声结构图(续)

由式(3－15)、式(3－16)可知，板的穿孔面积越大，吸声的频率越高。空腔越深或板越厚，吸声的频率越低。一般穿孔板吸声结构主要用于吸收中低频噪声的峰值，吸声系数为 0.4～0.7。

设在 f_0 处的最大吸声系数为 α，则在 f_0 附近能保持吸声系数为 $\alpha/2$ 的频带宽度 Δf 为吸声带宽。穿孔板吸声结构的吸声频带较窄，通常仅几十赫兹到二三百赫兹。吸声系数高于 0.5 的频带宽度 Δf 可由式(3－17)计算。

$$\Delta f = 4\pi \frac{f_0}{\lambda_0} L \qquad (3-17)$$

式中　λ_0——与共振频率 f_0 相对应的波长；

　　　L——空腔深(板后的空气层厚度)(m)。

由式(3－17)可知，穿孔板共振吸声结构的 f_0 与腔深 L 有很大的关系，而腔深又影响到共振频率的大小，故需综合考虑，合理选择腔深。工程上一般取板厚 2～5mm，孔径 2～4mm，穿孔率 1%～10%，空腔深(即板后空气层厚度)以 10～25cm 为宜。尺寸超以上范围，多有不良影响，例如，穿孔率在 20% 以上时，几乎没有共振吸声作用，而仅仅成为护面板了。

在确定穿孔板共振吸声结构的主要尺寸后，可制作模型在实验室测定其吸声系数，或根据主要尺寸查阅手册，选择近似或相近结构的吸声系数，再按实际需要的减噪量计算应铺设吸声结构的面积。

由于穿孔板自身的声阻很小，这种结构的吸声频带较窄，如在穿孔板背后填充一些多孔的材料或敷上声阻较大的纺织物等材料，便可改进其吸声特性。填充吸声材料时，可以把空腔填满，也可以只填一部分，关键在于要控制适当的声阻率。图 3.18 所示是填充多孔材料前后吸声特性的比较。由图可见，填充多孔材料后，不仅提高了穿孔板的吸声系数，而且展宽了有效吸声频带宽度。为展宽吸声频带，还可以采用不同穿孔率、不同腔深的多层穿孔板吸声结构的组合。

各种穿孔板、狭缝板背后设置空气层形成吸声结构，也属于空腔共振吸声结构。这类结构取材方便，并有较好的装饰效果，所以使用较广泛，如图 3.19 所示。通常的空腔共振吸声结构有穿孔的石膏板、石棉水泥板、胶合板、硬质纤维板、钢板、铝板等。

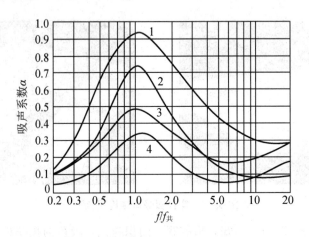

图 3.18 穿孔板共振结构的吸声特性

1—背后空气层内填 50mm 厚玻璃棉吸声材料；2—背后空气层内填
25mm 厚玻璃棉吸声材料；3—背后空气层内填 50mm，不填吸声材
料；4—背后空气层内填 25mm，不填吸声材料

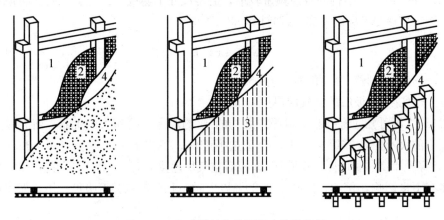

图 3.19 穿孔板组合共振吸声结构实例

1—空气层 2—多空吸声材料 3—穿孔板 4—布(玻璃布)等护面层 5—木板条

3.3.3 微穿孔板吸声结构

由于穿孔板的声阻很小，因此吸声频带很窄。为使穿孔板结构在较宽的范围内有效地吸声，必须在穿孔板背后填充大量的多孔材料或敷上声阻较高的纺织物。但是，如果把穿孔直径减小到 1mm 以下，则不需另加多孔材料也可以使它的声阻增大。这就是微穿孔板，微穿孔板吸声结构的理论是我国著名声学专家、中科院院士马大猷教授于 20 世纪 70 年代提出来的。

在板厚度小于 1mm 薄板上穿以孔径小于 1mm 的微孔，穿孔率 1%～5%，后部留有一定厚度(如 5～20cm)的空气层，空气层内不填任何吸声材料，这样就构成了微穿孔板吸声结构，常用的多是单层或双层微穿孔板结构形式。微穿孔板吸声结构是一种低声质量、高声阻的共振吸声结构，其性能介于多孔吸声材料和共振吸声结构之间，其吸声频率宽度可优于常规的穿孔板共振吸声结构。

研究表明，表征微穿孔板吸声特性的吸声系数和频带宽度，主要由微穿孔板结构的声质量 m 和声阻 r 来决定，而这两个因素又与微孔直径 d 及穿孔率 P 有关。微穿孔板吸声结构的相对阻抗 Z（以空气的特性阻抗 $\rho_0 c$ 为单位）用式（3-18）计算：

$$Z = r + j\omega m - j\cot\frac{\omega D}{c} \tag{3-18}$$

式中 c ——空气中声速（m/s）；

D ——腔深（穿孔板与后壁的距离）（mm）；

m ——相对声质量；

r ——相对声阻；

ω ——角频率，$\omega = 2\pi f$（f 为频率）；

j ——虚数。

r 和 m 分别由式（3-19）和式（3-20）表示：

$$r = 0.147 t K_r / d^2 p \tag{3-19}$$

$$m = 0.2940 \times 10^{-3} t K_m / p \tag{3-20}$$

式中 t ——板厚（mm）；

d ——孔径（mm）；

p ——穿孔率（%）；

K_r ——声阻系数，即

$$K_r = \sqrt{1 + \frac{x^2}{32}} + \frac{\sqrt{2}\,xd}{8t}$$

K_m ——声质量系数，即

$$K_m = 1 + \frac{1}{\sqrt{9 + x^2/2}} + 0.85\frac{d}{x}$$

通常微穿孔板吸声结构的设计，孔径与板厚的尺寸基本相当，因此式中的 x 值可按式（3-21）计算：

$$x = 10 d\sqrt{f} \tag{3-21}$$

式中 d ——孔直径（mm）；

f ——频率（kHz）。

定义微穿孔板的阻尼比 q 为

$$q = \frac{r}{\omega m} = \frac{8}{x^2} \cdot \frac{K_r}{K_m} \tag{3-22}$$

该值对微穿孔板结构的共振频带宽度影响很大。由此值可推导得微穿孔结构的共振频率：

$$f_0 = (1/2\pi)/\sqrt{(m + D/3c)(D/c)} \tag{3-23}$$

半吸收频率的相对半宽度为

$$B = \Delta f / f_0 = (1 + r)\tan^{-1}(q/r) \tag{3-24}$$

利用以上各式，就可以从要求的 r、m、f 求出穿孔板吸声结构的 x、d、t、P 等参量，由于微穿孔板的孔径很小，孔数很多，其中 r 值比普通穿孔板大得多，而 m 又很小，故吸声频带比普通穿孔板共振吸声结构宽得多，这是微穿孔板吸声结构的最大特点。一般性能较好的单层或双层微穿孔板吸声结构的吸声频带宽度可以达到 6~10 个 1/3 倍频程以上。

共振时的最大吸声系数为

$$\alpha_0 = \frac{4r}{(1+r)^2} \tag{3-25}$$

具体设计微穿孔板结构时，可通过计算，也可通过查图表，计算结果与实测结果一致。在实际工程中为了扩大吸声频带宽度，往往采用不同孔径、不同穿孔率的双层或多层微穿孔板复合结构。

微穿孔板可用铝板、钢板、镀锌板、不锈钢板、塑料饭等材料制作。由于微穿孔板后的空气层内无需填装多孔吸声材料，因此它不怕水和潮气，不霉、不蛀、防火、耐高温、耐腐蚀、清洁无污染，能承受高速气流的冲击。微穿孔板吸声结构在吸声降噪和改善室内音质方面有着十分广泛的应用。

在微穿孔板吸声结构理论研究与实践应用领域，我国处于国际领先地位。一个十分典型的例子是德国新议会大厦会议大厅用玻璃场面建成的圆形建筑物，耗资 2.7 亿马克，但建成后由于声学缺陷(声聚焦和混响时间过长)而无法使用。德方经招标于 1993 年由中国设计师应用微穿孔理论，在 5mm 厚的有机玻璃板上用激光打孔，其直径为 0.55mm，孔距为 6mm(穿孔率 1.4% 左右，孔数 2.8×10⁴ 个/m²)装于原玻璃墙内侧，成功地解决了这一声学缺陷问题。

3.4 室内声场和吸声降噪

吸声降噪是对室内顶棚、墙面等部位进行吸声处理，增加室内的吸声量，以降低室内噪声级的方法。如在一封闭的室内有一噪声源，则在室内任意点处除来自噪声源的直达声外，还有来自各边界面多次反射形成的混响声，直达声与混响声的叠加，使室内的噪声级比同一声源在露天场所的声压级要高。其增加量即混响声强弱与室内的吸声能力有关。在室内的边界面上设置吸声材料和吸声结构以及悬挂空间吸声体等，增加室内吸声量措施可以减弱混响声，从而使室内的噪声级降低，这种方法是噪声控制技术的一个重要方法。

由于吸声降噪只能降低室内混响声，而不能降低噪声源的直达声，降噪效果还与室内原有的吸声量、接受者位置等因素有关，因此，在实施吸声降噪之前，必须对现场条件作具体分析。

3.4.1 吸声降噪实用条件分析

实施吸声降噪必须满足的条件：①如果室内顶棚和四壁是坚硬的反射面，且没有一定数量的吸声性强的物体，室内混响突出，则吸声降噪效果明显。反之，如果室内已有部分吸声量，混响声不明显，则吸声降噪效果不大；②当室内均匀布置多个噪声源时，直达声起主要作用，此时吸声降噪效果不明显。当室内只有一个或较少噪声源时，接受者在离噪声源距离大于临界距离的位置，其吸声降噪效果比距离较近的位置有显著提高；③当要求降噪的位置距离声源很近，直达声占主要时，吸声降噪的效果不大。此时若在噪声源附近设置隔声屏则会有一定效果；④由于吸声降噪的作用只能降低混响声而不能降低直达声，因此吸声降噪使混响声降至直达声相近水平较为合理，超过这个限度，降噪效果不大，而且造成浪费。因为吸声降噪量与吸声材料的用量是对数关系，而不是正比关系，并不是吸声材料用得越多，吸声效果越好；⑤吸声降噪量一般为 3～8dB，在混响声十分显著的场所可降 10dB。当要求更高的降噪量时，需采用隔声或其他综合措施。

3.4.2 室内任意点的吸声降噪量

为便于分析研究，通常把房间内的声场分解成两部分：从声源直接到达受声点的直达声形成的声场叫**直达声场**，经过房间壁面一次或多次反射后到达受声点的反射声形成的声场叫**混响声场**。

声音不断从声源发出，又经过壁面及空气的不断吸收，当声源在单位时间发出的声能等于被吸收的声能，房间的总声能就保持一定。若这时候房间内声能密度处处相同，而且在任一受声点上，声波在各个传播方向作无规分布的声场叫**扩散声场**。

在一扩散声场中，距噪声源一定距离点的声压级具体如下。

1) 直达声场声压级(dB)

设点声源功率是 W，在距点声源 r 处，直达声的声强为：

$$I_d = \frac{QW}{4\pi r^2} \tag{3-26}$$

式中 Q——指向性因子。当点声源置于自由场空间，Q 为 1；置于无穷大刚性平面上，则点声源发出的全部能量只向半自由场空间辐射，因此相同距离处的声强将为无限空间情况的两倍，Q 为 2；声源置于两个刚性平面的交线上，全部声能只向 1/4 空间辐射，Q 为 4；声源置于 3 个刚性平面的交角上，Q 为 8。

距点声源 r 处直达声的声压 p_d 及声能密度 D_d 为

$$p_d^2 = \rho c I_d = \frac{\rho c QW}{4\pi r^2} \tag{3-27}$$

$$D_d = \frac{p_d^2}{\rho c^2} = \frac{QW}{4\pi r^2 c} \tag{3-28}$$

相应的声压级 L_{pd} 为

$$L_{pd} = L_w + 10 \lg \frac{Q}{4\pi r^2} \tag{3-29}$$

2) 混响声场声压级(dB)

设混响声场是理想的扩散声场。在室内声场中，声波每相邻两次反射所经过的路程称作自由程。室内自由程的平均值称为平均自由程，可以求得平均自由程 d 为

$$d = \frac{4V}{S} \tag{3-30}$$

式中　V——房间容积；

　　　S——房间内表面面积。

当声速为 c 时，声波传播一个自由程所需时间 τ 为

$$\tau = \frac{d}{c} = \frac{4V}{cS} \tag{3-31}$$

故单位时间内平均反射次数 n 为

$$n = \frac{1}{\tau} = \frac{cS}{4V} \tag{3-32}$$

自声源未经反射直接传到接收点的声音均为直达声。经第一次反射面吸收后，剩下的声能便是混响声。故单位时间声源向室内贡献的混响声为 $W(1-\bar{\alpha})$，这些混响声在以后的多次反射中还要被吸收。设混响声能密度为 D_r，则总混响声能为 $D_r V$，每反射一次，吸收 $D_r V \bar{\alpha}$，$\bar{\alpha} = \dfrac{\sum_i S_i \alpha_i}{\sum_i S_i}$ 为各壁面(S_i)的平均吸声系数。每秒反射 $\dfrac{cS}{4V}$ 次，则单位时间吸收的混响声能为 $D_r V \bar{\alpha} \dfrac{cS}{4V}$。当单位时间声源贡献的混响声能与被吸收的混响声能相等时，达到稳态，即

$$W(1-\bar{\alpha}) = D_r V \bar{\alpha} \frac{cS}{4V} \tag{3-33}$$

因此，达到稳态时，室内的混响声能密度为

$$D_r = \frac{4W(1-\bar{\alpha})}{cS\bar{\alpha}} \tag{3-34}$$

设

$$R = \frac{S\bar{\alpha}}{1-\bar{\alpha}} \tag{3-35}$$

式中　R——房间常量，则

$$D_r = \frac{4W}{cR} \tag{3-36}$$

由此得到，混响声场中的声压 $p_r{}^2$ 为

$$p_r{}^2 = \frac{4\rho c W}{R} \tag{3-37}$$

相应的声压级 L_{pr} 为

$$L_{pr} = L_w + 10\lg\frac{4}{R} \tag{3-38}$$

3) 室内总声场声压级(dB)

把直达声场和混响声场叠加，就得到总声场。总声场的声能密度 D 为

$$D = D_d + D_r = \frac{W}{c}\left(\frac{Q}{4\pi r^2} + \frac{4}{R}\right) \tag{3-39}$$

总声场的声压平方值 p^2 为

$$p^2 = p_d{}^2 + p_r{}^2 = \rho c W\left(\frac{Q}{4\pi r^2} + \frac{4}{R}\right) \tag{3-40}$$

总声场的声压级 L_p 为

$$L_p = L_w + 10\lg\left(\frac{Q}{4\pi r^2} + \frac{4}{R}\right) \tag{3-41}$$

$$R = \frac{S\bar{\alpha}}{1-\bar{\alpha}} \tag{3-42}$$

式中　L_w——声源功率级(dB)；

　　　　r——距声源的距离(m)；

　　　　Q——声源指向性因数，见表3-2；

　　　　R——房间常数(m^2)；

　　　　S——室内总表面积(m^2)；

　　　　$\bar{\alpha}$——室内平均吸声系数。

从式(3-41)中看出，由于声源的声功率级是给定的，因此房间中各处的声压级的相对变化就由式第二项 $10\lg\left(\frac{Q}{4\pi r^2} + \frac{4}{R}\right)$ 决定。当房间的壁面为全反射时，$\bar{\alpha}$ 为0，房间常数 R 亦为0，房间内声场主要为混响声场；当 $\bar{\alpha}$ 为1时，房间常数 R 为无穷大，房间内只有直达声，类似于自由声场。对于一般的房间，总是介于上述两种情况之间，房间常数大致在几十到几千平方米之间。房间中受声点的相对声压级差值与声源距离 r、指向性因数 Q 及房间常数 R 的关系如图3.20所示。

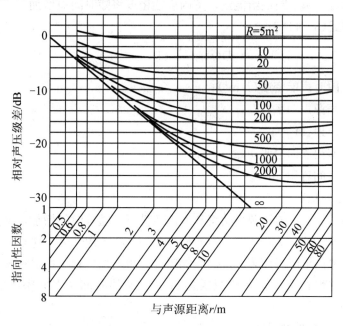

图 3.20　室内声压级计算表图

4）混响半径

由式(3-41)可知，在声源的声功率级为定值时，房间内的声压级由受声点到声源距离 γ 和房间常数 R 决定。

当受声点离声源很近，即 $Q/4\pi r^2 \gg 4/R$ 时，室内声场以直达声为主，混响声可以忽略。

当受声点离声源很远，即 $Q/4\pi r^2 \ll 4/R$ 时，室内声场以混响声为主，直达声可以忽略，这时声压级 L_p 与距离无关。

当 $Q/4\pi r^2 = 4/R$ 时，直达声与混响声的声能相等，这时候的距离 r 称为临界半径 r_c。

$$r_c = 0.14\sqrt{QR} \tag{3-43}$$

$Q=1$ 时的临界半径又称**混响半径**。

因为吸声降噪只对混响声起作用，当受声点与声源的距离小于临界半径时，吸声处理对该点的降噪效果不大；反之，当受声点离声源的距离大大超过临界半径时，吸声处理才有明显的效果。

3.4.3 室内声衰减和混响时间

1. 室内声能的增长和衰减过程

1) 室内声能的增长过程

当声源开始向室内辐射声能时，声波在室内空间传播，当遇到壁面时，部分声能被吸收，部分被反射；声能在声波的继续传播中多次被吸收和反射，在空间就形成了一定的声能密度分布。随着声源不断供给能量，室内声能密度将随时间而增加，这就是室内声能的增长过程。可用式(3-44)表示：

$$D(t) = \frac{4W}{cA}(1 - e^{-\frac{SA}{4V}t}) \tag{3-44}$$

式中　$D(t)$——瞬时声能密度(J/m^3)；

　　　　W——声源声功率(W)；

　　　　c——声速(m/s)；

　　　　A——室内表面总吸声量(m^2)；

　　　　V——房间容积(m^3)。

2) 室内声能的稳定

由上式看出，在一定的声源声功率和室内条件下，随着时间增加，室内瞬时声能密度将逐渐增长。当 $t=0$ 时，$D(t)=0$；当 $t\to\infty$ 时，$D(t)\to 4W/cA$，这时单位时间内被室内吸收的声能与声源供给声能相等，室内声能密度不再增加，处于稳定状态。

事实上，在一般情况下，大约只需经过 $1\sim2s$ 的时间，声能密度的分布即接近于稳态。

3) 室内声能的衰减过程

当声场处于稳态时，若声源突然停止发声，室内受声点上的声能并不立即消失，而要有一个过程。首先是直达声消失，反射声将继续下去，每反射一次，声能被吸收一部分，因此，室内声能密度逐渐减弱，直到完全消失(图3.21)。这一过程称作**混响过程**或**交混回响**，声能密度的衰减用式(3-45)表示：

$$D(t) = \frac{4W}{cA}(e^{-\frac{SA}{4V}t}) \tag{3-45}$$

由式(3-45)可见,在衰减过程中,$D(t)$随t的增加而减小。

室内总吸声量A越大,衰减越快。

房间容积V越大,衰减越慢。

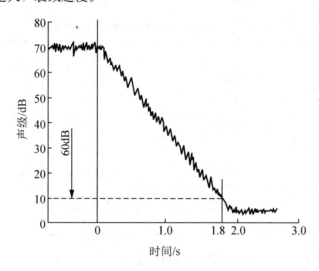

图 3.21 室内声能的衰减过程

2. 混响时间

在混响衰减过程中,把声能密度衰减到原来的百万分之一,即衰减 60dB 所需的时间定义为混响时间,用T_{60}表示,单位为 s。

1)混响时间公式

19 世纪,有几位声学专家用统计声学的方法,分别导出了混响时间的理论公式。

(1) W. C. Sabine(赛宾)混响时间公式。W. C. Sabine(赛宾)混响时间公式为

$$T_{60} = \frac{0.161V}{A} = \frac{0.161V}{S\bar{\alpha}} \tag{3-46}$$

式中 V——房间容积(m^3);

$\bar{\alpha}$——室内平均吸声系数;

A——室内总吸声量(m^2),$A = S\bar{\alpha}$。

当室内平均吸声系数$\bar{\alpha} < 0.2$时,赛宾公式计算结果才与实际情况比较接近。

(2) C. F. Eyring 混响时间公式。C. F. Eyring 考虑了房间壁面的吸收作用,并取$c = 344m/s$,提出的混响时间公式为

$$T_{60} = \frac{0.161V}{-S\ln(1-\bar{\alpha})} \tag{3-47}$$

(3) Eyring-Millington 公式。当房间较大时,在传播过程中,空气也将对声波有吸收作用,对于频率较高的声音(一般 2kHz 以上),空气的吸收相当大。这种吸收与频率、湿度、温度有关。

在声波传播过程中，同时考虑空气吸收引起的衰减有 Eyring‐Millington 公式：

$$T_{60} = \frac{55.2V}{-cS\ln(1-\bar{\alpha})+4mVc} \tag{3-48}$$

式中　m——空气衰减系数（m^{-1}）；

　　$4m$——空气吸收常数（表3-9）。

表3-9　不同频率和湿度的空气吸收常数 $4m$

相对湿度（%）	$4m$ 值/m^{-1}		
	2000Hz	4000Hz	6300Hz
30	0.01187	0.03794	0.08398
40	0.01037	0.02870	0.06238
50	0.00960	0.02444	0.05033
60	0.00901	0.02243	0.04340
70	0.00851	0.02131	0.03998
80	0.00807	0.02042	0.03757

当 $\bar{\alpha}<0.2$ 时，$\ln(1-\bar{\alpha})\approx\bar{\alpha}$，式（3-48）简化为

$$T_{60} = \frac{0.161V}{S\bar{\alpha}+4mV} \tag{3-49}$$

当 $f<2\text{kHz}$ 时，$4m<0.01$，V 较小时，$4mV$ 可以忽略，即

$$T_{60} = \frac{0.161V}{S\bar{\alpha}} \quad\text{或}\quad \bar{\alpha} = \frac{0.161V}{ST_{60}} \tag{3-50}$$

讨论：

（1）赛宾公式实际上是 Eyring‐Millington 公式在一定条件下的简化式。采用混响时间公式时，应注意前置条件是否合适。

（2）现代的电声仪器设备可以方便、快捷、准确地测定出室内的混响时间，使其在吸声处理中的应用十分广泛。

2）混响时间公式的应用

（1）用于控制厅堂设计的最佳混响时间 $T_{60}=1.5\sim3\text{s}$。

（2）用于测定吸声材料或结构的混响法吸声系数 α_S

方法：在容积 $V>200\text{m}^3$ 的混响室中，S 为混响室内表面总面积，单位为 m^2。吸声处理前室内平均吸声系数为

$$\overline{\alpha_1} = \frac{0.161V}{ST_1} \tag{3-51}$$

用吸声系数为 α_S 的待测吸声材料实贴在壁面上，其面积为 S_m，并占据了原来部分的壁面，即总内表面积 S 不变。此时室内平均吸声系数为

$$\overline{\alpha_2} = \frac{S_m\alpha_3+(S-S_m)\overline{\alpha_2}}{S} \tag{3-52}$$

吸声处理后的室内平均吸声系数又等于

$$\overline{\alpha_2} = \frac{0.161V}{ST_2} \tag{3-53}$$

由式(3-51)和式(3-53)得

$$\frac{\overline{\alpha_2}}{\overline{\alpha_1}} = \frac{T_1}{T_2} \tag{3-54}$$

$$\overline{\alpha_2} - \overline{\alpha_1} = \frac{0.161V}{S}\left(\frac{1}{T_2} - \frac{1}{T_1}\right) \tag{3-55}$$

由式(3-42)和式(3-45)可解得材料混响法吸声系数 α_S 为

$$\alpha_S = \frac{0.161V}{S_m}\left(\frac{1}{T_2} - \frac{1}{T_1}\right) + \overline{\alpha_1} \tag{3-56}$$

测得 T_1、T_2 后可由式(3-51)和式(3-56)计算出吸声材料的 α_S。

(3) 计算为了使室内平均吸声系数由 $\overline{\alpha_1}$ 上升到 $\overline{\alpha_2}$,而需要铺设的吸声系数为 α_S 的吸声材料或结构的面积 S_m。

由式(3-52)可解出

$$\frac{S_m}{S} = \frac{\overline{\alpha_2} - \overline{\alpha_1}}{\alpha_S - \overline{\alpha_1}} \quad \text{或} \quad S_m = S\frac{\overline{\alpha_2} - \overline{\alpha_1}}{\alpha_S - \overline{\alpha_1}} \tag{3-57}$$

式(3-57)可用于计算总 S 不变时,为达到 $\overline{\alpha_2}$ 所需吸声系数为 α_S 的吸声材料面积 S_m,其中,$\overline{\alpha_1}$ 严格讲应为未铺设吸声材料壁面的平均吸声系数。

如果吸声材料作为空间吸声体悬吊于空中,不占据原有壁面面积,则室内总吸声面积变为 $S + S_m$,从总吸声量计算可得

$$\overline{\alpha_2} = \frac{S_m\alpha_S + S\overline{\alpha_2}}{S + S_m} \tag{3-58}$$

所需吸声材料面积为

$$S_m = S\frac{\overline{\alpha_2} - \overline{\alpha_1}}{\alpha_S - \overline{\alpha_2}} \tag{3-59}$$

式(3-57)和式(3-59)是吸声降噪设计的重要计算式,应根据吸声材料或结构的安装布置与铺设方式而分别选用。

3) 混响时间的测定

在室内墙角上放置一个或两个功率较大的扬声器,使其发出宽频带噪声,例如用白噪声。发生器或电噪声等通过功率放大器策动扬声器发出噪声。接收系统是传声器连同前置放大器通过长电缆,将接收信号输入到放大器,经滤波器滤波后送到电平记录仪的一种装置量。测量时,使扬声器(声源)发出白噪声(最好在前面接一个滤波器,使之发出频带噪声能量较集中,可以提高声功率),待室内声场稳定后(只需发出数秒钟),使声源突然停止发声,同时开启记录仪,这时室内声压级随时间衰减的曲线便可绘制出来(图3.21)。取曲线平均值为一斜直线,由记录仪纸带走速和曲线斜率很容易推算出衰减 60dB 的混响时间 T_{60},现代测量仪可以直接显示混响时间数值。

在测量时,传声器应在离开声源一定距离的空间,即使之处于混响声场内,并多测几点,每一测点又因各次测得的衰变曲线有些差异,特别是低频往往差别较大,因而必须多

测几条曲线，取各曲线的 T_{60} 平均值。然后将各测点平均值再平均，每一频程均需如此进行。这样即可得到室内混响时间的平均值。

3.4.4 吸声降噪量的计算

人们总是感到，同一个发声设备放在室内要比放在室外听起来响得多，这正是室内反射作用的结果。当离开声源的距离大于混响半径时，混响声的贡献相当大。对于体积较大、刚性壁面为主的房间内，受声点上的声压级要比室外同一距离处高出 10～15dB。

如果在房间的内壁饰以吸声材料或安装吸声结构，或在房间中悬挂一些空间吸声体，吸掉一部分混响声，则室内的噪声就会降低。这种利用吸声降低噪声的方法称为吸声降噪。

设 R_1、R_2 分别为室内设置吸声装置前、后的房间常数，则距声源中心 γ 处相应的声压级 L_{p1}、L_{p2} 分别为

$$L_{p1}=L_W+10\lg\left(\frac{Q}{4\pi r^2}+\frac{4}{R_1}\right) \tag{3-60}$$

$$L_{p2}=L_W+10\lg\left(\frac{Q}{4\pi r^2}+\frac{4}{R_2}\right) \tag{3-61}$$

吸声前后的声压级之差，即吸声降噪量为

$$\Delta L_p=L_{p1}-L_{p2}=10\lg\left[\frac{\frac{Q}{4\pi r^2}+\frac{4}{R_1}}{\frac{Q}{4\pi r^2}+\frac{4}{R_2}}\right] \tag{3-62}$$

讨论：

(1) 当受声点离声源很近，即在混响半径以内的位置上，$Q/4\pi r^2\gg4/R$ 时，ΔL_p 值很小，也就是说在靠近噪声源的地方，声压级的贡献以直达声为主，吸声装置只能降低混响声的声压级，所以吸声降噪的方法对靠近声源的位置，其降噪量是不大的。

(2) 对于离声源较远的受声点，即处于混响半径以外的区域，如果 $Q/4\pi r^2\ll4/R$，且吸声处理前后的吸声面积不变的条件下，则式(3-62)可简化为

$$\Delta L_p=10\lg\frac{R_1}{R_2}=10\lg\frac{(1-\overline{\alpha_1})\overline{\alpha_2}}{(1-\overline{\alpha_2})\overline{\alpha_1}} \tag{3-63}$$

可以解出

$$\overline{\alpha_2}=\frac{\overline{\alpha_1}\times10^{0.1\Delta L_p}}{(1-\overline{\alpha_1})+\overline{\alpha_1}\times10^{0.1\Delta L_p}} \tag{3-64}$$

(3) 对于一般室内稳态声场，如工厂厂房，都是砖及混凝土砌墙、水泥地面与天花板，吸声系数都很小（$\overline{\alpha_1}<0.1$），因此有 $\overline{\alpha_1}$ $\overline{\alpha_2}$ 远小于 $\overline{\alpha_1}$ 或 $\overline{\alpha_2}$，$\overline{\alpha_1}$ $\overline{\alpha_2}$ 可以忽略不计，式(3-63)可简化为

$$\Delta L_p=10\lg\frac{\overline{\alpha_2}}{\overline{\alpha_1}} \quad 或 \quad \frac{\overline{\alpha_2}}{\overline{\alpha_1}}=10^{0.1\Delta L_p} \tag{3-65}$$

一般的室内吸声降噪处理可用此式计算。以上是通过理论推导得出的计算方法，而且经过简化，因此与实际存在一定差距。但在设计室内吸声降噪或定量估算其效果时，对计

算结果作适当的修正，上式仍有很大的实用价值。

因 $\overline{\alpha_1} > \overline{\alpha_2}$，故式(3-63)计算出的降噪量要比式(3-65)算出的大一些，后者反映整个房间范围内噪声降低的平均情况，而前者则是反映远离噪声源处噪声级降低能够达到的最大值。

(4) 利用此式的困难在于求取平均吸声系数较麻烦，如果现场条件比较复杂，$\overline{\alpha}$ 的计算也难以准确。利用吸声系数和混响时间的关系，将式(3-65)简化为

$$\Delta L_p = 10\lg \frac{T_1}{T_2} \qquad (3-66)$$

这样直接在现场测量混响时间要简单而且准确得多，并且由表 3-10 可以直接判断降噪效果。

表 3-10 室内吸声状况与相应降噪

$\dfrac{\overline{\alpha_2}}{\overline{\alpha_1}}$ 或 $\dfrac{T_1}{T_2}$	1	2	3	4	5	6	8	10	20	40
ΔL_p/dB	0	3	5	6	7	8	9	10	13	16

(5) 从表中可以看出，如果室内平均吸声系数增加一倍，混响声级降低 30dB；增加 10 倍降低 10dB。这说明，只有在原来房间的平均吸声系数不大时，采用吸声处理才有明显效果。例如，一般墙面及天花板抹灰的房间，各壁面和地面的平均吸声系数约为 $\overline{\alpha_1} = 0.3$，采用吸声处理后使 $\overline{\alpha_2} = 0.3$，则 $\Delta L_p = 10$dB。

(6) 通常，使平均吸声系数增大到 0.5 以上是很不容易的，且成本太高，因此，用一般吸声处理法降低室内噪声不会超过 10~12dB。对于未经处理的车间，采用吸声处理后，平均降噪量达 5dB 是较为切实可行的。

3.4.5 吸声降噪设计

1. 设计原则

(1) 尽可能先作声源处理(改进设备、消声等)，降低声源噪声辐射。

(2) 只有 $\overline{\alpha_1}$ 较小时($\leqslant 0.05$)，才能收到预期的降噪效果。

(3) 不能降低在直达声占支配地位场所的噪声，除非与隔声技术联用。

(4) 预定降噪的目标为 4~12dB(一般为 5~7dB)，期望过高是不现实的。

(5) 选择吸声材料时要考虑工艺要求和环境要求，如防火、防潮、防尘、防腐蚀、洁净等。

(6) 选择吸声处理方式和吸声材料布置时要兼顾采光、通风、照明、施工、装饰、维修和各操作等要求。

2. 设计程序

例题：

工程名称：空压机房降噪。

房间尺寸：10m×5m×4m。

内表面：地面和顶面为混凝土毛面，侧墙为普通抹灰。

噪声源：两台空压机位于地面中央。

控制要求：车间内噪声达到《工业企业噪声控制设计规范》(GBJ 87—1985)的要求。

设计步骤：

(1) 调查分析。

① 声源名称、种类、数量、尺寸和位置及声学特性、指向性等。对于点声源，Q＝2。

② 根据房间的几何性质、几何尺寸、厂房形状计算房间的容积和壁面的总面积。房间可移动物体(例如车间内的机电设备)所占的体积不必在房间总容积内扣除，其表面积也必计算在壁面总面积内。

本例中，房间总容积 $V＝200m^3$，壁面总面积 $S＝220m^2$。

③ 房间当前的声学特性：壁面性质、室内声场判别。应注意房间的几何形状，特别应注意房间内是否存在凹反射面，房间长度、宽度和高度是否大致可相比拟，扁平空间往往是一种不完全的扩散声场(散射声场)，即应注意房间的几何形状是否能保证房间内的声场近似完全扩散的声场，降噪点上混响声是否占主要地位。

(2) 确定控制标准的噪声限值：90dB(A)，可选用 $NR85$ 曲线。

(3) 现场测定噪声源倍频程频谱和混响时间 T_1，或查表选壁面吸声系数。

(4) 计算步骤见表 3-11，具体如下。

① 在表中第一行记录吸声处理前测得的倍频程声压级 L_{p1}。

② 在表中第二行记录 $NR85$ 的各个倍频程声压级 L_{p2}。

③ 由 $L_{p1}-L_{p2}$ 计算所需降噪量 ΔL_p，并填入表中第三行，可见在 500Hz 中心频率上有最大需降噪量。

④ 由表 3-12 查得地面、顶面和壁面的倍频程吸声系数 α_i。

⑤ 由表 3-11 中平均吸声系数计算公式计算吸声处理前的室内平均吸声系数 $\overline{\alpha_1}$ 或处理前的吸声量 $A_1＝S_1\overline{\alpha_1}$，没有需降噪量的频带可以不用计算；如果有条件，可通过测定混响时间 T_{60} 来换算 $\overline{\alpha_1}$。

⑥ 根据表 3-11 中公式计算吸声处理后应达到的平均吸声系数 $\overline{\alpha_2}$ 或处理后应有的吸声量 $A_2＝S_2\overline{\alpha_2}$。

⑦ 在第七行中填上吸声处理前后平均吸声系数的差值 $\overline{\alpha_2}-\overline{\alpha_1}$，或计算需增加的吸声量 $\Delta A＝A_2-A_1$，由表中数值可见在 500Hz 中心频率上降噪要求是最高的。

⑧ 根据上述降噪频带和降噪量要求、现场情况及性价比等因素，根据表 3-3 选择吸声材料。本例拟选用水泥膨胀珍珠岩板，厚 6cm，密度 300kg/m³，并将其倍频程吸声系数填在表中第八行。

⑨ 按表 3-13 将所选材料的正入射吸声系数 α_0 转换成混响法吸声系数 α_S。

⑩ 计算 $\alpha_S-\overline{\alpha_2}$，并填入表中。

⑪ 根据表中公式或由需增加的吸声量 $\Delta A＝\alpha_S S_m$，计算吸声材料需要的总吸声面积

S_m（选各频带中最大的）。

⑫ 计算当吸声板作为空间吸声体吊挂时，所需要的吸声板商品面积。

⑬ 如果采用吸声板实贴在壁面上的布置方式，则计算 $\alpha_S - \overline{\alpha_1}$，并填入表中，由表中公式计算实贴时吸声材料需要的吸声面积（选各频带中最大的），取整后确定吸声材料的设计计算面积。实际施工时，可乘以一个修正系数（1.2～1.4）来确定吸声材料的商品面积。

表 3-11　吸声降噪工程设计计算步骤

步骤	事项	各倍频程中心频率的计算量						说明	公式与方法
		125Hz	250Hz	500Hz	1000Hz	2000Hz	4000Hz		
1	处理前 L_{p1}/dB	95.0	92.0	92.6	84.5	83.0	79.5	实测	空间平均声级
2	允许标准 L_{p2}/dB	96.0	91.1	87.6	85.0	82.8	81.0	NR85	$L_{pi}=a+bNR_i$
3	需降噪量 ΔL_{pi}/dB	—	0.9	5.0	—	0.2	—	计算	$\Delta L_{pi}=L_{p1}-L_{p2}$，空间平均减噪量
4	地/顶面	0.01	0.01	0.02	0.02	0.02	0.03	查表	表 3-4，$S_1=100m^2$
	侧墙	0.02	0.02	0.02	0.03	0.04	0.04	查表	表 3-4，$S_2=120m^2$
5	处理前	—	0.015	0.02	—	0.03	—	计算	$\overline{\alpha_1}=\dfrac{\sum\limits_i S_i\alpha_i}{\sum\limits_i S_i}$
6	处理后	—	0.018	0.063	—	0.03	—	计算	$\overline{\alpha_2}=\overline{\alpha_1}10^{0.1\Delta L_p}$
7	$\overline{\alpha_2}-\overline{\alpha_1}$	—	0.003	0.043	—	0	—	计算	$\overline{\alpha_2}-\overline{\alpha_1}$
8	α_0	0.18	0.43	0.48	0.53	0.33	0.51	查表	表 3-3，水泥膨胀珍珠岩板，密度 300kg/m³，厚度 6cm
9	α_S	—	0.68	0.74	—	—	—	查表	表 3-1，$\alpha_0 \to \alpha_S$
当吸声板材料为空间吸声体吊挂时									
10	$\alpha_S-\overline{\alpha_2}$	—	0.662	0.677	—	—	—	计算	$\alpha_S-\overline{\alpha_2}$
11	所需材料总吸声面积 S_m/m^2	—	1.0	14	—	—	—	计算	$S_m=S\dfrac{\overline{\alpha_2}-\overline{\alpha_1}}{\alpha_S-\overline{\alpha_2}}$
12	吊挂板面积 $S_{板}/m^2$	—	—	7.7	—	—	—		空间吸声板吊挂计算见"讨论"

（续）

步骤	事项	各倍频程中心频率的计算量						说明	公式与方法
		125Hz	250Hz	500Hz	1000Hz	2000Hz	4000Hz		
如果采用吸声板实贴铺设在壁面上的方式									
13	$\alpha_S - \overline{\alpha_1}$	—	0.665	0.72	—	—	—	计算	$\alpha_S - \overline{\alpha_1}$
14	所需材料总吸声面积 S_m/m^2	—	1.0	13.2	—	—	—	计算	$S_m = S\dfrac{\overline{\alpha_2} - \overline{\alpha_1}}{\alpha_S - \overline{\alpha_2}}$
15	在墙面上铺设所需声面积 S_m/m^2	—	—	14	—	—	—	—	$\lambda(500\text{Hz})=68\text{cm}$，后空腔，$D=\lambda/4=17\text{cm}$

表 3-12 常用建筑材料的吸声系数

序号	材料名称		厚度/cm	腔厚/cm	各倍频程中心频率的吸声系数 α_S					
					125Hz	250Hz	500Hz	1000Hz	2000Hz	4000Hz
1	砖墙	清水面	—	—	0.02	0.03	0.04	0.04	0.05	0.07
		普通抹灰面	—	—	0.02	0.02	0.02	0.03	0.04	0.04
		拉毛水泥面	—	—	0.04	0.04	0.05	0.06	0.07	0.05
2	混凝土	未油漆毛面	—	—	0.01	0.01	0.02	0.02	0.02	0.03
		油漆面	—	—	0.01	0.01	0.01	0.02	0.02	0.02
3	水磨石		—	—	0.01	0.01	0.01	0.02	0.02	0.02
4	石棉水泥板		0.4	10	0.19	0.04	0.07	0.05	0.04	0.04
			0.6	10	0.08	0.02	0.03	0.05	0.03	0.03
5	板条抹灰、钢板条抹灰		—	—	0.15	0.10	0.06	0.06	0.04	0.04
6	木搁栅		—	—	0.15	0.10	0.10	0.07	0.06	0.07
7	铺实木地板、沥青黏性混凝土		—	—	0.04	0.04	0.07	0.06	0.06	0.07
8	玻璃		—	—	0.35	0.25	0.18	0.12	0.07	0.04
9	木板		1.3	2.5	0.30	0.30	0.15	0.10	0.10	0.10
10	硬质纤维板		0.4	10	0.25	0.20	0.14	0.08	0.06	0.04
			0.3	5	0.20	0.70	0.15	0.09	0.04	0.04
11	胶合板		0.3	10	0.29	0.43	0.17	0.10	0.15	0.05
			0.5	5	0.11	0.26	0.15	0.14	0.04	0.04
			0.5	10	0.36	0.24	0.10	0.05	0.04	0.04

表 3-13　正入射吸声系数 α_0 与无规则入射吸声系数 α_S 换算表（%）

α_0	0	1	2	3	4	5	6	7	8	9
	α_S									
0	0	2	4	6	8	10	12	14	16	18
10	20	22	24	26	27	29	31	33	34	36
20	38	39	41	42	44	45	47	48	50	51
30	52	54	55	56	58	59	60	61	63	64
40	65	66	67	68	70	71	72	73	74	75
50	76	77	78	78	79	80	81	82	83	84
60	84	85	86	87	88	88	89	90	90	91
70	92	92	93	94	94	95	95	96	97	97
80	98	98	99	99	100	100	100	100	100	100
90	100	100	100	100	100	100	100	100	100	100

讨论：

（1）若考虑吊挂板两面吸声，一般反面吸声效果差一些，与声波接触的机会也少些。所以其吸声系数可按正面吸声系数的 70%～80% 考虑：若 $\alpha_{正}=0.74$，则 $\alpha_{反}\approx0.74\times75\%\approx0.56$，其两合一的平均 $\alpha_S=0.74+0.56=1.30$ 左右。这样，计算所需吊挂的板面积有 7.7～8.0m² 就可以了。

（2）施工安装完后，应进行现场测试，如果还没有完全达到预定标准，则需分析原因，并采取进一步措施来保证达标。

（3）本例 $f_0=500\text{Hz}$ 上的所需降噪量仅 5.0dB，处理前的平均吸声系数为 0.02，是在吸声降噪措施经济有效范围内的；所用吸声材料的面积还不到室内总表面积的 6.4%，面积比（吸声体面积与厂房顶棚面积之比）为 28%。

（4）也可以从"现有吸声量—应有吸声量—需增加的吸声量"的计算来进行设计，计算并考虑原有吸声壁面被安装的吸声材料遮挡的情况。

习　题

1. 用什么值表示材料吸声性能？什么叫吸声系数？

2. 简述多孔吸声材料、穿孔板共振吸声结构的吸声原理。

3. 设玻璃棉的密度为 2.5kg/m³，玻璃的密度为 2500kg/m³，求该玻璃棉的孔隙率。

4. 有一个房间大小为 4m×5m×3m，500Hz 时地面吸声系数为 0.04，墙面吸声系数为 0.07，平顶平均吸声系数为 0.35，求总吸声量和平均吸声系数。

5. 某一穿孔板吸声结构，板厚 0.4cm，孔径 0.8 cm，孔心距 2cm，孔按正方形排列，穿孔板后空腔深 10cm，求其共振频率。

6. 某车间地面中心处有一声源，已知 500Hz 的声功率级为 90dB，同频带下的房间常数为 50m²，求距离声源 10m 处的声压级。

7. 某混响声容积为 96m³，各壁面均为混凝土，总面积为 128m³，试计算对 250Hz 的声音的混响时间。设空气温度为 20℃，相对湿度为 50%。

8. 设一点声源放置在房间常数 $R = 250m^2$ 的房间中心，声源功率级为 $L_w = 100dB$，试求

（1）距点声源中心 2m、10m 处对应的直达声场、混响声场以及总声场的声压级。

（2）混响半径 r_c。

9. 已知房间的尺寸为 60m×45m×12m，对 500Hz 声音平顶的吸声系数为 0.3，地面吸声系数为 0.2，墙面吸声系数为 0.4，在房间中央有一声功率为 1W 的点声源发声。试求

（1）房间常数 R。

（2）房间混响时间 T_{60}。

（3）房间内对 500Hz 声音的平均吸声系数。

（4）距离点声源 6m 处的噪声级。

（5）距离点声源 5m 处直达声能密度和混响声能密度。

（6）混响半径 r_c。

10. 某车间在吸声处理前房间的平均吸声系数为 0.2，处理后 0.6，房间内表面积为 500m²，试求在无指向性声源 5m 处的降噪量。

11. 某观众厅体积为 $2×10^4 m^3$，室内总表面积为 $6.5×10^3 m^2$，已知 500Hz 平均吸声系数为 0.232，演员声功率为 $320×10^{-6}$ W，演员在舞台口处发声，求距离声源 35m 处的声压级。

12. 某房间大小 8m×10m×4m，墙壁、天花板和地板在 1000Hz 的吸声系数分别为 0.05、0.07、0.08，若在天花板上安装一种 1000Hz 的吸声系数为 0.8 的吸声贴面天花板，求该频带在吸声处理后的混响时间和吸声降噪量。

第4章 隔声与隔声结构

教学目标及要求

隔声是噪声控制中最常用的技术之一，主要是用隔声构件使声源和接受者分开，阻断空气声的传播，从而达到降噪目的的噪声控制技术。空气声和固体传声的阻断是性质不同的两种方法，固体传声的阻断采用隔振的方法，将在第9章中讲解，本章只讨论空气声的阻断，重点介绍了隔声材料及隔声结构的隔声特性及隔声构件的选择。

教学要点

1. 不同的隔声材料及隔声结构的隔声特性及性能评价。
2. 隔声降噪原理、隔声性能影响因素。
3. 组合隔声墙、隔声间、隔声罩、声屏障的结构特征、声学评价及设计计算。

 导入案例

图 4.01 所示为吸隔声式隔声屏障，上部由吸声板构件组成，其吸声板结构是内侧金属穿孔板（百叶孔或平面圆孔），背面护板为不冲孔金属钢板，金属板为镀锌钢板或铝合金板，并在内填充吸声及隔声阻尼毡板，并覆盖防雨防潮的玻璃丝布。下部采用只隔声而不吸声的单元构件，其结构为彩钢夹芯板。隔声屏障板的厚度为 100m，强度高，重量轻，造型美观，声学性能良好且造价较低。该隔声屏障适用于高速公路、城市道路以及工业、企业厂界。

图 4.01 吸隔声式隔声屏障

图 4.02 给出的是中部透明式隔声屏障，为使视觉效果好，特在中部采用了透明结构，其上下部分仍然是吸声单元构件，吸声单元材质及结构与吸声板相同。中部透明结构的材质为 PC 耐力板或安全玻璃或阳光板，同时用镀锌钢板或铝合金制作外框架，框架都为易拆装及可翻转结构。

图 4.02　中部透明式隔声屏障

4.1　隔声性能的评价

隔声是指采用一定形式的围蔽结构隔绝噪声源声波向外传播或隔绝声波传向接受者所在空间，从而达到降噪目的的方法，这种围蔽结构叫隔声结构。隔声结构有单层结构和由单层结构组成的双层结构以及轻质附和结构等形式。

隔声系统的参数具体如下。

1）透射系数

如图 4.1 所示，当声波入射到隔声结构表面时，除了一部分反射外，还有一部分声波能透过障碍物传到另一侧。透过隔声结构声能为 W_t，则隔声结构的透射系数 τ 为

$$\tau = \frac{W_t}{W_i} \tag{4-1}$$

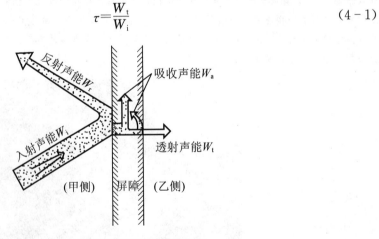

图 4.1　噪声碰到屏障时的声能分布

2）隔声量

隔声结构对噪声的隔绝能力称为隔声量 R（或称为透射损失 TL），单位是分贝，它与透射系数 τ 的关系是

$$R = 10\lg\frac{1}{\tau} \tag{4-2}$$

3) 隔声频率特性和隔声指数

同一隔声结构对不同频率的入射声波有不同的隔声量。工程中通常采用中心频率为 $125\sim4000\mathrm{Hz}$ 的 6 个倍频带或 $100\sim3150\mathrm{Hz}$ 的 16 个 1/3 倍频带的隔声量来表示某一隔声结构的隔声性能。有时为了简便，也采用单一数值表示隔声性能。常用的有两种：一种是平均隔声量，是各频带隔声量的算术平均值；另一种是计权隔声量 R_w，它考虑了人耳听觉的特性频率和隔声结构的隔声频率特性。R_w 相对平均隔声量能更好地反映隔声结构的隔声效果，有可比性。

4.2　隔　声　结　构

4.2.1　单层均匀密实隔声墙

1. 墙隔声频率的一般规律

单层均匀密实隔声墙的隔声性能和入射声波的频率有关，其频率特性取决于墙体本身的单位面积质量、刚度、材料的内阻尼以及墙的边界条件等因素。从低频开始，隔声量随频率增加而降低，在某些频率(f_0)产生共振现象，这时隔声墙振动幅度最大，隔声量出现最小值，大小取决于隔声墙的阻尼，称为阻尼控制。当频率继续增加，则质量起主要作用，这时隔声量随频率增加而增加，而在吻合临界频率 f_c 处，隔声量有一个较大的降低，通常称为"吻合谷"。

2. 质量定律

假设墙体是无刚度、无阻尼的，且忽略墙的边界条件而假定墙为无限大，则在声波垂直入射时，可从理论上计算出墙体的隔声量 R_0，计算式如下：

$$R_0 = 10\lg\left[1 + \left(\frac{\pi fm}{\rho_0 c}\right)^2\right] \tag{4-3}$$

式中　m——墙体的单位面积质量($\mathrm{kg/m^2}$)；

　　　　f——入射声的频率(Hz)；

一般情况下，当 $\pi fm \gg \rho_0 c$ 时，上式可简化为

$$R_0 = 20\lg\frac{\pi fm}{\rho_0 c} = 20\lg(mf) - 43 \tag{4-4}$$

如果声波是无规则入射，则隔声量比垂直入射时的隔声量大致低 5dB，即

$$R \approx R_0 - 5 = 20\lg(mf) - 48 \tag{4-5}$$

式(4-4)和式(4-5)说明墙体的单位面积质量越大，隔声效果越好，单位面积质量每增加一倍，隔声量增加 6dB，这一规律称为质量定律。

3. 吻合效应

弯曲波和吻合效应如图 4.2 所示。

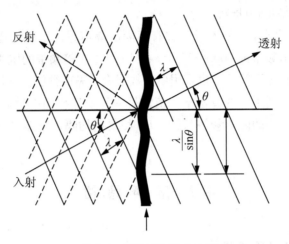

反射

透射

θ

入射

$\frac{\lambda}{\sin\theta}$

图 4.2 弯曲波和吻合效应

实际上的单层均匀密实的墙体是有一定刚度的弹性板，在被声波撞击后，会受迫产生弯曲振动。在不考虑边界条件而假定墙为无限大，声波的入射角 $\theta(0<\theta\leqslant\frac{\pi}{2})$ 斜入射到墙体表面，在入射声波的作用下产生沿墙体表面传播的弯曲波，其传播速度 c_f 为

$$c_f=\frac{c}{\sin\theta}(\text{m/s}) \tag{4-6}$$

但墙体本身存在着固有的自由弯曲波传播速度 c_b，和空气中声波不同的是 c_b 和频率有关：

$$c_b=\sqrt{2\pi f}\cdot\sqrt[4]{\frac{D}{\rho}}(\text{m/s}) \tag{4-7}$$

式中　D——墙体的弯曲刚度，$D=\frac{Eh^2}{12(1-\sigma^2)}$（$E$ 为墙体材料的动态弹性模量，单位为 N/m²；h 为墙体厚度，单位为 m；σ 为墙体材料的松泊比）；

　　　　ρ——墙体的密度（kg/m³）；

　　　　f——自由弯曲波的频率（Hz）。

当 $c_f=c_b$ 时，则发生了"吻合"，这时墙体就随入射声波弯曲，使入射声波大量透射到另一侧。

当 $\theta=\frac{\pi}{2}$，声波入射时，可以得到发生吻合效应的最低频率——"吻合临界频率" f_c：

$$f_c=\frac{c^2}{2\pi}\sqrt{\frac{\rho}{D}}=\frac{c^2}{2\pi h}\sqrt{\frac{12\rho(1-\sigma)}{E}} \tag{4-8}$$

在 $f>f_c$ 时，某个入射角频率 f 总和某一个入射角 $\theta(0<\theta\leqslant\frac{\pi}{2})$ 对应，产生吻合效应。但垂直入射时，$\theta=0$，墙面上各点的振动状态相同，墙体不发生弯曲振动，只有和声波传播方向一致的振动。若入射声波无规则入射时，墙体隔声量下降很多，隔声频率曲线在 f_c 附近形成低谷，称为"吻合谷"。

4. 单层隔声墙的频率特性

单层匀质密实墙的隔声性能与入射波的频率有关，其频率特性取决于隔声墙本身的单位面积的质量、刚度、材料的内阻尼以及墙的边界条件等因素。严格地从理论上研究隔声墙的隔声性能是相当复杂和困难的，本节只作定性介绍。

单层匀质密实墙典型的隔声频率特性如图 4.3 所示。

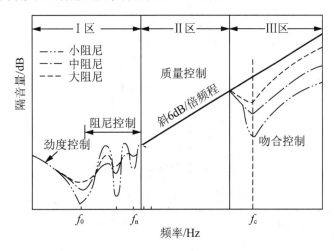

图 4.3　单层匀质密实墙典型的隔声频率特性

频率从低端开始，隔声量受劲度控制，隔声量随频率增加而降低；随着频率的增加，质量效应的影响也增加，在某些频率上，劲度和质量效应相抵消而产生共振现象。隔声曲线进入由墙板各种共振频率所控制的频段，这时墙的阻尼起作用，图中 f_0 为共振基频。一般的建筑结构中，共振基频 f_0 很低，为 5～20Hz，这时板振动幅度很大，隔声量出现极小值，大小主要取决于构件的阻尼，称为阻尼控制；当频率继续增高，则质量起重要控制作用，这时隔声量随质量和频率的增加而增加，这就是所谓的质量定律，称质量控制区；而在吻合临界频率 f_c 处，隔声量有一个较大的降低，形成"吻合谷"。从图中看出，在主要声音频率范围内，隔声量受质量定律控制。

4.2.2　双层隔声墙

1. 双层隔声墙的隔声原理

由两层均质墙(a、b)与中间所夹一定厚度空气层(Ⅱ)所组成的结构称为双层隔声墙或双层隔声结构(图 4.4)。

为提高墙板的隔声量，用增加单层墙体的面密度或增加厚度或增加自重的方法，虽然能起到一定的隔声作用，但作用不明显，而且耗材大。例如面密度增加一倍，隔声量仅增加 5dB。如果在两层墙体之间夹以一定厚度的空气层，其隔声效果大大优于单层实心结构。双层隔声结构的隔声机理是，当声波依次透过特性阻抗完全不同的墙体与空气介质时，在 4 个阻抗失配的界面上造成声波的多次反射，发生声波的衰减，并且由于空气层的弹性和附加吸收作用，使振动能量大大耗减。比较以上两种隔声结构的使用情况，如果要达到相同的隔声效果，双层隔声墙体比单层实心墙体重量减少2/3~3/4或隔声量增加5~10dB(表4-1)。

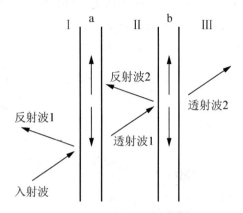

图4.4 双层隔声墙示意图

表4-1 单层均质密实墙和双层隔声墙的隔声性能比较

隔声墙	1砖墙	2砖墙	1砖墙—空气层—1砖墙	8砖墙
$M/(kg/m^2)$	450	900	900	3600
$\overline{R}/dB$	50	55	65	65

2. 双层隔声墙的频率特性

双层墙的隔声计算更为复杂，要有9个声压方程，由4个边界条件得到8个方程组。在此假设条件下，可把双层墙核体视作一个"质量—空气—质量"组成的振动系统，双层墙的隔声频率特性曲线如图4.5曲线a所示。

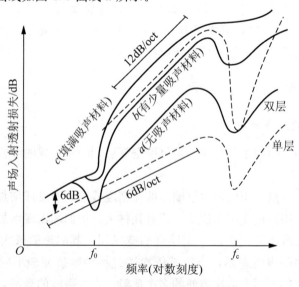

图4.5 双层墙的隔声频率特性曲线

1）双层墙隔声频率特性分析

当入射声波频率比双层墙共振频率低时，双层墙将作整体振动，隔声能力与同样重量的单层墙差不多，即此时空气层不起作用。

当入射声波达到共振频率 f_0 时，隔声量出现低谷，声波以法向入射时的共振频率称为本共振率 f_0。

$$f_0 = \frac{c}{2\pi}\sqrt{\frac{\rho_0}{D}\left(\frac{1}{M_1}+\frac{1}{M_2}\right)} = \frac{c}{2\pi}\sqrt{\frac{\rho_0}{MD}} \quad \text{(Hz)} \qquad (4-9)$$

式中　$M = \dfrac{2M_1M_2}{M_1-M_2}$——墙体的有效质量（面密度）；

　　　　D——空气层厚度；

　　　　ρ_0——空气的密度，一般取 1.2kg/m^3。

大多数情况下，f_0 都很低，在声音主要频率范围之外（一般控制 f_0 在 50Hz 以下），但对于轻结构隔声设计，须考虑 f_0 的影响。

入射波频率超过 $\sqrt{2}\,f_0$ 后，隔声曲线以每倍频程 18dB 的斜率急剧上升，充分显示出双层墙隔声结构的优越性。

频率再升高，两墙将产生一系列驻波共振和 f_0 的谐波共振，使隔声频率特性曲线上升趋势转为平缓，大致上以每倍频程 12dB 的斜率上升。

入射波频率再上升，曲线上出现若干频率低谷，这是由于双层墙也会产生吻合效应，其吻合频率 f_c 取决于两层墙各自的临界频率。当两层板由相同材料构成，且 $M_1 = M_2$ 时，两个临界频率相同，使得吻合谷凹陷较深，当两墙的材料不同或 $M_1 \neq M_2$ 时，隔声特性曲线将出现两个频率低谷，但凹陷的深度相对较浅。由于声波入射角度不同，吻合频率也不同，实际声波是以不同角度入射到墙面上的，这样实际隔声特性曲线上就会出现若干频率低谷。

2）声桥对隔声性能的影响

在上面的讨论中，我们假定两层墙隔板间没有固定连接，这对于土建工程中诸如直立的双层砖墙或混凝土墙，或大房间内的套间等结构，可认为近似适用。在一般情况下，由于结构强度或安装上的需要，两层墙板间往往存在一定的刚性连接。特别是轻薄结构中，两层薄板间必须有框架、龙骨等构件加以连接，使它成为具有一定刚度的整体。因此，当一层墙板振动时，通过连接物会把振动传递给另一层墙板，这种传声的连接物叫做**声桥**。由于声桥的耦合作用，两层墙板的振动趋向于合并成为一个整体的振动，因此总的隔声量将趋向下降。

典型的声桥结构如图 4.6 所示，图 4.6(a) 所示为实心矩形断面，例如土建中的木龙骨。在振动传递过程中，可设断面形状保持不变，即设声桥两端的振动速度可看成近似相同，这种结构叫做刚性声桥。图 4.6(b) 所示为形断面，例如常用的薄壁钢龙骨。在振动传递过程中，声桥两端存在相对运动，而声桥本身作弹性弯曲振动，这种结构叫做**弹性声桥**。

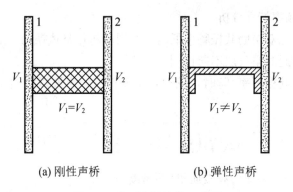

(a) 刚性声桥　　　　　　　(b) 弹性声桥

图 4.6　典型声桥结构示意图

考虑声桥耦合作用的影响时，双层墙的隔声量 R 将比理想双层墙只考虑空气层耦合作用时的隔声量 R 有所下降，如图 4.7 所示（图中 f_0 为共振频率，f_B 为有声桥时双层墙的驻波共振与谐波共振临界频率，f_L 为无声桥理想双层墙的驻波共振与谐波共振临界频率）。

当 $f < f_B$ 时，声能主要通过空气层的耦合作用而传递，隔声降低量近似为零，即这时声作用可以忽略不计。

当 $f > f_B$ 时，声能主要通过声桥的耦合作用而传递，使传声"短路"，双层墙的隔声量降低，隔声曲线上的转折点也由 f_L 降低为 f_B。

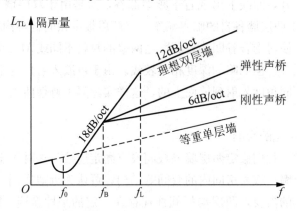

图 4.7　声桥对双层墙隔声性能影响示意图

3）改善双层墙隔声性能的措施

（1）在两层中间的空气层中填加吸声材料，减弱空气层的耦合作用，可以显著地改善共振时的低谷，并且增大主要频段的隔声量，如图 4.5 中曲线 b、c 所示，一般 $\Delta \bar{R}(D)$ 可再增加 5～10dB。

（2）尽可能不要使空气层中的两个墙面互相平行，减少驻波共振的影响。

（3）设计和施工时，在保证构件机械性能要求的前提下，应避免形成不必要的声桥。

（4）在结构设计上要防止"墙—墙"、"墙—基础或顶棚"之间的刚性连接，如墙板间的连接框架，宜采用弹性结构来代替刚性结构；在声桥与墙板接触处，宜插入适当的弹性或阻尼垫层等。

3. 隔声量的经验公式

严格地按理论计算双层墙的隔声量比较困难，而且与实际往往有一定差距。在工程应用中多采用经验公式进行近似计算：

$$R = 16\lg(M_1 + M_2) + 16\lg f - 30 + \Delta R \qquad (4-10)$$

在主要声频范围 $100 \sim 3150\,\mathrm{Hz}$ 内平均隔声量 $\overline{R}$ 的经验公式为

$$\overline{R} = 13.5\lg(M_1 + M_2) + 14 + \Delta\overline{R}(D), \quad (M_1 + M_2) < 200\,\mathrm{kg/m^2} \qquad (4-11)$$

$$\overline{R} = 16\lg(M_1 + M_2) + 8 + \Delta\overline{R}(D), \quad (M_1 + M_2) \geqslant 200\,\mathrm{kg/m^2} \qquad (4-12)$$

式中 M_1、M_2——各层墙的面密度（$\mathrm{kg/m^2}$）；

         $\Delta\overline{R}(D)$——空气层的附加隔声量（dB）。

附加隔声量 $\Delta\overline{R}(D)$ 与空气层厚度 D 的关系，可由图 4.8 中的实验曲线查得。一般重的双层结构的 $\Delta\overline{R}(D)$ 值可选用曲线 1，轻的双层结构的 $\Delta\overline{R}(D)$ 值可选取曲线 3。常见双层墙的平均隔声量列于表 4-2 中，可供选用。

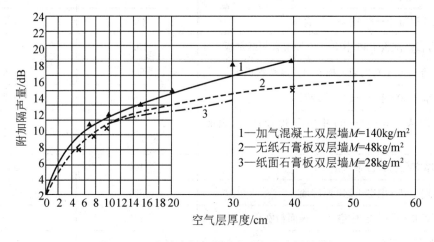

图 4.8 双层墙空气层厚度和附加隔声量的关系

表 4-2 常见双层墙的平均隔声量

材料及结构的厚度/mm	面密度/(kg/m²)	平均隔声量/dB
12～15 厚铅丝网抹灰双层墙中填 50 厚矿棉毡	94.6	44.4
双层 1 厚铝板(中空 70)	5.2	30
双层 1 厚铝板涂 3 厚石漆(中空 70)	6.8	34.9
双层 1 厚铝板+0.35 厚镀锌铁皮(中空 70)	10.0	38.5
双层 1 厚钢板(中空 70)	15.6	41.6
双层 2 厚铝板(中空 70)	10.4	31.2
双层 2 厚铝板填 70 厚超细棉	12.0	37.3
双层 1.5 厚钢板(中空 70)	23.4	45.7

（续）

材料及结构的厚度/mm	面密度/(kg/m²)	平均隔声量/dB
18 厚塑料贴面压榨板双层墙，钢木龙骨(12＋80 填矿棉＋12)	29.0	45.3
18 厚塑料贴面压榨板双层墙，钢木龙骨(12×12＋80 填中空＋12)	35.0	41.3
炭化石灰板双层墙(90＋60 中空＋90)	130	48.3
炭化石灰板双层墙(120＋30 中空＋90)	145	47.7
90 炭化石灰板＋80 中空＋12 厚纸面石膏板	80	43.8
90 炭化石灰板＋80 填矿棉＋12 厚纸面石膏板	84	48.3
加气混凝土双层墙(15＋75 中空＋75)	140	54.0
100 厚加气混凝土＋50 中空＋18 厚草纸板	84	47.6
100 厚加气混凝土＋80 中空＋三合板	82.6	43.7
50 厚五合板蜂窝板＋56 中空＋30 厚五合板蜂窝板	19.5	35.5
240 厚砖墙＋80 中空内填矿棉 50＋6 厚塑料板	500	64.0
240 厚砖墙＋200 中空＋240 厚砖墙	960	70.7
60 厚砖墙(表面粉刷)＋60 中空＋60 厚砖墙(表面粉刷)	258	38.0
双层 80 厚穿孔石膏板条	100	40.0
240 厚砖墙＋150 中空＋240 厚砖墙	800	64.0
双层 75 厚加气混凝土(中空 75，表面粉刷)	140	54.0
双层 40 厚钢筋混凝土(中空 40)	200	52.0

4.2.3 复合墙与多层轻质复合隔声结构

按照质量定律，把墙的厚度或面密度增加一倍，隔声量只能提高 6dB，通常在实用上很不经济。采用多层墙结构，一般可以明显地提高隔声量，但它往往受到机械结构性能和占用空间方面的限制。利用多种不同材料把多层结构组成一个整体，使其成为一种复合墙或多层轻质复合隔声结构，是切合实用要求的有效措施。

1. 复合墙隔声性能主要影响因素

在介绍单层匀质墙和双层墙时，已经看到隔声性能影响因素的复杂性。对复合墙隔声性能的分析将更困难，而且分析结果很难符合实际情况。所以，一般对复合隔声墙的隔声性能只做定性或半定量的分析，阐明这类隔声构件性能的大致规律，实际设计时需要依靠实测数据。

1) 附加弹性面层

如果在厚重的隔声墙上附加一薄层弹性面层，可以得到一种隔声性能远优于单纯增加厚度单层匀质墙的复合墙隔声结构。弹性面层通常由一块较柔软的薄板材料制作，它对隔声性能的提高取决于面层和墙间的耦合程度。为了获得最佳的隔声效果，面板应密实不透气，以免声波通过气孔直接作用于墙体。面层和墙体之间最好有空隙，内部应充满吸声材料，这样可以减轻面层、墙体和空隙空气层组成的共振系统对复合墙隔声性能的不利影响。面层应该尽量避免和墙板的刚性连接，以减弱声桥的传声作用。

附加弹性面层后，墙板的隔声量增加值可以用式(4-13)估计：

$$\Delta R = 40\lg(f/f_m), \quad f \gg f_m \tag{4-13}$$

式中　f_m——弹性面层、墙体与空隙组成的共振系统的共振频率。

2) 多层复合板

双层或多层不同材质的板材胶合在一起，就成为多层复合板隔声材料。复合板的面密度为各层材料面密度之和，复合板的弯曲劲度和阻尼等影响隔声性能的参数比较复杂，和板与板的连接情况有关。为了提高复合板的隔声性能，设计时一般遵循以下原则。

(1) 相临两层材料的声阻抗之比要尽可能大一些，以使界面上的声反射系数提高，从而可以提高隔声效果。例如在复合板中加一层铅板可以明显增加隔声量。

(2) 对于双层复合板，其中一层最好用比较柔顺并具有较大损耗因子的材料制作，可以明显衰减板的弯曲振动，使得临界频率以上的隔声量明显提高；另一层材料要具有足够的刚度和强度，以满足结构对板材的强度要求。

(3) 多层复合板宜采用夹心结构，即在外层采用刚性较大、强度较大的材料，而两层之间采用柔软的厚层吸声材料或阻尼材料。这种夹心结构整体机械性能良好，在临界频率以上，由于中间阻尼层或弹性吸声层的作用，可以减轻吻合效应对隔声板的不利影响。三层复合板隔声量的典型实验见表4-3。由表可以看出，外层用刚性材料可明显提高隔声量。

表 4-3　三层复合板的平均隔声量

中心结构	外层结构	平均隔声量 $\bar{R}$/dB
6.5mm 玻璃纤维毡，容重 120kg/m³	1.5mm 和 2.5mm 厚钢板	41.7
	1mm 厚钢板和 5mm 五合板	38.8
	两块五夹板	34.7

3) 加肋板

在隔声板材上加肋板或用波纹板的目的往往不是为了改善板的隔声性能，而是为了增加薄板的刚度和承受负载的能力，加强薄板结构，但需要考虑加肋板后隔声性能的变化。由于加了肋板后面密度增加不多，对质量控制区板的隔声量影响不是很大。对于一块平面板材，加了肋板后等于把平板划分成许多小平板，增加了板的劲度，结果是改变了板的共振频率，改变了阻尼控制区的频率范围。这类复合板存在多个共振频率，包括板整体决定的共振频率 f_0 和小板决定的共振频率 f_1。劲度增加使得共振区向中频方向移动，板在多个共振频率附近隔声量下降，随后隔声量按质量作用定律揭示的规律变化(图4.9)，这类复合板也存在由于吻合效应引起的隔声量下降现象。

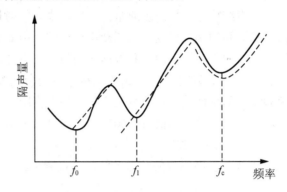

图4.9 有肋板时的典型隔声曲线

4) 隔声软帘(软质隔声结构)

这是一种比较特殊的隔声构件，它是由多层软性材料缝制而成的，包括一些密实不透风的材料和多孔纤维吸声材料，所以也可以归于多层复合隔声材料。由于使用方便，易于制作、运输和安装，常用于需要隔声而又要求方便出入，需要对噪声源进行临时隔声的地方，以及用作室内隔声屏上的隔声材料。

这种隔声复合材料和隔声板性质上有不少差别，由于材料的柔软性，在低频段不出现共振频率，在高频段不出现吻合效应，隔声特性曲线接近直线，基本符合质量作用定律。但是，由于面密度有限，隔声量不大，而且对声源的围挡往往很难完全彻底，常出现漏声现象，对它的隔声效果易产生不利影响。

2. 多层轻质复合隔声结构

多层轻质复合隔声结构是由不同材质分层(硬层和软层、阻尼层、多孔材料层等轻型材料)交错排列组成的隔声结构。

隔声原理：由阻抗差别大的吸声层、阻尼层、高面密度层等复合组成，阻抗失配界面多，反射强，透射小；阻尼层和吸声层又可显著使声能衰减，并减弱共振与吻合效应的影响；各层 f_0 及 f_c 互相错开，改善共振区和吻合区的隔声低谷效应，因而可在总重量大为减少的情况下，使总的隔声性能大大提高(表4-4)。

表4-4 轻质复合隔声结构与匀质密实砖墙隔声性能的对比

隔声构件	轻质复合隔声结构	匀质密实砖墙
组成	沥青阻尼层 8kg/m² 1mm 钢板 80mm 空心板填充玻棉 35kg/m³ 1mm 钢板	1砖墙
$M/(\text{kg/m}^2)$	39.4	450
$\bar{R}/\text{dB}$	52.9	50

特点：质轻而隔声性能好，易于装卸、运输，可以拼装成各种隔声装置，使用方便灵活，可以批量标准化生产，应用十分广泛。

由表4-4可见，在隔声量相当的情况下，轻质复合隔声结构的面密度不到砖墙的9%，重量大大减轻。作为一个小结，表4-5列出了各类轻质复合结构的隔声特性。有关详细的轻质复合结构的隔声性能数据，可查阅相关的声学手册或产品样本。

表 4-5 各类轻质复合结构的隔声特性

序号	名称和构造	隔声特性曲线	说明
1	单层板		轻质单层板墙，隔声性能差，$\bar{R} \approx 25 \sim 35dB$，$f_c$ 一般在高频。若板拼缝未处理，则 $\bar{R} < 20dB$（图中虚线为按面密度的计算值）
2	叠合板		隔声性能与单层板相似，增加一叠合层，$\bar{R}$ 约增加 4dB。若两板胶合成一体，相当于增加板厚，f_c 下移
3	阻尼约束板		约束阻尼结构使用高阻尼因数材料层，墙板将减少所有共振的副作用，并在所有频率范围提高隔声曲线，一般用于金属板隔声构件
4	空心板		空心部分减轻墙板重量，但对隔声不利，$\bar{R}$ 与同面密度的墙板相近。厚度增加，提高了抗弯劲度，但 f_c 下移，出现了宽钝的吻合谷

序号	名称和构造	隔声特性曲线	说明
5	刚性夹心板		用轻质刚性材料粘合两面层板以提高抗弯劲度和稳定性，但由于墙体变厚，f_c 下移并出现宽钝的吻合谷，隔声性能无优越性
6	蜂窝夹心板		用轻质蜂窝芯材粘合两面层板，以提高结构强度，隔声性能和第5类相似
7	弹性夹心板		用柔性不通气发泡材料粘合两面层板，以提高结构的强度、稳定性和保温性能。共振频率 $f_0 = \sqrt{\left(\dfrac{1}{M_1} + \dfrac{1}{M_2}\right)\dfrac{E}{b}}$，$E$ 为材料弹性模量，因而在中频范围出现较大隔声低谷
8	中空板		轻质薄板固定在支撑龙骨上，有较好的结构强度，隔声性能一般较好。采用不同的龙骨、不同的安装方法，有不同的隔声效果。在尽量减少声桥影响后，可以得到相当高的隔声量
9	中空填棉板		在中空板填充一定厚度的吸声材料，以消除空腔中的驻波共振以及降低空腔的声压。性能比上一种更好，填充较厚的吸声材料时隔声量在全频带范围内有显著提高

4.3 隔声装置

4.3.1 隔声墙

在一间房子中用隔墙把声源与接收区隔开，是一个最简单而实用的隔声措施，噪声降低的效果不仅与隔墙有关，也和室内声学环境有关，如图 4.10 所示。图中左室为发声室，右室为接收室。在稳态时，声源室内向隔墙入射的声波，一部分反射，一部分透过隔墙进入接收室。

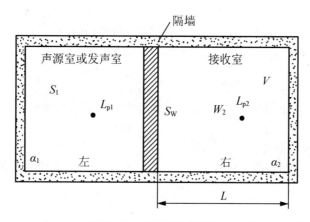

隔墙

声源室或发声室　　　接收室

S_1　　　　　　　　　　　　V

L_{p1}　　S_W　W_2　L_{p2}

α_1　　左　　　　　　右　　α_2

L

图 4.10　声源室和接受室

由于声源向隔墙入射(或透射)的声强不易直接测量，所以通常是分别测定两室中间区域的平均声压级来加以间接推算。因为除了靠近声源及墙面的区域外，可设两室内的声场为近似完全扩散声场。设声源室和接收室内的空间平均声压级为 L_{p1} 和 L_{p2}，则可定义分隔墙的噪声降低量(平均声压级差)为

$$NR = L_{p1} - L_{p2} \quad (\text{dB}) \tag{4-14}$$

由室内声学理论可知，右室内的声场由两部分组成，一部分是从隔墙透射过来的直接声(看做是右室的平面声源)，另一部分是由于右室内壁反射形成的混响声。现假设从分隔墙透射到右室的声功率为 W_2，V 为右室体积，L 为右室的长度，S_W 为隔墙的面积，那么可以得到右室内直达声场的平均声能密度为

$$D_d = \frac{I_d}{c} = \frac{W_2}{S_W c} \tag{4-15}$$

由室内声学理论，右室内混响声场的平均声能密度为

$$D_r = \frac{4W_2}{cR_2} \tag{4-16}$$

式中　R_2——右室的房间常数。

由此可以得到右室内总的声能密度为

$$D_2 = D_d + D_r = \frac{W_2}{c}\left(\frac{1}{S_W} + \frac{4}{R_2}\right) \tag{4-17}$$

声源室中单位时间内被隔墙吸收的混响声能与隔墙吸声量占总吸声量的比例成正比，有

$$W_w = W_r \left(\frac{S_w}{S_1} \frac{\alpha_w}{\overline{\alpha_1}} \right) \qquad (4-18)$$

式中　W_r——左室内的混响声功率；

　　　α_w——分隔墙的吸声系数；

　　　S_1——左室总内表面积；

　　　$\overline{\alpha_1}$——左室内表面的平均吸声系数。

假定隔墙是主要透声构件，并且投射在隔墙上的声能全部被吸收，即 $\alpha_w = 1$。又因左室内混响声功率为

$$W_r = W(1-\overline{\alpha_1}) \quad （W 为声源辐射的声功率）$$

代入式(4-18)，得到投射在隔墙上的声功率为

$$W_w = W(1-\overline{\alpha_1}) \frac{S_w}{S_1 \overline{\alpha_1}} = \frac{WS_w}{R_1} \qquad (4-19)$$

式中　R_1——左室的房间常数。由此可以得到右室的透射声功率为

$$W_2 = W_w \cdot \tau = \frac{WS_w}{R_1} \tau \qquad (4-20)$$

式中　τ——隔墙的透射系数。将式(4-20)代入式(4-17)，右室总声能密度为

$$D_2 = \frac{W}{c} \frac{4}{R_1} \tau \left(\frac{1}{4} + \frac{S_w}{R_2} \right) \qquad (4-21)$$

右室内平均声压的方均值为

$$p_2^2 = \rho c^2 D_2 = W\rho c \frac{4}{R_1} \tau \left(\frac{1}{4} + \frac{S_w}{R_2} \right) \qquad (4-22)$$

所以，右室内平均声压级为

$$L_{p2} = L_w + 10\lg \frac{4}{R_1} - 10\lg \frac{1}{\tau} + 10\lg \left(\frac{1}{4} + \frac{S_w}{R_2} \right) \qquad (4-23)$$

左室混响声的平均声压级为(略去直达声部分)

$$L_{p2} = L_w + 10\lg \frac{4}{R_1} \qquad (4-24)$$

两室的噪声降低量，即平均声压级差为

$$NR = L_{p1} - L_{p2} = 10\lg \frac{1}{\tau} - 10\lg \left(\frac{1}{4} + \frac{S_w}{R_2} \right) = R - 10\lg \left(\frac{1}{4} + \frac{S_w}{R_2} \right) \qquad (4-25)$$

接收室内的平均声压级为

$$L_{p2} = (L_{p1} - R) + 10\lg \left(\frac{1}{4} + \frac{S_w}{R} \right) \qquad (4-26)$$

式中　R——隔墙的隔声量。

讨论：

(1) 当接收室以混响声为主时：R_2 很小，则 $S_w/R_2 \gg 1/4$，式(4-26)简化为

$$L_{p2} = (L_{p1} - R) + 10\lg \left(\frac{S_w}{R_2} \right) \qquad (4-27)$$

（2）当接收室为自由声场或室外时：$R_2 \to \infty$，则 $S_w/R_2 \ll 1/4$，式（4-26）简化为

$$L_{p2} = (L_{p1} - R) - 6 \tag{4-28}$$

（3）在接收室的分隔墙面相当于一个面声源，在接收室作吸声处理，增加 R_2，可以提高隔声效果。

（4）根据要求达到的 L_{p2}，由式（4-29）可以求出所需的分隔墙的隔声量。

$$R = L_{p1} - L_{p2} + 10\lg\left(\frac{1}{4} + \frac{S_w}{R_2}\right) \tag{4-29}$$

（5）由于假设两室内的声场为近似完全扩散声场和 $\alpha_w = 1$，一般情况下与实际情况不完全符合，因此式（4-28）也只是一个近似平均估算式。

（6）噪声降低量 NR 与传声损失（隔声量）R 是两个不同概念的物理量。后者是由构件本身性质所决定的一个评价量，仅评价构件的隔声性能；而前者不仅与构件性能有关，而且还与接收房间的吸声性能有关，用来评价隔声的实际效果。

（7）噪声降低量 NR 与插入损失 IL 都用来衡量隔声的实际效果，它们的区别是前者是同时在两个不同声学区域中测点上的比较，较适用于扩散声场的情况；而后者则是在同一测点上降噪措施实施前后的比较，常用于现场测量。

例题： 某车间一鼓风机是强噪声源，为了使操作工人得到一个安静环境，用隔墙把鼓风机房分成两个部分。隔墙面积 5m×8m，隔墙上开设一个观察窗，面积为 2m×2m，计算得到组合墙的平均隔声量为 30dB，通过对声源测试和估算，得到隔墙处声源造成的声压级为 112dB。如果受声室经过吸声处理，房间常数为 140m²，试求隔墙分割出来的观察室中大致的噪声级。

解： 由式（4-29），有

$$L_{p2} = L_{p1} - R + 10\lg\left(\frac{1}{4} + \frac{S_w}{R}\right) = (112 - 30) + 10\lg\left(\frac{1}{4} + \frac{5 \times 8}{140}\right) = 79.3(\text{dB})$$

答： 受声室靠近隔墙处声压级为 79.3dB。

4.3.2 隔声罩

隔声罩是一种将噪声源封闭（声封闭）隔离起来，以减小向周围环境的声辐射，而同时又不妨碍声源设备的正常功能性工作的罩形壳体结构。

隔声罩将噪声源封闭在一个相对小的空间内，其基本结构如图 4.11 所示。罩壁由罩板、阻尼涂层和吸声层及穿孔护面板组成。根据噪声源设备的操作、安装、维修、冷却、通风等具体要求，可采用适当的隔声罩型式。常用的隔声罩有固定密封型、活动密封型、局部开敞型等形式（图 4.12）。

隔声罩常用于车间内如风机、空压机、柴油机、鼓风、球磨机等强噪声机械设备的降噪。其降噪量一般在 10～40dB 之间。各种形式隔声罩 A 声级降噪量是：固定密封型为 30～40dB；活动密封型为 15～30dB；局部开敞型为 10～20dB；带有通风散热消声器的隔声罩为 15～25dB。

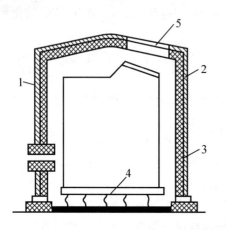

图4.11　隔声罩基本构造

1—钢板　2—吸声材料　3—穿孔护面板　4—减振器　5—观察窗

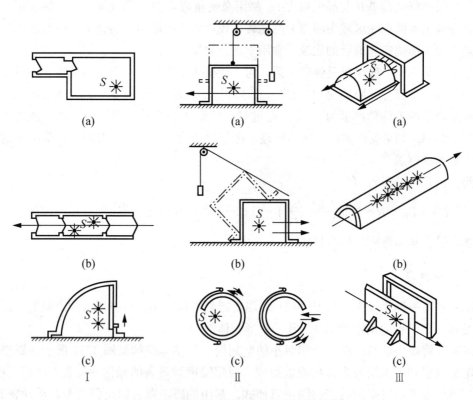

图4.12　隔声罩和局部隔声罩的常用形式

Ⅰ.固定密封型　Ⅱ.活动密封型　Ⅲ.敞开型

━━━—隔声罩壁　────—吸声材料　S✳—声源

1.隔声罩插入损失的一般表达式

隔声罩的隔声效果适宜采用插入损失进行衡量。假设室内为混响声场,设未加隔声罩的噪声源向周围辐射噪声的声功率级为L_{W1},加罩后透过隔声罩向周围辐射噪声的声功率

级为 L_{W2}，加罩后隔声罩本身实际上就成为一个改良的声源(图4.13)，那么隔声罩的插入损失 IL 为

$$IL = L_{W1} - L_{W2} \quad\quad (4-30)$$

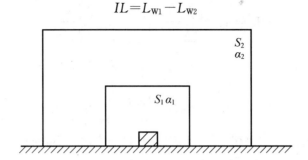

图 4.13　隔声罩内表面吸声示意图

如果加罩前后，罩外室内声场分布的情况大致不变，插入损失 IL 也就是罩外给定位置上声压级之差：

$$IL = L_1 - L_2 \quad\quad (4-31)$$

设噪声源实际发出的声功率保持不变，由能量关系可导出隔声罩的插入损失计算式为

$$IL = 10\lg(1 + \overline{\alpha_1} \cdot 10^{0.1R}) \quad\quad (4-32)$$

或

$$IL = 10\lg\left(\frac{\overline{\alpha_1} + \overline{\tau}}{\overline{\tau}}\right) = R + 10\lg(\overline{\alpha_1} + \overline{\tau}) \quad\quad (4-33)$$

式中　　　　$\overline{\alpha_1}$——罩内表面积的平均吸声系数(包括地面)；

　　　　　　$\overline{\tau}$——隔声罩的平均透射系数(一般 $\overline{\tau} < \overline{\alpha_1} < 1$)；

　　$10\lg(\overline{\alpha_1} + \overline{\tau})$——修正项；

　　　　　　R——隔声罩的隔声量(传声损失)(dB)。

讨论：

(1) 若 $\overline{\alpha_1} \approx 0$，则 $IL = 0$，表示声能在罩内积累，没有损耗，根据能量守恒定律，最终声能还是全部透射出去了，所以罩内必须作吸声处理隔声罩才有隔声效果。

若 $\overline{\alpha_1}$ 很小，并且 $\overline{\alpha_1} \approx \overline{\tau}$，则 $IL = 10\lg(1+1) = 3(dB)$，即此时还有 3dB 的插入损失。

(2) 在某些前提条件下的插入损失简化计算式。

① 若罩内作吸声处理，$\overline{\alpha_1}$ 增大；选用隔声量大的板材，$\overline{\tau}$ 较小，有 $\overline{\alpha_1} \gg \overline{\tau}$，此时式(4-32)、式(4-33)简化为

$$IL = 10\lg\left(\frac{\overline{\alpha_1}}{\overline{\tau}}\right) \quad\quad (4-34)$$

② 由于一般情况下，$\overline{\alpha_1}$ 和 $\overline{\tau}$ 所考虑的隔声罩内表面的总面积 $\sum S_i$ 是相同的，此时式(4-34)可表示为

$$IL = 10\lg\left(\frac{\sum S_i \alpha_i}{\sum S_i \tau_i}\right) = 10\lg\left(\frac{\text{吸声量}}{\text{透声量}}\right) \quad\quad (4-35)$$

③ 如果组成隔声罩的每一块罩板构件的 $\overline{\tau_i}$ 均相等（等于 $\overline{\tau}$），又地面的 $\overline{\tau_i}=0$，此时式（4-35）也可表示为

$$IL = 10\lg\left(\frac{\sum S_i\alpha_i}{\sum S_i\tau_i}\right) = 10\lg\left(\frac{\sum S_i\alpha_i}{\overline{\tau}\sum S_i}\right)$$

$$= 10\lg\left(\frac{1}{\overline{\tau}}\right) + 10\lg\left(\frac{\sum S_i\alpha_i}{S_透}\right) \qquad (4-36)$$

$$= R + 10\lg\left(\frac{吸声量\ A}{透声面积\ S_透}\right)$$

④ 如果罩内各表面的 $\overline{\alpha_i}$ 也相等（等于 $\overline{\alpha_1}$），并且吸声面积 $S_吸 \approx$ 透声面积 $S_透$（即地面吸声系数 $\alpha_地$ 很小）时，式（4-36）可表示为

$$IL = R + 10\lg\overline{\alpha_1} = 10\lg\left(\frac{\overline{\alpha_1}}{\overline{\tau}}\right) \qquad (4-37)$$

（3）当罩内是强吸收时，$\overline{\alpha} \approx 1$，$IL = R$，即一般情况下 $IL \leqslant R$。

2. 隔声罩插入损失的经验估算式

罩内无吸收时 $\overline{\alpha_1} \approx 0.01$：

$$IL = R - 20 \qquad (4-38)$$

罩内略有吸收时 $\overline{\alpha_1} \approx 0.03$：

$$IL = R - 15 \qquad (4-39)$$

罩内有强吸收时 $\overline{\alpha_1} \approx 0.1$：

$$IL = R - 10 \qquad (4-40)$$

当罩内吸声很小，透射系数较大，罩壁又没有阻尼处理时，在某些低频范围内，可能激起隔声罩的共振，以致将噪声放大，隔声罩由此成为噪声放大器，这是必须避免的。

例题：一个高为 1.1m，长、宽均为 1.2m 的隔声罩由 5 个罩面组成（向下开口），扣在水泥地面上。已知罩板的隔声量为 30dB，内表面镶饰 10cm 厚，平均吸声系数为 0.8 的吸声材料，水泥地面的平均吸声系数为 0.02，求隔声罩的插入损失 IL。

解： $S_侧 = (1.1-0.1)\times(1.2-0.1\times2)\times4 = 4(m^2)$

$S_顶 = (1.2-0.1\times2)\times(1.2-0.1\times2) = 1(m^2)$

$R = 30dB$，$\alpha_源 = 0.8$，$\alpha_地 = 0.02$

所以

$A_吸/S_透 = [0.8\times(4+1)+0.02\times1]/(4+1) = 0.804$

$10\lg(A_吸/S_透) = -1$

$IL = R + 10\lg(A_吸/S_透) = 30 - 1 = 29(dB)$（因为罩内有强吸声，故 IL 很大）

3. 局部隔声罩的插入损失

隔声罩一般是封闭设置的，但也有些机器设备在工艺上很难做到完全封闭，因而只能进行局部隔声封闭，这种隔声罩称为局部（开敞型）隔声罩（图 4.12）。在混室内为混响声场时，其插入损失为

$$IL = 10\lg\frac{W}{W_t} = 10\lg\frac{\frac{S_0}{S_1} + \overline{\alpha_1} + \overline{\tau}}{\frac{S_0}{S_1} + \overline{\tau}} \qquad (4-41)$$

式中　W——声功率(W);

　　　W_t——传出隔声罩的声功率(W);

　　　S_0——声罩开口面积(m^2);

　　　S_1——隔声罩罩板(构件)内表面积(m^2);

　　　$\overline{\alpha_1}$——局部隔声罩罩板(构件)内表面平均吸声系数;

　　　$\overline{\tau}$——局部隔声罩罩板(构件)的平均透射系数。

例题: 隔声罩是用厚度为 1mm, 隔声量为 30dB 的钢板制作的。全部内表面镶饰吸声系数为 0.5 的吸声层, 容积的长、宽、高分别为 2m、1m、1m, 在一个壁面上有一面积为 $1m^2$ 的隔声门(结构与罩壁相同)。问: 这个隔声罩在关门时的隔声效果如何? 如果打开隔声门, 情况又如何?

解: 1) 关门情况

罩壁的透射系数 $\overline{\tau} = 10^{-0.1R} = 10^{-3}$。

利用式(4-32)或式(4-33)计算隔声罩的插入损失为

$$IL = 10\lg\frac{\overline{\alpha_1} + \overline{\tau}}{\overline{\tau}} = 10\lg\frac{0.5 + 10^{-3}}{10^{-3}} = 27(dB)$$

经计算, 罩壁的总面积为 $10m^2$(其中门的面积为 $1m^2$)。

利用式(4-35)计算隔声罩的插入损失为

$$IL = 10\lg\frac{\sum S_i\alpha_i}{\sum S_i\tau_i} = 10\lg\frac{10 \times 0.5}{10 \times 10^{-3}} = 27(dB)$$

2) 开门情况

利用式(4-41)计算局部隔声罩的插入损失为

$$IL = 10\lg\frac{W}{W_t} = 10\lg\frac{\frac{S_0}{S_1} + \overline{\alpha_1} + \overline{\tau}}{\frac{S_0}{S_1} + \overline{\tau}} = 10\lg\frac{\frac{1}{9} + 0.5 + 10^{-3}}{\frac{1}{9} + 10^{-3}} = 7.4(dB)$$

可见开门情况下, 隔声罩的隔声效果大为下降。因此, 为了保持隔声罩的隔声效果, 应对开口进行消声处理; 对于孔洞、缝隙也要严格密封。图 4.14 所示是带有进排风消声通道的隔声罩, 图 4.15 所示为一局部隔声罩应用的实例。

在隔声罩上开口, 开口与罩腔也会形成一个亥姆霍兹共振器, 在其共振频率上会具有放大作用。所以, 要使得共振频率尽可能低于工作频率范围。开口的长度和面积以及罩腔的空气体积与共振频率有如下关系:

$$f_0 = \frac{c}{2\pi}\sqrt{\frac{A}{VL}}$$

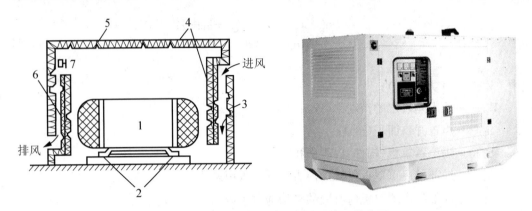

图 4.14 带有进排风消声通道的隔声罩构造图
1—机器 2—减振器 3、6—消声通道 4—吸声材料 5—隔声板 7—排风机

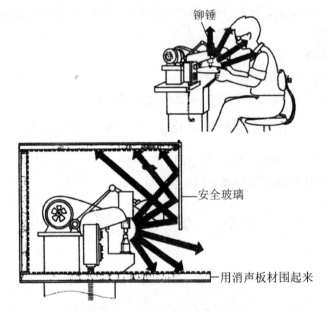

图 4.15 局部隔声罩应用的实例

因此，如果要使共振频率 f_0 很低，那么必须减小开口的截面积 A，增加开口的长度 L，或者增加罩腔的体积 V。

应当指出，半封闭的局部隔声罩仅对高频噪声有良好降噪效果，对中频噪声的效果就相当差，对低频噪声几乎无效。

如果开口很大，比如开口的面积接近隔声罩的面积，则隔声罩就只能看作一个隔声屏障了。

4. 隔声罩的结构设计和注意事项

(1) 隔声罩应选择适当的材料和形状，罩壁须有足够的隔声量，并且要质轻和易于安装、维修；隔声罩宜采用 0.5~0.2mm 厚的钢板或铝板等轻薄密实的材料制作，形状宜选择曲面形体，其刚度较大，利于隔声，尽量避免方形平行罩壁，以防止罩内空气声的驻波效应。

（2）隔声罩与设备要保持一定距离，罩内壁与设备之间应留有设备所占 1/3 以上的空间，各壁面与设备的空间距离不小于 10cm，以免引起耦合共振，使隔声量下降。

（3）对于小型隔声罩，罩壁很难做到完全不和机器壁平行，有时甚至无法保证机器壁和罩壁之间保持较大距离，因此在罩内可能出现主要噪声半波长相应频率整数倍的驻波谐振，这时隔声罩效果很差。为了避免这种情况的发生，也为了保证隔声性能，需要对隔声罩进行吸声和阻尼处理。隔声罩设计中，吸声材料层的厚度一般要大于主要声波的 1/4 波长，并有牢固的护面层。因为材料的内阻对于提高隔声效果有明显好处，也要考虑内壁的阻尼处理。罩壁用薄板时壁面上要加筋，并涂贴阻尼层(图 4.16)且其厚度不低于金属板厚度的 1～3 倍，并且要粘贴紧密牢固，以削减各种振动效应引起的二次辐射。

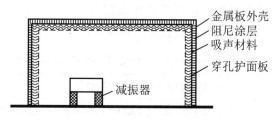

金属板外壳
阻尼涂层
吸声材料
穿孔护面板
减振器

图 4.16　隔声罩罩壁的结构层次

（4）罩体与声源设备或机座之间不能有任何刚性接触，以免形成"声桥"，使隔声量降低，并且两者的基础必须有一个作隔振处理，以免引起罩体振动，辐射噪声。

（5）开有隔声检修门、观察窗，管线穿越时应作好密封减振处理，一定要处理好孔洞和缝隙，并做好结构上节点的连接。难以避免的孔隙也尽可能使之成为适当长度的窄的狭缝状，其内侧面应贴有毛毡等吸声材料。

（6）有些隔声罩需吊起移动，以便维修罩内机器设备，因此设计时还要注意它的总重量和吊装、移动的方便性；如果尺寸较大，一般要做成拼装式，但要做好搭接部位的密封和减振。

（7）当被罩的机器设备须备有通风散热冷却措施时，应增设进出口消声器，其消声量要与隔声罩的插入损失相匹配。散热冷却风量计算可参考有关文献资料。

5. 偏声罩的设计步骤和应用实例

1）设计步骤

（1）测量和确定噪声源的各倍频程声功率级 L_{W1} 或声压级 L_{p1} 及其指向特性。

（2）参照噪声容许标准，确定隔声罩所需的各倍频程插入损失 IL，即应保证隔声处理后的声功率级 $L_{W2}=L_{W1}-IL$ 满足实际要求。考虑计算公式的近似性、现场声学环境的变化和加工、安装过程中的各种因素，设计隔声量应稍大于所要求的隔声量，一般大 3～5dB 为宜。噪声源的指向特性不明显时，实测时可以用声压级差 ΔL_p 来代替声功率级之差 ΔL_W。

（3）选择适当的隔声罩结构，要求隔声罩壁面各倍频程隔声量 R 比所需的插入损失 IL 高 5～10dB。当插入损失 IL 在中频段要求达到 15～20dB 时，隔声罩壁面采用单层金属结构一般是可行的。插入损失 IL 达到 25～30dB 时，隔声罩壁面应采用高隔声量的多层结构，并应特别加强罩上隔声能力较薄弱的部位（如观察窗、小门、孔口等）。插入损失 IL 超过 30dB 时，实际上很难实现，这时应考虑采用双重隔声罩结构。

（4）隔声罩内壁面作适当的吸声设计，宜保证壁面平均吸声系数在 0.1～0.3 以上。选择吸声材料时还应注意防火、防潮、防碎落等特殊要求。

（5）为了达到设计要求，并做到经济合理，可以作几个方案加以比选，并一一估算预期的插入损失，选出其中效果可靠、性价比好的方案作为实施方案。

（6）注意隔声罩施工及安装上的技术细节问题。完成后应对各倍频程插入损失 IL 进行实测。

2）应用实例

2105 型－20kW 柴油发电机，在大部分频率范围内，机房的 1/2 声压级达 84～88dB（表 4-6），属于宽带噪声。试对该机设计适当的隔声罩。

表 4-6 20kW 柴油发电机隔声罩隔声性能与效果

项目	各倍频程中心频率的相关参数								说明
	63Hz	125Hz	250Hz	500Hz	1000Hz	2000Hz	4000Hz	8000Hz	
L_{p1}/dB	75	88	86	86	88	87	82	76	实测
$NR65$/dB	87	79	72	68	65	62	61	59	查图或计算
ΔL_p/dB	—	9	14	18	23	25	21	17	需降噪量 $\Delta L_p = L_{p1} - L_{p2}$
L_{p2}/dB	55	64	66	62	65	55	51	45	实测
IL/dB	20	24	20	24	23	32	31	31	实测

步骤与措施：

按 $L_A \leqslant 70dB(A)$ 标准设计，即相当于 $NR65$，在 $f_0 = 2kHz$ 上有最大需降噪量 24dB。

考虑到该机有通风、散热、排烟、便于检查等特殊要求，并且机组的体积并不很小，因此隔声罩上开有 $\phi250mm$ 通风散热、$\phi100mm$ 排烟等管道，并设置 $600mm \times 400mm$ 安全检查门。

隔声罩结构有良好的刚度，壁面选用"夹心"结构，以 $50mm \times 50mm$ 方木为骨架，外侧与内侧分别蒙上 2mm 与 1.5mm 的薄铁皮，中间填充安装厚 50mm、面密度为 $47kg/m^2$ 的玻璃纤维板。在隔声罩内表面覆盖容重为 $25kg/m^2$，厚度为 50mm 的超细玻璃棉层，用钢板网做护面层，实验室测定罩壁 $R = 40dB$。机罩由 4 个单元拼装，以弹簧搭扣连接。基座上也采取了隔振措施。整个隔声罩成一个锥台形，外表涂漆，具体构造如图 4.17 所示。

装置了隔声罩后，机旁的噪声级明显下降，操作人员已能在机旁正常交谈。隔声罩的平均插入损失约为 24dB（表 4-6）。

检测结论：实测的 IL 噪量 ΔL_p，达到预期的降噪目标。

由本例可见，如何设计与配置隔声罩结构是最关键的。

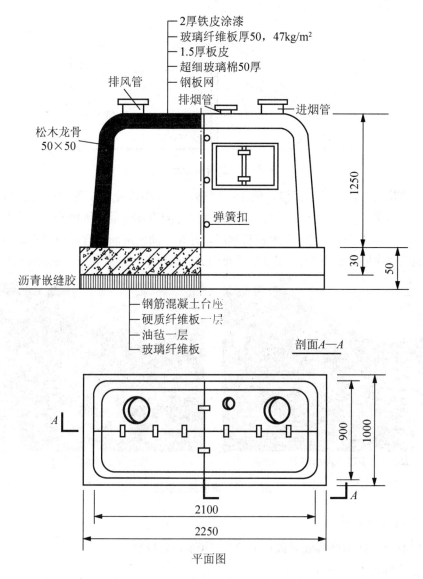

2厚铁皮涂漆
玻璃纤维板厚50，47kg/m²
1.5厚板皮
超细玻璃棉50厚
钢板网

排风管
排烟管
进烟管

松木龙骨
50×50

弹簧扣

1250
30
50

沥青嵌缝胶

钢筋混凝土台座
硬质纤维板一层
油毡一层
玻璃纤维板

剖面A—A

A

A

900
1000

2100
2250

平面图

图 4.17　20kW 柴油发电机隔声罩构造图

4.3.3　声屏障

　　用来阻挡噪声源与受声点之间直达声的障板或帘幕称为隔声屏(帘)或声屏障，在屏障后形成低声级的"声影区"，使噪声明显减小：声音频率越高，声影区范围越大，图 4.18 所示为隔音屏障的示意图。

　　对于人员多、强噪声源比较分散的大车间，在某些情况下，由于操作、维护、散热或厂房内有吊车作业等原因，不宜采用全封闭性的隔声措施，或者在对隔声要求不高的情况下，可根据需要设置隔声屏。此外，采用隔声屏障减少交通车辆噪声干扰，已是常用的降噪措施。一般沿道路设置 5～6m 高的隔声屏，可达 10～20dB(A) 的减噪效果。

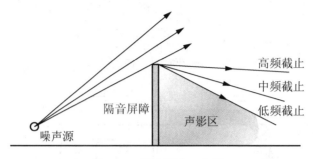

图 4.18　隔音屏障示意图

设置隔声屏的方法简单、经济，便于拆装移动，在噪声控制工程中广泛应用。图 4.19 中给出了天昌声学工程有限公司对江门益华百货进行的冷却塔隔声屏障和对佛山华阳桥进行的隔声屏障。隔声屏障一般是用各种板材制成，并在一面或两面衬有吸声材料的隔声屏，有用砖石砌成的隔声墙，有用 1～3 层密实幕布围成的隔声幕，还有利用建筑物作屏障的。

江门益华百货冷却塔隔声屏障　　　　　　　佛山华阳桥隔声屏障

图 4.19　声屏障实例图

1. 隔声屏降噪效果的评价量

隔声屏对声影区的降噪效果以插入损失(声级衰减量)来评价。

受声点处的插入损失为

$$IL = L_{p1} - L_{p2} \tag{4-42}$$

式中　L_{p1}——受声点上未安装屏障时的声压级；

L_{p2}——受声点上安装屏障后的声压级。

总体上讲，隔声屏的插入损失是声波绕射衰减、屏障透声损失和反射损失及地面或室内声学特性产生的综合效果评价，绕射衰减只是其中的一个因素，因此又把单纯由绕射衰减引起的插入损失称为声屏障的噪声(绕射声或附加)衰减量。

2. 隔声屏的衍射理论

在空气中传播的声波遇到障碍物产生绕射现象，这与光波产生的绕射现象在原理上是一样的，均可用惠更斯-菲涅耳衍射原理说明。隔声屏在自由声场中声衰减的实验和计算方法是建立在光学衍射理论的基础之上的。

假设:

① 声源为点声源,或虽为有限长的线声源,但其长度远远小于声源至受声点的距离时,该线声源也可视作点声源。

② 屏障的面密度或隔声量 R 足够大,与绕射声相比透射声很小,例如低 10dB 以上,则透射声可以忽略不计,屏障后主要是衍射声;对于室内声屏障,则屏障后还有混响声的影响。

③ 隔声屏的几何尺寸较小,屏障边缘与房间壁面间的开敞部分面积足够大,在计算声屏障对直达声的附加衰减时可以忽略壁面反射声的影响。

④ 隔声屏的尺寸远大于声波波长 λ,且屏障的长度 L_B 远大于高度 H_B(5 倍以上)时,对于点声源而言,此隔声屏可认为是无限长声屏障。

⑤ 屏障下边无缝竖立在地面上,没有漏声现象。

从几何学上说,声波传播经屏障阻挡绕射后,由于屏高引起声源到受声点的传播距离增大,而且传播方向也发生了改变,产生了声衰减,从而形成声影区。几何学上用声程差来表示这种改变,而声学上由菲涅耳数来衡量。

声程差 δ 是声源和接收点之间衍射声路程和直达声路程之间的差值,用 δ(或 Δ)表示,单位为 m。声程差又称行程差,也指有屏和无屏时从声源到受声点之间声波最短行程的差值。图 4.20 所示为从上、左和右而计算得到三边的声程差:

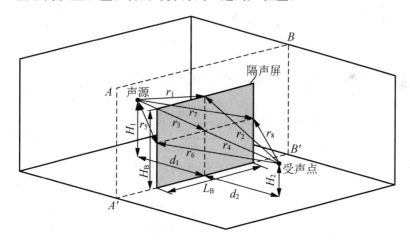

图 4.20　隔声屏与声源、受声点相对位置及参量

$$\delta_1 = (r_1 + r_2) - (r_3 + r_4) \qquad (4-43)$$

$$\delta_2 = (r_5 + r_6) - (r_3 + r_4) \qquad (4-44)$$

$$\delta_3 = (r_7 + r_8) - (r_3 + r_4) \qquad (4-45)$$

式中　$(r_3 + r_4)$——无屏时直达声的行程。

菲涅耳数 N:声程差与半波长 $\lambda/2$ 的比值,衡量声程差声学上的大小。

$$N_i = 2\delta_i/\lambda \quad (i \text{ 代表屏障的每个边:上边、左边、右边}) \qquad (4-46)$$

如果声源和受声点连线与声屏障法线之间有一个 β 角度,则菲涅耳数为

$$N(\beta) = N\cos\beta \qquad (4-47)$$

衍射系数 D：受声点上，有屏时的衍射声声压平方值 P_b^2 与无屏时的直达声声压平方值 P_d^2 之比，即 $D=P_b^2/P_d^2$。

菲涅耳公式：

$$D=P_b^2/P_d^2=1/(3+20N_1)+1/(3+20N_2)+1/(3+20N_3) \tag{4-48}$$

如果屏长远大于屏高（5 倍以上），可以不计侧向绕射，只考虑上边的衍射，则式（4-48）可简化为

$$D=P_b^2/P_d^2=1/(3+20N_1)=1/(3+20N) \tag{4-49}$$

故插入屏障后声波衍射声场的有效声压平方值为

$$P_b^2=DP_d^2=W\rho_0 c\frac{DQ}{4\pi r^2} \tag{4-50}$$

由室内声场理论，屏障后混响声场的有效声压平方值为

$$P_r^2=4W\rho_0 c/R_2 \tag{4-51}$$

受声点上的有效声压平方值为二者叠加：

$$P_d^2=P_b^2+P_r^2=W\rho_0 c\left(\frac{DQ}{4\pi r^2}+\frac{4}{R_2}\right) \tag{4-52}$$

插入屏障后受声点上的声压级为

$$L_{p2}=L_W+10\lg\left(\frac{DQ}{4\pi r^2}+\frac{4}{R_2}\right) \tag{4-53}$$

而未插入屏障时，受声点上的声压级为

$$L_{p1}=L_W+10\lg\left(\frac{Q}{4\pi r^2}+\frac{4}{R_1}\right) \tag{4-54}$$

由此可推导得在室内（相当于半混响声场）受声点处的插入损失：

$$IL=L_{p1}-L_{p2}=10\lg\left[\frac{\dfrac{Q}{4\pi\,(r_3+r_4)^2}+\dfrac{4}{R_1}}{\dfrac{DQ}{4\pi\,(r_3+r_4)^2}+\dfrac{4}{R_2}}\right] \tag{4-55}$$

若设 $r=r_3+r_4$，为声源直达受声点的直线距离，则式（4-55）变为

$$IL=L_{p1}-L_{p2}=10\lg\left[\frac{\dfrac{Q}{4\pi r^2}+\dfrac{4}{R_1}}{\dfrac{DQ}{4\pi r^2}+\dfrac{4}{R_2}}\right] \tag{4-56}$$

式中　R_1、R_2——处理前和处理后的房间常数。在假设③的条件下，插入声屏障后对房间常数影响不大，可视作 $R_1=R_2=R$。

讨论：

（1）在自由声场或室外开阔地（相当于半自由声场）中，相当于 $\alpha=1$，$R_1=R_2\rightarrow\infty$，$4/R_1=4/R_2\rightarrow0$，此时式（4-55）或式（4-56）可简化为

$$IL=10\lg(1/D)=10\lg(3+20N) \tag{4-57}$$

① 在 δ_i 很小时（屏障的高度接近声源和受声点的高度）或 λ 很大时（低 f），$N\rightarrow0$，此时由式（4-57）计算尚有 5dB 的插入损失：

$$IL=10\lg3=5(\text{dB}) \tag{4-58}$$

② 菲涅耳数 N 增大，插入损失 IL 亦增大。但实验表明，它有一个实际上限值为 24dB(相当于 $\xi = \xi_0 \sin\omega t = 12$)。表 4-7 表示了半自由声场中 IL 与 M 的关系。

表 4-7 IL 与 N 的关系

N	-0.1	-0.01	0	0.1	0.5	1	2	3	5	10	$\geqslant 12$
IL/dB	2	4	5	7	11	13	16	17	21	23	24

③ $N \geqslant 1$ 时，$20N \gg 3$，此时式(4-57)可简化为

$$IL = 10\lg(20N) = 10\lg N + 13 \tag{4-59}$$

式(4-59)的适用范围为 $12 \geqslant N \geqslant 1$。

(2) 在混响声场中：$4/R \gg Q/4\pi(r_3 + r_4)$ 或 $DQ/4\pi(r_3 + r_4)^2$，此时插入损失为

$$IL = \lg 1 = 0 \text{(dB)} \tag{4-60}$$

式(4-60)表明：在高度混响环境中，声屏障无多大效果，必须先作吸声处理。

(3) 如果 r_4 相当大，则 $Q/4\pi(r_3 + r_4)^2$ 或 $DQ/4\pi(r_3 + r_4)^2 \to 0$，此时插入损失为

$$IL = \lg 1 = 0 \text{(dB)} \tag{4-61}$$

式(4-61)表明：对离声源距离很大的远场范围，声屏障的保护作用不大，声影区只位于接近屏障的小范围内。

(4) 对于有限长线声源不能视作点声源时，无限长声屏障后声影区的衰减一般要比点声源小 0~5dB。

3. 点声源 S 和受声点 R 位于同一高度水平上，自由声场，半无限大屏障($L_B > 5h$，$h > \lambda$)时的插入损失计算式

在实际应用中，一般在屏障后流出较大的工作区，即 $d \gg r > h$(有效屏高)或 $h/d \ll h/r < 1$，如图 4.21 所示。声程差为

$$
\begin{aligned}
\delta &= (a+b) - (r+d) \\
&= (\sqrt{r^2 + h^2} + \sqrt{d^2 + h^2}) - (r+d) \\
&= r\sqrt{1 + \left(\frac{h}{r}\right)^2} + d\sqrt{1 + \left(\frac{h}{d}\right)^2} - (r-d)
\end{aligned} \tag{4-62}
$$

当 $|x| < 1$ 时，有近似公式

$$\sqrt{1+x} \approx 1 + \frac{x}{2}$$

因 $h/d \ll h/r < 1$，运用上述的近似公式有

$$\delta = r\left[1 + \frac{1}{2}\left(\frac{h}{r}\right)^2\right] + d - (r+d) = \frac{h^2}{2r} \tag{4-63}$$

菲涅耳数 $N = 2\delta/\lambda = h^2/(r\lambda)$，所以

$$IL = 10\lg(3 + 20N) = 10\lg\left[3 + 20h^2/(\lambda r)\right] \tag{4-64}$$

一般情况下，$20h^2/(r\lambda) \gg 3$，所以

$$IL = 10\lg\left[3 + 20h^2/(\lambda r)\right] \approx 10\lg\left[20h^2/(\lambda r)\right]$$

$$IL = 10\lg(h^2/r) + 10\lg f - 12 \tag{4-65}$$

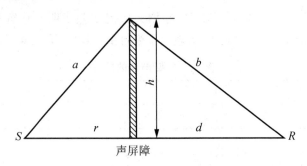

图 4.21　声源和受声点在同一水平上时的隔声屏

讨论：

① 有效屏高(造成声程差的高度)h 增加，插入损失 IL 亦增大。

② 声屏障靠近声源，距离 r 减小，声程差 δ 变大，菲涅耳数 N 上升，插入损失 IL 就增大。

③ 声波频率 f 大，波长 λ 小，其插入损失 IL 就大。

④ 应用式(4-65)时，务必注意其使用条件和前提及各个参数的含义。

例题：自由声场中，在噪声源与受声点之间设置一个 3m 高的隔声屏，如图 4.22 所示，求该隔声屏在各倍频带上的插入损失。

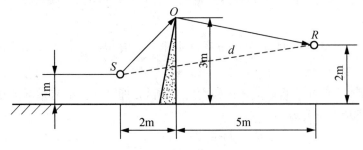

图 4.22　隔声屏计算实例

解：由勾股定理求出

$$\delta=SO+OR-SR=0.86\,(\mathrm{m})$$

各频率下的菲涅耳数为

$$N_i=2\delta/\lambda_i=2f_i\delta/C=\delta f_i/170$$

则各频带插入损失的计算式为

$$IL_i=10\lg(1/D_i)=10\lg(3+20N_i)$$

按上式计算出各倍频带上插入损失 IL 并列于表 4-8 中。

表 4-8　隔声屏在各倍频带上的插入损失

$f_0=$ /Hz	63	125	250	500	1000	2000	4000	8000
N	0.32	0.63	1.26	2.53	5.06	10.12	20.24	40.48
IL/dB	9.5	11.5	15	17	20	23.5	26	29

讨论：

① 计算结果表明，声波频率对插入损失有重大影响。在 $N>1$ 以后，大致上频率增加 1 倍，IL 值增加 3dB；声屏障对高频声的衰减效果更为显著。

② 同样也可以由给定的各倍频带 IL 值，计算出各倍频带所需的屏障高度，取其中最大值为所需的设计屏高。

③ 本例中，声源和受声点不在同一水平上，声源和受声点连线以上的屏高称为声屏障的有效高度，它是决定隔声效果的关键因素，而并不取决于它的实际高度。

4. 室内声学特性变化时，隔声屏的插入损失

对于尺寸不大的车间（室内总表面积为 S，平均吸声系数为 α），增加隔声屏不可能不影响室内声学特性，实际上隔声屏把车间分成两个空间：点声源所在空间 1 和受声者所在空间 2。设隔声屏与房间横断面之间的开敞部分面积为 S_0（两个空间在声学上通过开敞部分发生混响声能的联系，可理解为敞开面积的吸声系数 $\alpha_0=1$），声源空间 1 的总内表面积为 S_1，声系数为 α_1；受声空间内表面积为 S_2，吸声系数为 α_2，则安装隔声屏后其插入损失为

$$IL=10\lg\left[\frac{\dfrac{Q}{4\pi r^2}+\dfrac{4}{S\alpha}}{\dfrac{DQ}{4\pi r^2}+\dfrac{4K_1K_2}{S_0(1-K_1K_2)}}\right] \tag{4-66}$$

式中 $K_1=\dfrac{S_0}{S_0+S_1\alpha_1}$，$K_2=\dfrac{S_0}{S_0+S_2\alpha_2}$，可理解为通过敞开面积 S_0 的混响声占各空间各自总吸声量的比例，衡量敞开面积和两个空间的声学特性对插入损失的影响。

讨论：

① 当室内吸声量为零时（即 $K_1=K_2=1$）
$$IL=10\lg 1=0 \tag{4-67}$$

② 当室内为全吸收时（即 $K_1=K_2\ll1$）
$$IL=10\lg D \tag{4-68}$$

③ 对声源空间进行吸声处理，而受声空间没有吸声时

$$IL=10\lg\left[\frac{\dfrac{Q}{4\pi r^2}+\dfrac{4}{S\alpha}}{\dfrac{DQ}{4\pi r^2}+\dfrac{4}{S_1\alpha_1+S_0}}\right] \tag{4-69}$$

④ 对受声空间进行吸声处理，而声源空间没有吸声时

$$IL=10\lg\left[\frac{\dfrac{Q}{4\pi r^2}+\dfrac{4}{S\alpha}}{\dfrac{DQ}{4\pi r^2}+\dfrac{4}{S_2\alpha_2+S_0}}\right] \tag{4-70}$$

⑤ 上述计算式对点声源有效。多个点声源或一个较大的点声源可以分解成数个点声源，先分别计算每一个点声源的衰减量，再计算总的噪声衰减量。

5. 露天设置的交通隔声屏的绕射声衰减量

露天设置(自由声场)的交通隔声屏,在前述假设条件下,由惠更斯-菲涅耳衍射原理和边缘的近场效应,可得其绕射声衰减量 ΔL 为下列一组公式:

$$\Delta L = 20\lg \frac{\sqrt{2\pi N}}{\tanh \sqrt{2\pi N}} + 5, \quad N > 0$$

$$\Delta L = 5, \quad N = 0$$

$$\Delta L = 20\lg \frac{\sqrt{2\pi |N|}}{\tanh \sqrt{2\pi |N|}} + 5, \quad -0.2 < N < 0$$

$$\Delta L = 0, \quad N < -0.2$$

(4-71)

式中 $\tanh$——双曲正切函数;

$\tan$——正切函数;

N——菲涅耳数。

同样,当 $N \geqslant 1$ 时,$\tanh \sqrt{2\pi N} \to 1$,式(4-71)可简化为

$$\Delta L = 10\lg N + 13, \quad 12 \geqslant N \geqslant 1$$

(4-72)

式(4-71)可绘成图 4.23 便于进行图算。图中表明,即使在 $-0.2 < N < 0$ 的情况下,ΔL 仍有 0~5dB 的绕射衰减量。

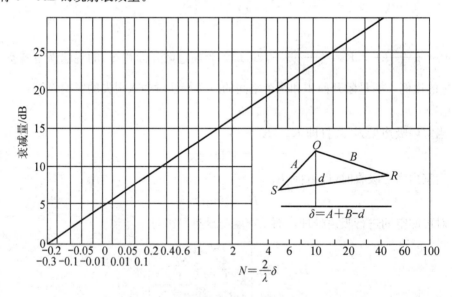

图 4.23   隔声屏的插入损失计算图

6. 隔声屏设计的注意事项

(1) 隔声屏主要用来阻挡直达声,尤其是阻断高频声。为了有效地防止噪声的发散,应根据现场情况,采用合适形式的声屏障,如 Γ 型、Π 型、Y 型等,如图 4.24 所示。其中 Γ 型和 Y 型(带遮檐)的效果尤为明显,这是因为它们的等效高度要比实际尺寸大。重点声源也可采用围挡式布置,形成开启式隔声罩形式。

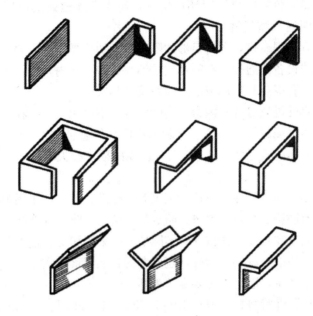

图 4.24　声屏障的基本形式

（2）声屏障应有足够的长高比，自身必须具有足够的隔声量，一般构件隔声量要求比插入损失大 10dB 以上。在保留必要的伸缩缝情况下，应做好声屏障构件之间接缝的密封措施，填缝材料与构件之间的热胀冷缩系数应基本一致。

（3）使用声屏障时，一般应配合吸声处理，尤其是在混响声明显和屏障上方顶棚或其他反射体声反射强烈的场合。实用中，也应尽可能采用吸声型屏障，其平均 $\alpha \geqslant 0.5$，特别是面对声源一侧，可以增加额外的吸声面积，对绕射角 θ 在 45°以上的声影区，减噪效果尤其明显。声屏障宜用轻便结构，其结构如图 4.25 所示，目前已有批量生产商品化的隔声屏可供选用。

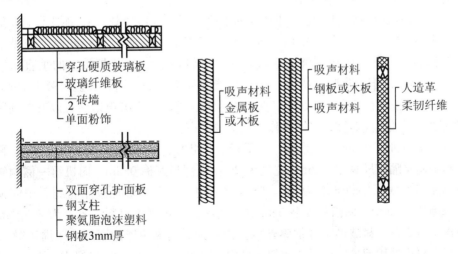

图 4.25　声屏障结构示意图

（4）声屏障造型和色彩应与周围环境协调，作为交通道路的声屏障，尤其要注意景观，一般可选用透明的Γ型板材。

（5）声屏障上开设观察窗，要有足够的隔声量；如果操作上需要，也可做成移动式的声屏障；为便于人或设备的通行，在隔声要求不太高的车间内，可用人造革等密实的软材料护面，中间填充多孔吸声材料制成隔声窗帘悬挂起来。

（6）考虑到在室外抗风等各种因素，实际声屏障不可能太高。在声屏障顶端增加吸声圆柱体可明显提高声屏障的插入损失，且随吸声圆柱体直径的增加，插入损失逐渐增大，其中当顶端吸声圆柱体的直径大于0.3m时声屏障的插入损失增加较快，因此顶端吸声柱体的直径大于0.3m。

（7）声屏障的结构和力学性能应符合国家有关标准，在安全牢固前提下，根据使用场合的不同，使其具有防腐、防眩、防风、防老化、防雨、防尘等性能。

（8）声屏障的高度和长度应根据现场实际情况，采用相应合适的公式计算，要注意公式的适用条件。除了绕射衰减的因素外，还要考虑其他因素对实际插入损失的影响。一般情况下，屏高应高于声源，而且最好要高于人耳。

（9）室外隔声屏的降噪目标一般在10~15dB之内，如果降噪要求超过15dB，要完全靠声屏障是十分困难的，必须有其他措施配合。

（10）应该认识到，前述所有公式因假设条件、近似简化及现场声学特征等因素，它们的计算结果都是个近似的估算值；隔声屏不是一个封闭结构，其隔声效果受外界的影响是十分复杂的，因此实际设计时应根据情况留有适当的减噪余量，通常为1~5dB。

7. 室内隔声屏的应用实例

项目概况：某厂发电机车间，其中有一台300kW直流发电机组噪声特别强烈，在距机组1m处测得峰值中心频率500Hz的倍频程声压级达108~112dB，A声级达107~108dB。而工人经常在距机组不到2m的电气控制屏前工作（图4.26(a)），发电机噪声严重影响了整个车间工人的健康和通信联系。

吸声：先采取吸声处理措施，即在顶面上机组旁悬挂吸声体，在侧墙上安装部分带后腔的吸声板（图4.27），共占室内总面积的1/7左右；在吸声材料的厚度和吸声结构的设计上都加强了对500Hz声波的吸收，吸声材料在500Hz倍频带上的垂直入射吸声系数为0.6~0.8。但仅靠吸声措施，噪声只能降低7~9dB(A)，在机组旁1m处只降低1~2dB(A)，这说明机组旁1m处是以直达声为主，所以单靠吸声措施难以有效地降低噪声，因此决定再加设隔声屏来降低操作岗位上的噪声。

隔声：在距机组0.6m处，设置一道平行于机组的隔声屏（图4.26、图4.27）。隔声屏的选材和结构是隔声屏高度为2m，宽度为2m，顶部加遮檐0.8m，向机组一侧倾斜45°，制作成单元拼装式，每单元宽为1m，竖直拼缝用"工"字形橡胶条密封。中间夹层用0.8mm薄钢板为支架，两面各铺贴5cm厚的超细玻璃棉吸声材料，容重为20kg/m³，为防止吸声材料散落，衬玻璃布外加钢丝网护面。为提高隔声屏的刚度，四周边缘用3mm型钢加强，隔声屏用螺栓固定在地面的浅槽内。隔声屏建成后，离机组1m处，完全处于声影区内，对于离地面高为1.2m的接收点处，噪声衰减量很大，A声级的降噪声达18~

24dB。室内离机组较远的其他位置的 A 声级也基本降到了 90dB 以下，已基本符合《工业企业噪声卫生标准》。图 4.26 所示为车间平面布套、测点位置和治理效果。

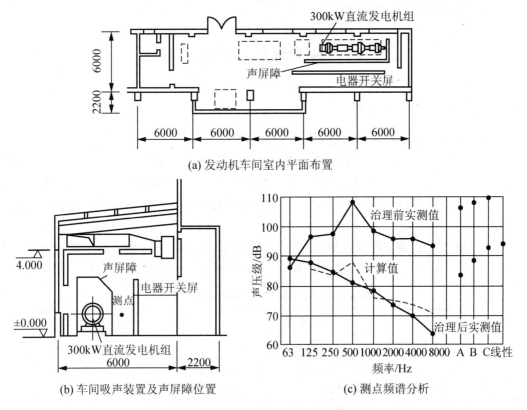

(a) 发动机车间室内平面布置

(b) 车间吸声装置及声屏障位置

(c) 测点频谱分析

图 4.26 发电机车间隔声屏布置与隔声效果

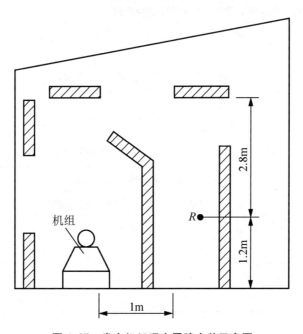

图 4.27 发电机组吸声屏障安装示意图

上述的降噪措施使噪声衰减量特别大的情况，仅发生在隔声屏后的声影区内；对于车间的空间平均降噪量仅达 10dB 左右，仍近似等于远离机组的降噪量。可见隔声屏对于局部空间的声学保护还是非常有效的。

4.4 隔声设计步骤和实例

4.4.1 隔声设计计算步骤

工厂内的隔声间、隔声罩和隔声屏的设计计算基本步骤具体如下。

（1）首先通过实测或厂家提供资料掌握声源的声功率，由声源特性和受声点的声学环境，利用室内声学公式估算或用声级计实测受声点的各倍频带声压级（主要是 $125 \sim 4kHz$ 之间的倍频带）。如果是多声源，则要求分别计算各声源产生的声压级，然后进行叠加。

（2）根据被隔离或半隔离区域的用途，就可以根据表 4-9 查到该隔声区域内允许的 A 声级 L_A，然后通过查表 4-10 确定相应的 NR 曲线上各倍频程的声压级。

表 4-9 工业企业厂区各类地点噪声标准

序号	地点类别		噪声限值/dB
1	生产车间及作业场所(工人每天连续接触噪声 8h)		90
2	高噪声车间设置的值班室、观察室、休息室(室内背景噪声级)	无电话通信要求时	75
		有电话通信要求时	70
3	精密装配线、精密加工车间的工作地点、计算机房(正常工作状态)		70
4	车间所属办公安、实验室、设计室(室内背景噪声级)		70
5	主控制室、集中控制室、通信室、电话总机室、消防值班室(室内背景噪声级)		60
6	厂部所属办公室、会议室、设计室、中心实验室(包括实验、化验、计量室)(室内背景噪声级)		60
7	医务室、教室、哺乳室、托儿所、工人值班室(室内背景噪声级)		55

表 4-10 A 声级与 NR 曲线倍频带声压级换算表

L_A/dB(A)	各倍频程中心频率的声压值/dB						L_A 对应的 NR 数
	125Hz	250Hz	500Hz	1000Hz	2000Hz	4000Hz	
50	57	49	44	40	37	35	40
55	62	57	50	46	43	41	46
60	68	61	56	53	50	48	53
65	73	67	62	59	56	54	59

（续）

L_A/dB（A）	各倍频程中心频率的声压值/dB						L_A 对应的 NR 数
	125Hz	250Hz	500Hz	1000Hz	2000Hz	4000Hz	
70	79	72	68	65	62	61	65
75	84	78	74	71	69	67	71
80	87	82	78	75	73	71	75
85	92	87	83	80	78	76	80
90	96	91	88	85	83	81	85

（3）计算各倍频带上需要的噪声降低量 NR 或插入损失 IL。

（4）详细研究声源特性和噪声暴露人群分布特性，声源设备操作、维修和其他工艺要求，选择适用的隔声设施类型（隔声间、隔声罩、局部隔声罩或隔声屏）。

（5）选择适当的市场上有售的隔声结构与设施，或设计满足要求的隔声构件和设施。

（6）进行隔声设施的详细尺寸与结构设计。

4.4.2 设计实例

某锅炉房底层有一台 5-36-11No.7.6D 型高压离心式鼓风机，额定风量 $12000\text{m}^2/\text{h}$，电机功率 $N=45\text{kW}$，转速 2970r/min。风机设备基准尺寸为 $2.4\text{m}\times1.4\text{m}\times1.74\text{m}=5.58\text{m}^3$，房间尺寸为 $11\text{m}\times9\text{m}\times3.4\text{m}=346.5\text{m}^3$。现场实测鼓风机的声压级见表 4-11。

表 4-11 现场实测鼓风机声压级

f_0/Hz	63	125	250	500	1000	2000	4000	8000	A 计权
L_p/dB	107.2	98.1	97.4	104.5	106.7	104.5	98.8	92.5	110.4

（1）试设计鼓风机隔声罩，使得房间内的噪声降低到 70dB 以下（满足通电话的要求）。

（2）判断满足该降噪要求的设计是否合理。

解：（1）要达到房间内通电话的要求，A 声级必须低于 70dB（A），要求降低 40.4dB（A），根据表 4-12 计算隔声罩隔声构件需要的隔声量。

表 4-12 隔声罩设计计算表

项目	各倍频程中心频率的计算量							说明
	63Hz	125Hz	250Hz	500Hz	1000Hz	2000Hz	4000Hz	
声源声压级 L_{p1}/dB	107.2	98.1	97.4	104.5	106.7	104.5	98.8	实测
机器旁允许声压级 L_{p2}/dB	87	79	72	68	65	62	61	查表 4-9，NR65
隔声罩需要噪声降低量 IL/dB	20.2	19.1	25.4	36.5	41.7	42.5	37.8	$IL=L_{p1}-L_{p2}$

项目	各倍频程中心频率的计算量							说明
	63Hz	125Hz	250Hz	500Hz	1000Hz	2000Hz	4000Hz	
罩内吸声材料吸声系数 α	0.10	0.15	0.35	0.85	0.85	0.86	0.86	选材后查表
修正项 $10\lg\alpha$	−10	−8.2	−4.6	−0.70	−0.70	−0.66	−0.66	计算
罩板应有的隔声量 R/dB	30.2	27.3	30.0	37.2	42.4	43.2	38.5	$R=IL-10\lg\alpha$
2.5mm 厚钢板的隔声量 R_1/dB	23	29	31	32	35	41	43	选构件 1
(0.7+50+0.7)mm 复合隔声板 R_2/dB	13	16	23	24	29	39	37	选构件 2
(1+80+1)mm 复合隔声板 R_3/dB	22	28.4	42	50	57	58	60	选构件 3
(1.5+80+1)mm 复合隔声板 R_4/dB	25	30	38	49	55	63	66	选构件 4

由于要求隔声量比较大，用单层钢板(构件 1)不能满足要求，必须要用复合隔声板。用贴塑薄钢板(0.7mm)两层加吸声棉(50mm)结构(构件 2)也还不能满足要求。钢板厚度至少应该为 1mm 厚，内部超细玻璃棉厚度为 80mm。由计算结果看，在主要语言频率范围内($f_0=500\sim2000$Hz)，构件 3 和构件 4 基本符合要求，同时罩内须作吸声处理。

电动机散热通风计算。电动机的总效率 η 为 85%，则单位时间散发出来的热量为

$$Q=860\times N\times\frac{1-\eta}{\eta}=860\times45\times\frac{1-0.85}{0.85}=6830(\text{kcal/h})$$

设室内最高温度为 40℃，电动机的绝缘等级为 B 级，其允许温升为 80℃，则需控制隔声罩内的温度低于 70℃，通风量为

$$L_t=\frac{Q\times1.2}{c\gamma(t_{\max}-t_0)}=\frac{8200}{0.24\times1.127\times(70-40)}=1011(\text{m}^3/\text{h})$$

式中　c——空气质量热容，0.24kcal/(kg·℃)(1cal=4.18J)；

　　　γ——空气比重，1.127kg/m³(30℃时)；

　　　1.2——安全系数。

根据风速和再生噪声的关系，应将通风道内风速控制在 5m/s 以内，可采用机械强制通风，则隔声罩的通风消声器断面积为 1011/(5×3600)=0.056m²，约为 ϕ270mm。该消声器要和隔声罩的隔声量相当。

(2) 设计时考虑到可拆卸隔声罩很难保证缝隙全部得到严密密封，同时隔声罩内壁吸声材料也不是满铺的，加上轻型隔声结构低频声振动无法完全避免，实际能够达到的隔声

效果一般都不太高,所以工厂降低了设计降噪要求。表 4-13 是通过详细优化隔声罩结构计算得到的比体积隔声量成本。

表 4-13   隔声罩在不同设计要求隔声(插入损失)下优化计算结果

设计隔声量/dB(A)	$S_{吸声}/S_{透声}$	罩体重量/kg	罩体材料费/元	单位降噪成本/ $(元/(m^3 \cdot dB))$
25	0.282	1285	5785	39.58
30	0.290	1338	6024	34.35
35	0.383	1705	7675	37.51
40	0.578	2482	11171	47.77
45	0.890	4575	20588	78.26

从表中数字可以看出,设计要求降噪以达到 35dB 以上,单位体积单位降噪量(dB)的成本大幅度增加。显然,降噪以控制在 35dB 比较合适,即合理的设计目标应该是使室内 A 声级从 110.4dB 降低到 80dB(考虑 5 个 dB 的富余量)为宜。

隔声罩的结构优化设计内容比较多,目标函数就取单位降噪成本最小,需要优化的设计参数包括隔声罩的几何尺寸(长 L_{50} 宽 L_{90} 高),选择的隔声板结构(双层板厚度和空隙吸声棉种类厚度),隔声罩上通风道合理的面积比例和设计消声量,内部铺吸声材料面积比例等。优化计算时要满足要求隔声量,避开共振频率和吻合频率,散热需要通风量等约束条件,计算比较复杂,也许这时经验就起很大作用了。

习   题

1. 简述隔声量(传声损失)与噪声降低量的区别以及噪声降低量与插入损失之间的区别。

2. 隔声措施效果的评价指标有哪些?其影响因素有哪些?

3. 试述单层匀质隔声墙的隔声频率特性。

4. 简述双层隔声墙隔声性能的影响因素。

5. 计算下列单层匀质隔声构件的平均隔声量与吻合频率:

(1)240mm 厚的砖。

(2)20cm 厚的混凝土墙。

(3)两道 10 cm 厚的混凝土墙,墙中间空气层厚为 20 cm 的双层墙,求其共振频率 f_0 和平均隔声量。

6. 设一砖墙面积共为 20m²,其中门、窗分别占 2m²、3m²,三者对 1kHz 声波的隔声量分别为 50dB、30dB、20dB,求该组合墙的隔声量。

7. 为了隔离噪声源,在某车间采用一道隔墙将空间分为两部分。墙上安装一扇 3mm 厚的普通玻璃窗,面积占墙体的 1/4。设墙体本身的隔声量为 45dB,玻璃窗的隔声量为 22dB,试计算组合墙的隔声量。

8. 某隔声间有一面积为 20m³ 的墙与噪声源相隔，该墙透声系数为 10^{-5}，该墙上开一面积为 2m² 的门，其透声系数为 10^{-3}，并开一面积为 3m² 的窗，透声系数也为 10^{-3}，求该组合墙的隔声量。

9. 某砖墙原有面积为 25m²，$R_墙 = 50dB$，该墙上开设面积为 2m² 的门和 1m² 的窗，$R_门 = 20dB$，$R_窗 = 40dB$，求该组合墙的传声损失 R。

10. 两个房间有一道墙隔开，该墙的尺寸为 $7 \times 4m^2$，传声损失 $R = 30dB$，设发声室的房间常数 $R_1 = 200m^2$，且有一声功率级为 100dB 的点声源。若接收室内的房间常数为 $R_2 = 125m^2$，试求在接收室内平均声压级。若接收室内作吸声处理，将房间常数 R_2 增加到 2000m²，则声压级降低多少分贝？

11. 要求某隔声罩在 2kHz 时具有 36dB 的插入损失，罩壳材料在该频带的透射系数为 0.0002，求隔声罩内壁所需的平均吸声系数。

第5章　消声技术

教学目标及要求

消声是一种既能允许气流顺利通过，又能有效阻止或减弱声能向外传播的装置，是降低空气动力性噪声的主要技术措施，主要安装在进、排气口或气流通过的管道中。一个设计合理、性能良好的消声器可使气流声降低 20～40dB，是一种应用广泛的噪声控制技术。本章重点介绍了消声器性能要求及评价、消声器的分类及消声机理应用、消声器的设计计算。

教学要点

1. 消声器声学性能、空气动力性能、结构性能要求及评价量。
2. 阻性消声器及抗性消声器的消声原理及特点。
3. 气流对消声器声学性能的影响。
4. 消声器的设计计算。

对于通风管道、排气管道等噪声源，在进行降噪处理时既要考虑允许气流通过的同时，又要有效地阻止或减弱声能的向外传播。这就需要采用消声技术——消声器。一个性能良好的消声器，可使气流噪声降低 20～40dB。消声器的种类很多，主要包括阻性消声器、抗性消声器、阻抗复合消声器、微孔板消声器、小孔消声器及有源消声器等，下面主要介绍这些常见消声器的性能参数、消声机理和消声设计。

导入案例

阻性消声器主要是利用多孔吸声材料来降低噪声的。把吸声材料固定在气流通道的内壁上或按照一定方式在管道中排列，当声波进入阻性消声器时，一部分声能在多孔材料的孔隙中摩擦而转化成热能耗散掉，使通过消声器的声波减弱。阻性消声器就像电学上的纯电阻电路，吸声材料类似于电阻。因此，人们就把这种消声器称为阻性消声器。阻性消声器对中高频消声效果好，对低频消声效果较差。图 5.01 所示为安装在建筑上的阻性消声器。

图 5.01　阻性消声器

　　抗性消声器是由突变界面的管和室组合而成的，好像是一个声学滤波器，与电学滤波器相似，每一个带管的小室是滤波器的一个网孔，管中的空气质量相当于电学上的电感和电阻，称为声质量和声阻。小室中的空气体积相当于电学上的电容，称为声顺。与电学滤波器类似，每一个带管的小室都有自己的固有频率。当包含有各种频率成分的声波进入第一个短管时，只有在第一个网孔固有频率附近的某些频率的声波才能通过网孔到达第二个短管口，而另外一些频率的声波则不可能通过网孔，只能在小室中来回反射，因此，我们称这种对声波有滤波功能的结构为声学滤波器。选取适当的管和室进行组合，就可以滤掉某些频率成分的噪声，从而达到消声的目的。抗性消声器适用于消除中、低频噪声。图5.02所示为设备中的抗性消声器。

图5.02　抗性消声器

5.1　消声器性能评价及分类

5.1.1　消声器性能评价

　　消声器是安装在空气设备(如风机、空压机等)气流通道上或进、排气系统中的降噪装置。因此，在评价消声器的性能时，应着重从以下三方面综合考虑。

1. 声学性能

　　消声性能是指消声器的消声量和频率特性。消声器的消声量通常用传声损失和插入损失来表示，频率特性以倍频的1/3频带的消声量来表示，要有足够的消声量，并且在较宽的频率范围(尤其在噪声突出的频率范围)内有良好的效果。

　　消声器国家标准(GB4760—84)对消声器的实验室和现场测量方法作了详细规定。主要有下列4种参数。

1) 插入损失(L_{IL})

　　插入损失指系统中插入消声器前后在系统外某定点测得的声功率级之差。

　　在实验室内测量插入损失一般应采用混响室法或半消声室法或管道法。这几种方法都应进行装置消声器以前和以后两次测量，先测出通过管口辐射噪声的各倍频带或1/3倍频带声功率级，然后用消声器换下相应的替换管道，保持其他实验条件不变，同一测点测出各频带相应的声功率级。各频带的插入损失为前后两次测量所得声功率级之差。如果装置消声器前后，声场分布情况近似保持不变，则声功率级之差就等于相同测点的声压级之差。

现场测量消声器插入损失符合实际使用的条件，但受环境、气象、测距等影响，其测量结果应进行修正。无论是实验室测量还是现场测量，A 计权插入损失 $(L_{IL})_A$ 的计算式如下：

$$(L_{IL})_A = L_{pA_1} - L_{pA_2} \qquad (5-1)$$

式中　L_{pA_1}——装置消声器前测点的 A 声级(dB)；

　　　L_{pA_2}——装置消声器后测点的 A 声级(dB)；

$$L_{pA_1} = 10\lg \left\{ \sum_i 10^{0.1\langle L_{pA} + \Delta_i \rangle} \right\} \qquad (5-2)$$

$$L_{pA_2} = 10\lg \left\{ \sum_i 10^{0.1\langle L_{pi} - D_i + \Delta_i \rangle} \right\} \qquad (5-3)$$

式中　i——频带的序号；

　　　L_{pi}——第 i 个频带声压级(dB)；

　　　Δ_i——第 i 个频带的 A 计权修正值(dB)；

　　　D_i——第 i 个频带插入损失(dB)。

2）传声损失（TL）

传声损失为消声器进口端声功率级与出口端声功率级之差。通常情况下消声器进口端与出口端的通道截面相同，声压沿截面近似均匀分布，这时传声损失等于进口端声压级与出口端声压级之差。

测量消声器的传声损失，必须在实验室给定工况下分别在消声器两端进行测量，在消声器进口端测出对应于入射声的倍频带或 1/3 倍频带声功率级，在出口端测出对应于透射声的相应声功率级，各频带传声损失等于两端分别测量所得频带声功率级之差。一般应以管道法测量入射声和透射声的声压级。

各频带传声损失 TL 由式(5-4)决定：

$$TL = \bar{L}_{pi} - \bar{L}_{pt} + (K_t - K_i) + 10\lg \frac{S_i}{S_t} \qquad (5-4)$$

式中　$\bar{L}_{pi}$——入射声平均声压级(dB)；

　　　$\bar{L}_{pt}$——透射声平均声压级(dB)；

　　　K_i——入射声的背景噪声修正值(dB)；

　　　K_t——透射声背景噪声修正值(dB)；

　　　S_i——消声器进口端管道通道截面面积(m²)；

　　　S_t——消声器出口端管道通道截面面积(m²)。

由实测各频带传声损失，可以参照式(5-2)、式(5-3)计算出 A 计权传声损失 TL_A。

3）减噪量（L_{NR}）

消声器进口端面测得的平均声压级与出口端面测得的平均声压级之差称为减噪量。其关系式如下：

$$L_{NR} = \bar{L}_{p_1} - \bar{L}_{p_2} \qquad (5-5)$$

式中　$\bar{L}_{p_1}$——消声器进口端面平均声压级(dB)；

　　　$\bar{L}_{p_2}$——消声器出口端面平均声压级(dB)。

这种测量方法易受环境声反射、背景噪声、气象条件的影响。

4）衰减量

消声器内部两点间的声压级的差值称为衰减量，主要用来描述消声器内声传播的特性，通常以消声器单位长度的衰减量（dB/m）来表征。

2. 空气动力性能

空气动力性能是指阻力损失或阻力系数。消声器的阻力损失通常用消声器入口和出口的全压来表示，阻力系数可由消声器的动压损失和阻力损失算出。要求阻力损失最小，以保证正常的气流通过。

3. 结构性能

一般要求尺寸最小，结构简单，便于制作安装，有较长寿命且造价低廉。

5.1.2 分类

消声器根据原理和结构不同，大致上可分为 4 类，每一类中又有多种型式，详见表 5-1。

表 5-1 常见消声器分类表

类型与原理	型 式	消声性能	主要用途
阻性消声器（吸声）	片式、直管式、蜂窝式、列管式、折板式、声流式、弯头式、百叶式、迷宫式、盘式、阀环式、室式、弯头式	中高频	通风空调系统管道、机房进排风口、空气动力设备进排风口
抗性消声器（阻抗失配）	扩张式 共振腔式 微穿孔板式 无源干涉式 有源干涉式	低中频 低频 宽频带 低中频 低中频	空压机、柴油机、汽车或摩托车发动机等以低中频噪声为主的设备排气噪声
阻抗复合型消声器	阻性及共振复合式、阻性及扩张复合式、抗性及微穿孔板复合式、喷雾式、引射掺冷式等	宽频带	各类宽频带噪声源
喷注耗散型消声器（减压扩散）	小孔喷注式、多孔扩散式、节流减压式	宽频带	各类排气放空噪声

5.2 阻性消声器

阻性消声器是利用气流管道内的不同结构形式的阻性材料（多孔吸声材料）吸收声波能量，以降低噪声的消声器。阻性消声器是各类消声器中形式最多，应用最广的一种消声器，阻性消声器具有较宽的消声频率范围，尤其是在中、高频率消声性能更为明显，影响阻性消声器性能的主要因素有消声器的结构、吸声材料的特性、气流速度及消声器管道长度、截面积等。

5.2.1 阻性消声器的消声量

通常，阻性消声器的消声量 ΔL 可按式(5-6)计算：

$$\Delta L = \varphi(\alpha_0) \frac{Pl}{S} \qquad (5-6)$$

式中 ΔL——消声量(dB)；

l——消声器有效部分长度(m)；

P——消声器的通道截面周长(m)；

S——消声器的通道有效截面面积(m^2)。

$\varphi(\alpha_0)$——消声系数；它与垂直入射的吸声系数 α_N 之间的近似关系是

$$\varphi(\alpha_0) = 4.34 \frac{1-\sqrt{1-\alpha_0}}{1+\sqrt{1-\alpha_0}} \qquad (5-7)$$

用式(5-7)计算出的 $\varphi(\alpha_0)$，当 α_0 大于 0.5 时，$\varphi(\alpha_0)$ 值偏高，因此在实际应用上可以使用表 5-2 的实测数值。另外，L/S 可参考表 5-3。

表 5-2 $\varphi(\alpha_0)$ 与 α_0 的换算关系

α_0		0.05	0.10	0.15	0.20	0.25	0.30	0.35	0.40	0.45	0.50
$\varphi(\alpha_0)$		0.05	0.11	0.17	0.24	0.31	0.39	0.47	0.55	0.64	0.75
α_0		0.55	0.60	0.65	0.70	0.75	0.80	0.85	0.90	0.95	1.00
$\varphi(\alpha_0)$	理论值	0.86	0.98	1.11	1.27	1.45	1.66	1.92	2.25	2.75	4.43
	经验值	0.82	0.90	1.0	1.05	1.12	1.2	1.3	1.35	1.42	1.5

表 5-3 不同形状截面的 L/S 值

序号	截面形状	特征长度	L/S
1	圆筒形	直径 D	$4/D$
2	正方形	边长 D	$4/D$
3	矩形	边长 D_1、D_2	$2(D_1+D_2)/D_1 D_2$
4	片式	片间距 $2h$	$1/h$

注：S 为气流通道的截面积；L 为该通道的周边长度。

5.2.2 高频失效频率

阻性消声器实际消声量的大小与噪声的频率有关。声波的频率越高，传播的方向性越强。对于一定截面积的气流通道，当入射声波的频率高到一定程度时，由于方向性很强而形成"声束"状传播，很少接触贴附在管壁的吸声材料，消声量明显下降。产生这一现象对应声波频率称为上限失效频率 f_n，f_n 可用下列经验公式计算：

$$f_n \approx 1.85 \frac{c}{D} \qquad (5-8)$$

式中　c——声速(m/s)；

　　　D——消声器通道的当量直径(m)。

其中圆形管道取直径，矩形管道取边长平均值，其他可取面积的开方值。

当频率高于失效频率时，每增高一个倍频带，其消声量约下降 1/3，可用式(5-9)估算：

$$R' = \frac{3-N}{3} \cdot R \tag{5-9}$$

式中　R'——高于失效频率的某倍频程的消声量；

　　　R——失效频率处的消声量；

　　　N——高于失效频率的倍频程频带数。

5.2.3 气流对阻性消声器性能的影响

气流速度对阻性消声器消声性能的影响主要表现在两方面：一是气流的存在会引起声传播规律的变化；二是气流在消声器内产生一种附加噪声——再生噪声。这两方面的影响是同时产生的，但本质却不同，下面对这两方面的影响分别进行说明。

1. 气流对声传播规律的影响

声波在阻性管道内传播，如伴随气流，而气流方向与声波方向一致时，则使声波衰减系数变小，反之，声波衰减系数变大。影响衰减系数的最主要因素是马赫数 $M = v/c$，即气流速度 v 与声速 c 的比值。理论分析得出，合气流时的消声系数的近似计算为

$$\varphi'(\alpha_N) = \frac{1}{(1+M)^2}\varphi(\alpha_N) \tag{5-10}$$

气流速度大小与方向的不同导致气流对消声器性能的影响程度也不同。当流速高时，马赫数 M 值大，气流对消声性能的影响就越大，当气流方向与声传播方向一致时，M 值为正，式(5-10)中的消声系数 $\varphi'(\alpha_N)$ 将变小；当气流方向与声传播方向相反时，M 值为负，$\varphi'(\alpha_N)$ 变大。这就是说，顺流与逆流相比，逆流对消声有利。

气流在管道中的流动速度并不均匀，在同一截面上，管道中央流速最高，离开中心位置越远，流速越低，在靠近管壁处流速近似为零。顺流时，如图 5.1(a)所示，导致管中央声速高，周壁声速低。根据折射原理，声波要向管壁弯曲，对阻性消声器来说，由于周壁衬贴有吸声材料，所以声能恰好被吸收。而在逆流时，如图 5.1(b)所示，声波要向管道中心弯曲，导致声波与吸声材料接触机会减少，因此对阻性消声器是不利的。

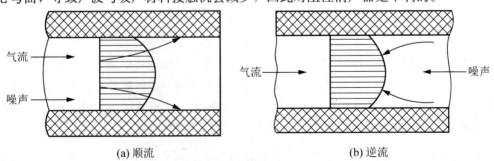

(a) 顺流　　　　　　　　　　　　　(b) 逆流

图 5.1　气流流向对声折射的影响

综合两方面的分析，阻性消声器安装在进气或排气管道各有利弊。由于工业输气管道中的气流速度与声速相比都不会太高(例如当气流流速为 30~40m/s 时，$M \approx 0.1$)，所以在一般情况下，气流对传声损失的降低影响不严重。高流速(大于 100m/s)时传递损失将有显著下降。

2. 气流再生噪声的影响

气流在管道中传播时会产生"再生噪声"，原因有二：一方面是消声器结构在气流冲击下产生振动而辐射噪声，其克服的方法主要是增加消声器的结构强度，特别要避免管道结构或消声元件有较低频率的简正模式，以防止产生低频共振。另一方面是当气流速度较大时，管壁的粗糙、消声器结构的边缘、截面积的变化等，都会引起"湍流噪声"。因为湍流噪声与流速的 6 次方成正比，并且以中高频为主，所以小流速时，再生噪声以低频为主，流速逐渐增大时，中高频噪声增加得很快。如果以 A 声级评价，A 计权后更以中高频为主，所以气流再生噪声的 A 声级大致可用式(5-11)表示：

$$L_A = A + 60 \lg v \tag{5-11}$$

式中　$60 \lg v$——反映了气流再生噪声与速度 6 次方成正比的关系；

　　　　A——常数，与管衬结构，特别是表面结构有关。

至于消声器管道中间有边缘结构(如导流片尖端、片式消声器尖端等)的，则属另一种气流噪声形式。

5.2.4　阻性消声器的分类

阻性消声器一般分为管式消声器、片式消声器、蜂窝式消声器、折板式消声器和声流式消声器等几种。

1. 管式消声器

如图 5.2、图 5.3 所示，管式消声器是阻性消声器结构中最简单的一种，它是在气流管道内壁加衬一定厚度的吸声材料构成的一种阻性消声器。其管道可以是圆形管、方形管或矩形管，适用于通风量很小(≤5000m³/h)，尺寸较小的管道。

直管消声器的消声量可按式(5-6)计算，弯管消声器的消声量可按表 5-4 的估计值考虑，表中的 d 是管径，λ 是声波波长。

表 5-4　直角弯管消声器的消声量估计值　(单位：dB)

d/λ	0.1	0.2	0.3	0.4	0.5	0.6	0.8	1.0
无规入射	0.0	0.5	3.5	7.0	9.5	10.5	10.5	11.5
垂直入射							10.5	12.0
d/λ	1.5	2.0	3.0	4.0	5.0	6.0	8.0	10
无规入射	10.0	10.0	10.0	10.0	10.0	10.0	10.0	10.0
垂直入射	13.0	13.0	14.0	16.0	18.0	19.0	19.0	20.0

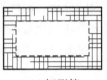

(a) 圆管　　　　　　　(b) 方管　　　　　　　(c) 矩形管

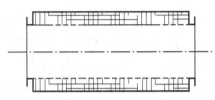

(d) 管式消声器剖面图(长度方向)

图 5.2　阻性管式消声器形式图

图 5.3　阻性管式消声器实物图

若声波频率与管的截面尺寸满足关系式

$$f_{止} < \frac{1.84c}{\pi d} (d \text{ 为圆管直径}) \tag{5-12}$$

或

$$f_{止} < \frac{c}{2d} (d \text{ 为方管边长}) \tag{5-13}$$

·则此时声波在管中以平面波形式传播，相对于管中任意截面，声波是垂直入射的；当声波频率大于 $f_{止}$ 时，管中出现其他形式的波，应按无规则入射考虑。

当气流量较大时，为了保持小的流速，就应增加管的截面面积，这样沿管道传播的声波与管壁上附着的吸声材料的接触机会就会减少，由此导致消声量降低，尤其是波长短的高频声波。反映消声量明显下降时的频率为上限失效频率，用 $f_{上}$ 表示，单位是 Hz，

$$f_{上} < 1.8 \frac{c}{d} \tag{5-14}$$

在高于 $f_{上}$ 的频率范围内，消声器的消声量就会减小，如用式(5-6)计算，其结果不符，此时消声量可采用式(5-15)计算：

$$\Delta L' = \frac{3-n}{3} \Delta L \tag{5-15}$$

式中　$\Delta L'$——高于 $f_{上}$ 的某倍频带内的消声量(dB)；

ΔL——在 $f_{上}$ 的消声量(dB);

n——高于 $f_{上}$ 的倍频带个数。

因此,为避免上限失效频率的影响,当气流较大时,可以把消声器的管道分成若干个小通道,或做成片式或蜂窝式消声器。若分成若干个小通道,使吸声材料表面积增加,则消声器的消声量也增加,也就是说,消声器的性能得到有效改善。

2. 片式消声器

片式消声器是在大尺寸的风管内设置一排平行的消声片,构成多个扁形消声通道,所以叫做片式消声器(图5.4、图5.5),它的每个通道相当于一个矩形管式消声器,其消声量可按式(5-6)计算。这种消声器的特点是结构简单,中高频率消声效果好,通风量大(风量可从≥5000m³/h 到 8000m³/h),适用范围广等。

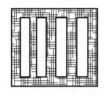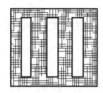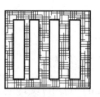

(a) 薄片式   (b) 厚片式   (c) 厚薄片复合式

图5.4 片式消声器形式图

图5.5 片式消声器实物图

当消声器的通道宽度 a 比高度 h 小得多时,其消声量可按式(5-16)计算:

$$\Delta L = 2\varphi(\alpha)\frac{l}{a} \tag{5-16}$$

由式(5-16)可以得出,片式消声器的消声量与每个通道的宽度 a 有关,a 越小,ΔL 就越大,而与通道的数目和高度无关,但通道的数目和高度对消声器的空气动力性有影响。因此,流量增大后,为保证有足够的有效流通量和流速控制,就需要增加通道的数目和高度。

3. 蜂窝式消声器

蜂窝式消声器是由许多平行的小管式消声器并列组合而成的,如图5.6所示,其消声性能与单个管式消声器基本相同;其消声量也可用式(5-6)计算,因为每个小管都是并列排列,所以只需计算出一个单元小管的消声量,就可以表示整个消声器的消声量。一般蜂窝式消声器的单元通道应控制在 200mm×200mm 以内。蜂窝式消声器的特点是通风量大，适用于中高频率噪声，气流阻力大，结构复杂。

一般可根据不同适用范围，设计单元结构，按通风量大小选取不同个数的单元进行组合。在阻力要求不严格时，蜂窝式消声器适用于控制大型鼓风机的气流噪声。

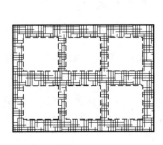

图 5.6　蜂窝式消声器形式图

4. 折板式消声器

折板式消声器的设计思路是将片式消声器的平直气流改成折板式，由于声波在消声器内多次弯折，可以加大声波相对吸声材料的入射角，从而提高吸声效率，如图 5.7 所示。与片式消声器相比，气流阻力明显提高。工程设计，为减小气流阻力损失，折角应小于200。折板式消声器适用于压力和噪声较高的噪声设备。

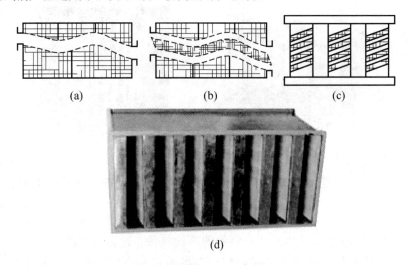

(a)　　　　　　　　　(b)　　　　　　　　　(c)

(d)

图 5.7　折板式消声器形式图

5. 声流式消声器

声流式消声器是折板式消声器的一种改进型，如图 5.8 所示。它的设计思路是利用呈正弦波形、弧形、菱形等弯曲吸声通道及沿吸声通道吸声材料厚度的连续变化来达到改善消声性能的目的。其具有消声性能高、消声频带宽、气流阻力小的优点，但同时又有结构复杂、制作要求高、造价高的缺点。

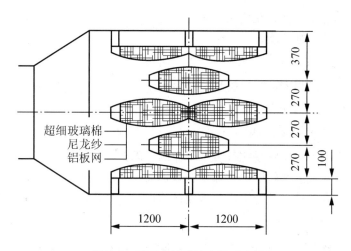

图 5.8 菱形声流式消声器形式图

表 5-5 列出了集中阻性消声器的阻力损失值。

表 5-5 几种阻性消声器的阻力损失比较

消声器类型	消声器长度/mm	风速/(m/s)	阻力损失
片式消声器	2400	5.1	12
蜂窝式消声器	2400	5.0	18
声流式消声器	2400	5.0	20
折板式消声器	2400	5.0	24
迷宫式消声器	1800	5.1	110

5.2.5 阻性消声器的设计

阻性消声器的设计一般可按如下程序和要求进行。

1. 确定消声量

应根据有关的环境保护和劳动保护标准,适当考虑设备的具体条件,合理确定实际所需的消声量。对于各频带所需的消声量,可参照相应的 NR 曲线来确定。

2. 选定消声器的结构形式

首先要根据气流流量和消声器所控制的流速(平均流速)计算所需的通道截面,并由此来选定消声器的形式。一般认为,当气流通道截面的当量直径小于 300mm 时,可选用单通道直管式;当直径为 300～500mm 时,可在通道中加设一片吸声片或吸声芯;当通道直径大于 500mm 时,则应考虑把消声器设计成片式、蜂窝式或其他形式。

3. 正确选用吸声材料

这是决定阻性消声器消声性能的重要因素。除首先考虑材料的声学性能外,同时还要考虑消声器的实际使用条件，在高温、潮湿、有腐蚀性气体等特殊环境中，应考虑吸声材料的耐热、防潮、抗腐蚀性能。

4. 确定消声器的长度

这应根据噪声源的强度和降噪现场要求来决定。增加长度可以提高消声量，但还应注意现场有限空间所允许的安装尺寸。消声器的长度一般为 1～3m。

5. 选择吸声材料的护面结构

阻性消声器中的吸声材料是在气流中工作的，因此必须用护面结构固定。常用的护面结构有玻璃布、穿孔板或铁丝网等。如果选取护面不合理，吸声材料会被气流吹跑或使护面结构激起振动，导致消声性能下降。护面结构形式主要由消声器通道内的流速决定。

6. 验算消声效果

根据"高频失效"和气流再生噪声的影响验算消声效果。若设备对消声器的压力损失有一定要求，应计算压力损失是否在允许的范围之内。

例题： 某台风机风量 $Q=2100\text{m}^3/\text{h}$，输送含有一定湿度的气体，进气口直径 $D=200\text{mm}$，在距进气口 3m 处测得噪声频谱如下表所示。试设计一阻性消声器，消除进气噪声，以达到现有企业允许标准（90dB(A)）。

解： 由已知条件计算基本参数：$L/S=4/D=20\text{m}^{-1}$，$S=0.0314\text{m}^2$，$\upsilon=Q/S=18.5\text{m/s}$。

根据消声频谱和使用条件选择吸声材料：防水玻璃棉，厚 10cm，$\rho=20\text{kg/m}^3$，因 $D<300\text{mm}$，故采用单通道直管式结构。

阻性消声器设计计算步骤见表 5-6。

表 5-6　阻性消声器设计计算步骤

序号	项目	倍频程中心频率 f_0/Hz						说明
		125	250	500	1000	2000	4000	
1	进气口 L_{p1}/dB	105	102	96	93	88	85	实测
2	标准 NR85/dB	96	91	88	85	82	81	NR=L_A-5
3	所需消声量 ΔL/dB	9	11	8	8	6	4	项目1-项目2
4	吸声系数 α_0	0.25	0.94	0.93	0.90	0.96	—	—
5	消声系数 $\varphi(\alpha_0)$	0.31	1.41	1.39	1.35	1.44	—	表5-3
6	消声器长度 l/m	1.46	0.40	0.29	0.30	0.21	—	$l=\dfrac{\Delta L}{\varphi(\alpha_0)}\cdot\dfrac{S}{L}$
7	$l=1.46\text{m}$ 的消声量 L_A/dB	9.1	41.1	40.5	39.4	42.0	—	$L_A=\varphi(\alpha_0)\dfrac{L}{S}l$
8	验算 $f_上$/Hz						3150	$f_上\approx1.85c/D$
9	消声后 L_{p2}/dB	95.9	60.9	55.5	53.6	46	—	$L_{p2}=L_{p1}-L_A$
10	护面层设计	穿孔板						穿孔率>25%
11	消声器结构设计	内径 $\phi200\text{mm}$，外径 $\phi400\text{mm}$，工作段长度可取 1.5m						单通道直管道

5.3 抗性消声器

抗性消声器与阻性消声器的消声机理完全不同，它没有敷设吸声材料，因而不能直接吸收声能。抗性消声器是通过管道内声学特性的突变引起传播途径的改变，以此达到消声目的的。

抗性消声器的最大优点是不需用多孔吸声材料，因此在耐高温、抗潮湿、对流速较大、洁净度要求较高的条件方面，均比阻性消声器有明显优势。抗性消声器用于消除中、低频率噪声，主要包括扩张室式消声器和共振式消声器两种类型。

5.3.1 扩张室式消声器

1. 消声原理

扩张室式消声器是抗性消声器最常用的结构形式，也称膨胀式消声器。它是由管和室组成的，其最基本的形式是单节扩张室消声器，如图 5.9 所示。

声波在管道中传播的截面积的突变则会引起声波的反射而有传递损失。如图 5.10 所示，当声波沿着截面积为 S_1 和 S_2 相接的管道传播时，S_2 管对 S_1 管来说是附加了一个声负载，在接口平面上将产生声波的反射和透射。设 S_1 管中的入射声波声压为 p_i，沿 x 正向传播，反射声压为 p_r，沿 x 负向传播，并设 S_2 管无限长，末端无反射，则在 S_2 管中仅有沿 x 方向传播的声压为 p_t 的透射波。于是它们的表达式分别为

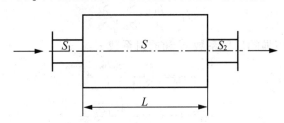

图 5.9 单节扩张式消声器

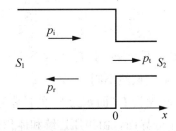

图 5.10 突变截面管道中声的传播

$$p_i = P_i \cos(\omega t - kx)$$
$$p_r = P_r \cos(\omega t + kx)$$
$$p_t = P_t \cos(\omega t - kx)$$

(5-17)

式中　　p_i、p_r、p_t——入射、反射、透射声压幅值；

$\qquad\qquad\omega$——圆频率，$\omega=2\pi f$；

$\qquad\qquad k$——波数，$k=\dfrac{2\pi}{\lambda}$。

质点的速度方程分别为

$$u_i=\frac{P_i}{\rho c}\cos(\omega t-kx)$$

$$u_r=-\frac{P_r}{\rho c}\cos(\omega t+kx) \qquad\qquad (5-18)$$

$$u_t=\frac{P_t}{\rho c}\cos(\omega t-kx)$$

在 $x=0$ 处，即在两管连接的分界面上，声波必须符合连续条件，根据声压连续条件有

$$p_t=p_i+p_r \qquad\qquad (5-19)$$

另外，在 $x=0$ 处，体积速度应该连续，即流入的流量率（截面积乘以质点速度）必须与流出的流量率相等，又因 $u=\dfrac{p}{\rho c}$，于是

$$S_1\left(\frac{p_i}{\rho c}-\frac{p_r}{\rho c}\right)=S_2\frac{p_t}{\rho c} \qquad\qquad (5-20)$$

由式(5-19)和式(5-20)可得声压反射系数为

$$r_p=\frac{p_r}{p_i}=\frac{S_1-S_2}{S_1+S_2} \qquad\qquad (5-21)$$

同样还可以求出声强的反射系数 r_1 和透射系数 τ_1：

$$r_1=\left(\frac{S_1-S_2}{S_1+S_2}\right)^2 \qquad\qquad (5-22)$$

$$\tau_1=1-r_1=\frac{4S_1S_2}{(S_1+S_2)^2} \qquad\qquad (5-23)$$

声功率为声强乘以面积，所以以声功率透射系数为

$$\tau_w=\frac{I_2 S_2}{I_1 S_1}=\tau_1\cdot\frac{S_2}{S_1}=\frac{4S_2^2}{(S_1+S_2)^2} \qquad\qquad (5-24)$$

比较 τ_1 和 τ_w 式，可以看出，不论是扩张管（$S_1<S_2$）还是收缩管（$S_2<S_1$），只要两管的面积比相同，τ_1 便相同，但 τ_w 则截然不同。

截面为 S_1 的管道中，插入长度为 l，面积为 S_2 的扩张管，如图 5.11 和图 5.12 所示，与前面的推导相似，此时有两个分界面，由声压连续和体积速度连续可得 4 组方程，计算得经扩张室后声强透射系数为

$$\tau_1=\frac{1}{\cos^2 kl+\dfrac{1}{4}\left(\dfrac{S_1}{S_2}-\dfrac{S_2}{S_1}\right)^2\sin^2 kl} \qquad\qquad (5-25)$$

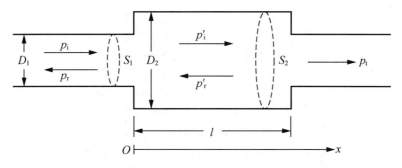

图 5.11　单节扩张式消声器

图 5.12　单节扩张式消声器实体

2. 扩张室式消声器的消声特性

1）消声量的计算

单节扩张式消声器有两个截面突变分界面(图 5.11)，由声压连续和体积速度连续条件，可建立 4 组方程，经推导计算可得其传声损失 TI 为

$$TL=10\lg\frac{1}{\tau_I}=10\lg\left[1+\frac{1}{4}\left(m-\frac{1}{m}\right)^2\sin^2kl\right] \qquad (5-26)$$

式中　m——扩张比，$m=S_2/S_1=(D_2/D_1)^2$；

　　　k——(圆)波数，$k=\omega/c=2\pi f/c$；

　　　l——扩张室长度(m)。

通常把扩张式消声器的入口和出口设计为同样尺寸，即 $m=m_1=m_2$，此时式(5-26)简化为

$$TL=10\lg\left[1+\frac{1}{4}\left(m-\frac{1}{m}\right)^2\sin^2kl\right] \qquad (5-27)$$

2）消声频率特性

式(5-26)绘制成如图 5.13 所示，反映了扩张式消声器的消声频率特性。

(1) TL 有周期性：TL 随着 $\sin^2\omega kl=\sin^2\dfrac{2\pi}{c}kl$ 而周期性变化。

设 N 为正整数，则 $(2N-1)$ 为奇数，而 $2N$ 为偶数。

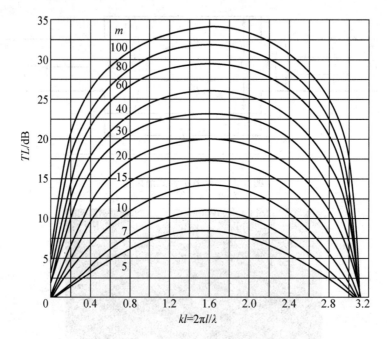

图 5.13 扩张式消声器的消声特性

当 $kl=(2N-1)\pi/2$ 或 $l=(2N-1)\lambda/4$ 或 $f_M=(2N-1)c/(4l)$ 时，$\sin^2 kl=1$。f_M 称为峰值频率，此时，峰值消声量为

$$TL_M=10\lg\left[1+\frac{1}{4}\left(m-\frac{1}{m}\right)^2\right]=20\lg\left(m+\frac{1}{m}\right)-6 \tag{5-28}$$

若 $m\geqslant 5$

$$TL_M\approx 20\lg m-6 \tag{5-29}$$

可见，TL_M 随 m 的增大而上升。

当 $kl=(2N)\pi/2$ 或 $l=(2N)\lambda/4$ 或 $f_0=(2N)c/(4l)$ 时，$\sin^2 kl=0$ 及 $TL_0=10\lg l=0$，f_0 称为通过频率。

（2）消声频带宽度为

$$\Delta f_{0M}=f_0-f_M=c/(4l) \tag{5-30}$$

可见，扩张室长度 l 增加，消声频带宽度 Δf_{0M} 变窄。

例如，几个倍频程中心频率相对应的扩张室长度 l 见表 5-7。

表 5-7 倍频程中心频率相对应的扩张室长度

f/Hz	125	250	500	1000	2000
$\lambda=\dfrac{c}{f}$ /m	2.72	1.36	0.68	0.34	0.17
$l=\dfrac{\lambda}{4}$ /m	0.68	0.34	0.17	0.085	0.0425

3）改善消声器消声频率的方法

（1）多节（一般为 2～4 节）扩张室串联法，也称为外联法，以便错开通过频率 f_0，使各节消声量在通过频率上有互补作用。例如两节扩张式消声器，一般两节长度 $l_2 = \frac{2}{3}l_1$；由于各节之间有耦合现象，所以总的消声量要小于各节消声量之和。

（2）内联接管法，又称内插管法，一端插入深度为 $l/2$，另一端插入深度为 $l/4$，其效果是在通过频率 f_0 处由于内插管的作用而使其消声量得到补偿，如图 5.14 所示。

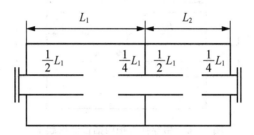

图 5.14 带内插管的双节扩张室式消声器

（3）联合法，即外联内插相结合（图 5.15），由图可见消声特性有了很大改善。

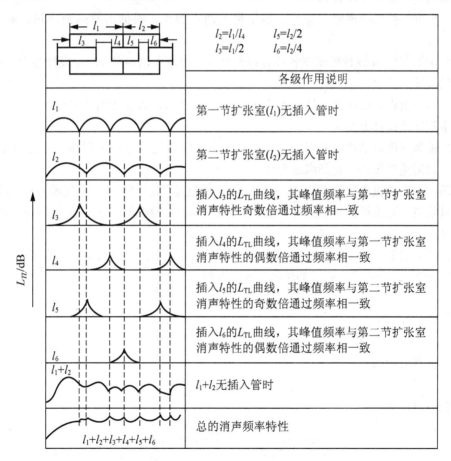

图 5.15 带插入管的两级串联抗性消声器的消声频率特性分析图

（4）由于通道截面的突变，气流阻力增大，为了减少阻损，改善空气动力性能，可用穿孔管(孔径 3~10mm，穿孔率 $P>30\%$，管长 $=\frac{1}{4}l$)连接内插管，如图 5.16 所示。它使得气流可以顺畅流动，同时声波仍可穿孔扩散，保持声波通道截面的突变性，可谓一个兼顾二者的平衡措施。

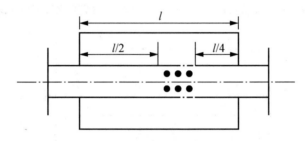

图 5.16　用穿孔管把内插管连接起来

4）扩张式消声器的设计

扩张式消声器设计步骤如下。

（1）根据需要的消声频率特性，确定最大消声频率；根据需要的消声量，确定扩张比 m。

（2）由扩张比 m 设计扩张室各部分截面尺寸；由最大消声频率 f_M 设计各节扩张室及插入管的长度。

（3）验算所设计的扩张式消声器上下截止频率之间是否包含所需要的消声频率范围，否则应重新修改设计方案。

（4）验算气流对消声量的影响，检查在给定的气流速度下消声量是否还能满足要求。如不能，就需重新设计，直到满足为止。

例题：一空压机进气管直径 $D_1=150$mm，气流速度 $v=5$m/s，进气噪声在 125Hz 有一个明显峰值。要求设计一个进气扩张式消声器，接管长度总计 2m，在 125Hz 上有 14dB 的消声量。

解：（1）计算扩张室直径。为保证消声效果，设计消声量取 15dB，即 $TL_M=15$dB，根据 $TL_M\approx20\lg m-6$ 求取所需的扩张比 m，取整后

$$m\approx12$$

进气管截面积为

$$S_1=\pi D_1^2/4=0.0177\text{m}^2$$

扩张室截面积为

$$S_2=mS_1=0.212\text{m}^2$$

扩张室直径为

$$D_2=\sqrt{\frac{4S_2}{\pi}}=0.519\text{m}\approx0.52\text{m}$$

（2）由 $f_M=125$Hz 计算扩张室长度 l。

由 $f_M=(2N-1)c/4l$(取 $N=0$)，计算得扩张室长度 $l=c/(4f_M)=0.68$m，内插管长度为

$$l_3 = l/2 = 340\text{mm}$$

$$l_4 = l/4 = 170\text{mm}$$

连接穿孔管($P>30\%$)长度为

$$l_5 = l/4 = 170\text{mm}$$

（3）验算 $f_上$ 与 $f_下$。

$$f_上 = 1.22c/D = 798\text{Hz}$$

扩张室体积 $V = (S_2 - S_1)l = 0.132\text{m}^3$，$l_1 = 2\text{m}$，则

$$f_下 = \sqrt{2} f_0 = \frac{c}{\pi}\sqrt{\frac{S_1}{2Vl_2}} = 20\text{Hz}$$

消声频率 $f_M = 125\text{Hz} \in (20\sim798\text{Hz})$，消声频率在有效范围内，符合要求。

（4）验算有气流时的消声量（即动态消声量）。

$$m_e = \frac{m}{1+mM} = 10.2$$

$$TI_动 = 10\lg\left[1+\frac{m_e^2}{4}\sin^2 kl\right] = 10\lg\left[1+\frac{m_e^2}{4}\right] = 14.3\text{dB} > 14\text{dB}$$

结论：设计方案可行，结果如图 5.17 所示。

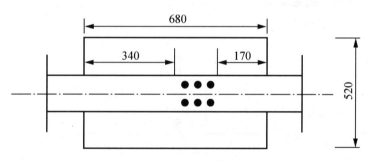

图 5.17 扩张室消声器设计方案

5.3.2 共振式消声器

1. 消声原理与消声量的计算

共振式消声器实质上是共振吸声结构的一种应用，其基本原理为亥姆霍兹共振器。管壁小孔中的空气柱类似活塞，具有一定的声质量；密闭空腔类似于空气弹簧，具有一定的声顺，二者组成一个共振系统。当声波传至颈口时，在声波作用下空气柱便产生振动，振动时的摩擦阻尼使一部分声能转换为热能耗散掉。同时，由于声阻抗的突然变化，一部分声能将反射回声源。当声波频率与共振腔固有频率相同时，便产生共振，空气柱的振动速度达到最大值，此时消耗的声能最多，消声量也应最大。

当声波波长大于共振腔消声器最大尺寸的 3 倍时，其共振吸收频率为

$$f_r = \frac{c}{2\pi}\sqrt{\frac{G}{V}} \tag{5-31}$$

式中　c——声速(m/s)；

　　　V——空腔体积(m^3)；

　　　G——传导率，是一个具有长度量纲的物理量，其值为

$$G = \frac{S_0}{t+0.8d} = \frac{\pi d^2}{4(t+0.8d)} \qquad (5-32)$$

式中　S_0——孔颈截面积(m^2)；

　　　d——小孔直径(m)；

　　　t——小孔颈长(m)。

工程上应用的共振消声器很少是开一个孔的，而是由多个孔组成的。此时要注意各孔间要有足够的距离，当孔心距为小孔直径的5倍以上时，各孔间的声辐射可互不干涉，此时总的传导率等于各个孔的传导率之和，即 $G_{总}=nG$(n为孔数)。如忽略共振腔声阻的影响，单腔共振消声器(图5.18)对频率为 f 的声波的消声量为

$$TL = 10\lg\left[1 + \frac{K^2}{(f/f_r - f_r/f)^2}\right] \qquad (5-33)$$

$$K = \frac{\sqrt{GV}}{2S} \qquad (5-34)$$

式中　S——气流通道的截面积(m^2)；

　　　V——空腔体积(m^3)；

　　　G——传导率。

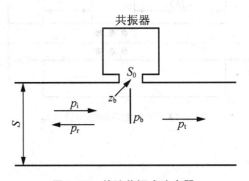

图 5.18　单腔共振式消声器

图5.19给出的是在不同情况下共振消声器的消声特性曲线。可以看出，共振腔消声器的选择性很强。当 $f=f_r$ 时，系统发生共振，消声量将变得很大，在偏离时，迅速下降。K 值越小，曲线越曲折。因此 K 值是共振消声器设计中的重要参量。

式(5-33)计算的是单一频率的消声量。在实际工程中，噪声源为连续的宽带噪声，常需要计算某一频带内的消声量，此时式(5-33)可简化为

对倍频带

$$TL = 10\lg(1 + 2K^2) \qquad (5-35)$$

对1/3倍频带

$$TL = 10\lg(1 + 19K^2) \qquad (5-36)$$

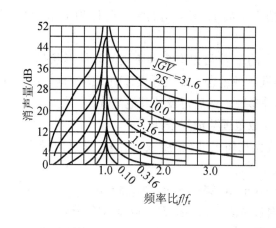
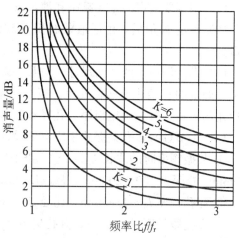

图 5.19　共振式消声器的消声特性

2. 改善消声性能的方法

共振腔消声器的优点是特别适宜低、中频成分突出的气流噪声的消声，且消声量大。缺点是消声频带范围窄，对此可采用以下改进方法。

（1）选定较大的 K 值：由图 5.19 所示可以看出，在偏离共振频率时，消声量的大小与 K 值有关，K 值大，消声量也大。因此，欲使消声器在较宽的频率范围内获得明显的消声效果，必须使 K 值设计得足够大，式（5-33）的 TL 与 K 值和 f/f_r 三者之间的关系如图 5.19 所示。

（2）增加声阻：在共振腔中填充一些吸声材料，也可以增加声阻使有效消声的频率范围展宽。这样处理尽管会使共振频率处的消声量有所下降，但由于偏离共振频率后的消声量变得下降缓慢，从整体看还是有利的。

（3）多节共振腔串联：把具有不同共振频率的几节共振腔消声器串联，并使其共振频率互相错开，可以有效地展宽消声频率范围。图 5.20 给出了两级共振腔消声器的消声特性。

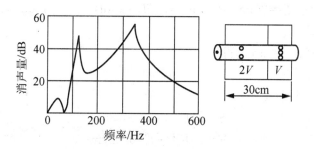

图 5.20　双腔共振式消声器及其消声特性

3. 共振消声器的设计

共振式消声器的一般设计步骤如下。

(1) 根据要消声的主要频率和消声量，确定相应的 K 值。

(2) 确定 K 值后，由通道截面积 S 和消声主频 f_r 再求出共振腔的体积 V 和声传导率 G。

(3) 设计消声器的几何尺寸。对某一确定的 V 值可以有多种不同的几何形状和尺寸，对某一确定的 G 值也有多种孔径、板厚和穿孔数的组合。在实际设计中，应根据现场条件和所用的板材，首先确定板厚、孔径和腔深等参数，然后再设计其他参数。

(4) 多节（腔）多孔共振式消声器的设计参数范围与前置条件。

① 共振频率时的波长 $\lambda_r > 3$ 倍共振腔最大几何尺寸（长度或直径），通道内径 $D_内 < 250mm$，腔深为 $100 \sim 200mm$，$D_外/D_内 \leq 5$。

② 穿孔板厚 $l_0 = 1 \sim 5mm$，孔径 $d_0 = 3 \sim 10mm$，穿孔率 $p = 0.5\% \sim 5\%$。

③ 穿孔段长度 $l' \leq \lambda_r/12$，开孔集中在内管中段，孔心距 $B \geq 5d_0$，均匀分布。

④ 注意各参数之间可作适当调整，统筹兼顾，必要时可改变结构，以满足上述要求。

(5) 注意事项。

① 在条件允许的情况下，应尽可能地缩小通道截面积 S，以避免消声器的体积过大。一般地说，对单通道的截面直径不应超过 250mm。如果流量较大时，则需采用多通道，其中每个通道宽度取 $100 \sim 200mm$，并且竖直高度取小于共振波长的 $1/3$ 为宜。

② 共振腔的最大几何尺寸应小于共振频率波长的 $1/3$，共振频率较高时，此条件不易满足，共振腔应视为分布参数元件，消声器内会出现选择性很高且消声量较大的尖峰。前述计算公式不再适用。

③ 穿孔位置应集中在共振腔中部，穿孔尺寸应小于其共振频率相应波长的 $1/12$。穿孔板过密则各孔之间相互干扰，使传导率计算值不准。一般情况下，孔心距应大于孔径的 5 倍。当两个要求相互矛盾时，可将空腔割成几段来分布穿孔的位置，总的消声量可近似视为各腔消声量的总和。

例题： 某气流通道的直径（$D_内$）为 100mm，设计一单腔同轴共振消声器，使其在 125Hz 的倍频带（88～177Hz）上有 15dB 的消声量（TL）。选用钢板厚度 $l_0 = 2mm$，孔径 $d_0 = 6mm$。

解： $f_r = 125Hz$，$l_0 = 2mm$，$d_0 = 6mm$，$TL = 15dB$，$D_内 = 100mm$。

(1) 由 TL 求取 K。

$TL = 10\lg(1 + 2K^2) = 15$ 解得

$$K \approx 4$$

(2) 由 f_r，K，计算 V 和 G。

$$S = \pi D_内^2/4 = 0.00785m^2$$

$$V = cSK/(\pi f_r) 0.027m^3$$

$$G = (2\pi f_r/c)^2 V = 0.144m$$

(3) 设计几何尺寸。

设共振腔与管道为同心圆形。内径 $D_内 = 100mm$，选取外径 $D_外 = 400mm$（要满足 $l \geq \lambda_r/12$），则共振腔长度为

$$l=\frac{4V}{\pi(D_{\text{外}}^2-D_{\text{内}}^2)}=0.23\text{m}=230\text{mm}$$

开孔数为

$$n=\frac{G(l_0+0.8d_0)}{S_0}=35\text{个},\text{若选}d_0=5\text{mm},\text{则}n=44\text{个}$$

共振频率波长为

$$\lambda_r=c/f_r=340/125=2.72\text{m}$$

中央开孔段长度 $l'\leqslant\lambda_r/12=2.72/12=0.22\text{m}<l=0.23\text{m}$，可行。孔心距 $B\geqslant 5d_0=30\text{mm}$。

（4）验算共振腔消声器有关声学特性。

$$f_r=\frac{c}{2\pi}\sqrt{\frac{G}{V}}=125\text{Hz}$$

$f_{\text{上}}=1.22c/D=1037\text{Hz}\gg177\text{Hz}$，无高频失效。$\lambda_r/3=0.91\text{m}=910\text{mm}>$消声器尺寸（400mm 和 230mm），符合要求。

结论：设计方案可行，设计结果如图 5.21 所示。

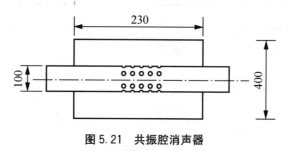

图 5.21　共振腔消声器

5.4　阻抗复合式消声器

阻性消声器在中高频率范围有较好的消声效果，而抗性消声器在中低频率范围消声效果较好。若结合两种消声器结构的优点，把阻性和抗性按一定方式结合起来，就会在更宽的频率范围内达到令人满意的消声效果，这就是阻抗复合式消声器的设计思路。但是，由于声波的波长较长，消声器以阻抗复合在一起时，会出现声的耦合作用而相互干涉，声波在这种情况下传播的衰减机理十分复杂，因此，消声量不能看作简单的叠加关系。在实际应用中，根据阻性和抗性两种消声原理，可以组合出多种阻抗复合式消声器，如阻-扩复合式、阻-共复合式、阻-共-扩复合式等。

图 5.22 所示是一种阻抗复合消声器，其具有宽频带、高吸收的消声效果，主要应用于降低各种空调通风系统中、低压风机的噪声。由于阻性段有吸声材料，因此阻抗复合式消声器不适于在高温和含尘等环境中使用。

图 5.22　阻抗复合消声器

139

5.5 消声器的压力损失

一般认为消声器的压力损失由两部分构成：一是局部压力损失；二是管壁沿程摩擦阻力损失，两者都是由于流体运动时克服粘性切应力做功引起的。局部阻力损失发生在消声器内收缩、扩张等截面突变的地方，又由于气流速度发生突变形成漩涡和流体相互碰撞，进一步加剧了流体质点间的相互摩擦。局部阻力损失（H_e）的大小取决于局部结构形式、管道直径和气流速度，即有

$$H_e = \varepsilon \rho \frac{\upsilon^2}{2} \tag{5-37}$$

式中 υ ——小截面上的气流平均速度（m/s）；

ε ——局部阻力系数，与消声器截面扩张比有关。

表 5-8 列出了常见结构的阻力系数值。

表 5-8 常见结构的阻力系数

结构名称	图　形	局部阻力系数	
管径突然变大		$(1-S_1/S_2)^2$	
管径突然缩小		S_2/S_1	ε
		0.1	0.41
		0.3	0.36
		0.5	0.26
		0.7	0.14
		0.9	0.06
尖缘入口		0.5	
圆角入口		0.25	

沿程阻力损失 H_f 发生在消声器管道壁面，其大小取决于管壁粗糙度 h_0 及气流速度 υ 的大小。

$$H_f = \lambda \rho \frac{l}{D} \frac{\upsilon^2}{2} \text{(Pa)} \tag{5-38}$$

式中 l ——管道长度；

D ——管道直径；

λ——沿程摩擦阻力系数,它是流动雷诺数和 Re 和管壁相对粗糙度 h_0/D 的函数,即 $\lambda=f(Re,h_0/D)$,流体力学中将此函数绘制成"莫迪图"曲线;根据 Re 和 h_0/D 值即可查得 λ。

对一个具体结构的消声器,将其划分为 m 个截面突变元件和 n 个管元件,分别按局部阻力损失和沿程阻力损失叠加计算消声器总的压力损失:

$$\Delta H = \sum_{i=1}^{m} H_{ei} + \sum_{j=1}^{n} H_{fj} \qquad (5-39)$$

式中 H_{ei}——第 i 个截面突变处的压力损失;

H_{fj}——第 j 段管道的沿程摩擦阻力损失。

5.6 消 声 设 计

消声设计适用于降低空气动力性机械、设备的噪声。凡是这些空气动力性机械、设备(如风机、压缩机及各种排气放空设备等)的辐射声超过国家有关标准规定,都应设计安装与其匹配的消声器。

5.6.1 设计原则

消声器的设计主要有 6 个原则。

(1) 根据噪声源所需的消声量(A 声级和倍频带声压级)、空气动力性能要求以及空气动力设备管道中的环境条件(如高温、潮湿、腐蚀性、防火等)要求等,选择消声器的类型。

(2) 根据噪声频率成分分布范围设计消声器的实际参数。

(3) 根据噪声源空气动力性要求,把消声器的阻力损失控制在能使该机械设备正常工作的允许范围内。

(4) 设计消声降噪时,应充分考虑消声器可能产生的气流再生性噪声的影响,使消声器的气流再生性噪声级低于环境允许的噪声级。

(5) 消声器的设计必须能有效降低消声器和管道中的气流速度,有消声要求时,主管道和消声器内的气流流速应限制在 10m/s 以下;鼓风机、压缩机、燃气轮机、排气消声器中的气流流速应限制在 30m/s 以下;内燃机、排气消声器中的气流流速应限制在 50～60m/s 以下;周围无工作人员的高压高速排气放空设备应控制在 60m/s 以下。

(6) 消声器设计时还要考虑尽量减小体积、坚固耐用等因素。

5.6.2 设计方法

消声器的设计程序可分为 5 个步骤。

(1) 对噪声源作噪声频谱分析,一般需要作 1/3 倍频带或更窄的频带分析。

(2) 根据对噪声源的频带分析,确定降噪量。适当采取控制措施,不能过高或过低。

(3) 计算消声器所需的消声量 ΔL,对不同频带消声量要求不同,应分别进行计算。

$$\Delta L = L_p - \Delta L_d - L_a \tag{5-40}$$

式中　L_p——噪声源每一频带的声压级(dB)；

　　　ΔL_d——当没有设置消声器时,从声源到控制点经自然衰减所降低的声压级(dB)；

　　　L_a——控制点允许声压级(dB)。

（4）由各频带所需的形式、消声量 ΔL 来选择不同类型的消声器。作方案比较,并作综合评定确定类型。

（5）检验设计的消声效果,未达标需进行方案修改。

消声器的设计可按表5-9进行计算。

表5-9　消声器设计计算表

项　　目	A声级/dB	倍频带声压级/dB						
		63	125	250	500	1000	2000	4000
机械设备噪声								
噪声源传至控制点的噪声								
控制点允许噪声								
消声器所需消声量								
消声器的设计消声量								
消声后的噪声								

习　题

1. 一单管式消声器,有效通道直径为200mm,用超细棉玻璃制成吸声衬里,其吸声系数见表5-10,消声器长度为1m,求其消声量。

表5-10　消声器的吸声系数

f_0/Hz	63	125	250	500	1000	2000	4000	8000
吸声系数	0.20	0.33	0.70	0.67	0.76	0.73	0.80	0.78

2. 选用同一种吸声材料衬贴的消声管道,管道截面积为2000cm²。当截面形状为圆形、正方形和1：5及2：3的矩形时,试问哪种截面形状的声音衰减量最大?哪种最小?相差多少?

3. 有一长为1m,外形直径为388mm的直管式阻性消声器,内壁吸声层采用厚度为98mm,容重为20kg/m³的超细棉玻璃。试确定频率大于250Hz的消声量。

4. 某声源排气噪声在125Hz处有一峰值,排气管直径为100mm,长度为2m,试设计一在125Hz处有13dB的消声量的单腔扩张式消声器。

5. 某风机出风口噪声在200Hz处有一明显的峰值,出风口管径为200cm,试设计一在200Hz处有20dB的消声量的单室消声器与风机配用。

6. 某常温气流管道，直径为 100mm，试设计一在 63Hz 的倍频带上有 12dB 的消声量的单腔扩张式消声器。

7. 降低放空排气噪声通常可以采取哪些措施？简单说明其降噪原理。

8. 风机风量为 2100m³/h，进气口直径为 200mm，风机开动时测得噪声频谱见表 5-11。

表 5-11　风机开动时的噪声频谱

f_0/Hz	63	125	250	500	1000	2000	4000	8000
声压级/dB	105	102	101	93	94	84	80	85

设计一阻性消声器消除进气噪声，使之满足 NR85 标准的要求。

第 6 章　隔振和阻尼

噪声与振动密切相关，声波起源于物体的振动，物体的振动向周围空间辐射并在空气中传播称"空气传声"；除此之外，物体的振动还会通过其相连的固体结构传播，称"固体传声"；固体声在传播的过程中又会向周围空气辐射噪声，特别是当引起物体共振时，会辐射很强的噪声。本章主要介绍对于振动的控制采取的两种措施，即对振动源进行改进，减弱振动强度；在振动传播路径上采取隔振措施，或用阻尼材料消耗振动的能量并减弱振动向空间辐射，从而直接或间接地使噪声降低。

教学要点

1. 振动对人体的影响及评价。
2. 隔振的原理及隔振措施。
3. 阻尼减振原理及措施。

 导入案例

一般原厂车所装配的减振器（图 6.01 和图 6.02 所示分别为摩托车和自行车上的减振器）为了使车辆达到较为舒适的行驶感受，都会使用较低的阻尼设计搭配较软的弹簧，但这种调校的结果就是在激烈驾驶时车身的摆动与侧倾十分严重，高速稳定性也不是很理想，显而易见，改装阻尼值大的减振器和更硬的弹簧可以减少重量转移现象，使整体操控性能大为改善。减振器在工作过程中会受热（从吸收弹簧运动的能量而来）产生高温，达到一定热量后减振器内的油液失效，简单说就是变稀，失去应有的阻尼值。因此更高级别的竞技型减振器会多带一个氮气瓶来控制减振液的温度，保持减振器性能的稳定。

图 6.01　摩托车上的减振器

图 6.02　自行车上的减振器

6.1 隔　振

6.1.1 隔振与隔振原理

1. 隔振

振动是一种周期性往复运动，任何一种机械都会产生振动，而机械振动产生的主要原因是机械本身的旋转或往返运动部件的不平衡、磁力不平衡和部件的相互碰撞。

振动产生的振动能量以两种方式向外传播而产生噪声，一种方式是由振动机械直接通过空气向空间辐射，称为空气声；另一种方式则是通过承载机械的基础，向地层或建筑物结构内传递。在固体表面，振动以弯曲波的形式传播，因而能激发建筑物地面、墙面、门窗等结构振动，产生声波再向空间辐射噪声，这种通过固体传导的声波叫固体声。

振动的危害是多种多样的：①能激发噪声；②振动作用于仪器设备，会影响其精度、功能和正常使用寿命；③作用于建筑物使之开裂、变形甚至坍塌；④作用于飞机的发动机和机翼使之异常，会造成飞行事故；⑤作用于人体，会对人的身心健康产生危害，如雷诺氏综合症等。

综上所述，振动是环境物理污染之一，从噪声控制角度研究隔振，只是研究如何降低空气声和固体声。将振源(即声源)与基础或其他物体的近于刚性连接改成弹性连接，防止或减弱振动能量的传播，这个过程叫隔振或减振。

2. 隔振原理

若将一台机械设备直接安装在钢筋混凝土基础上，当设备运转时产生一个周期性的作用于自身的合力(干扰力)，使机械设备产生共振。由于设备与基础是刚性体且是刚性连接，受力时变形极小，因此可以认为设备承受的干扰力几乎全部作用于基础上，此时基础也发生振动。这样的相互作用，使振动的能量沿基础的连续结构迅速传播出去，如图 6.1(a)所示。

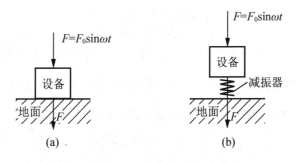

图 6.1　隔振装置示意图

若在设备与基础之间设置一个由弹性衬垫材料(如弹簧、橡胶、软木等)组成的弹性支座，原来的刚性连接变成弹性连接。由于支座受力可以在一定范围内发生弹性变形，起到一定的缓冲作用，在一定程度上减弱了设备振动对基础的冲击力，使基础产生的振动减弱。同时由于支座弹性材料本身的阻力，使振动能量消耗，同样可以减弱设备传递给基础的振动，从而使噪声的辐射量降低，这就是隔振降噪的基本原理，如图6.1(b)所示。隔振时使用的弹性支座称为隔振器。

隔振通常分为两类，一是将隔振器设置在振源与基础之间，阻断从振源到基础的振动称作积极隔振，也称主动隔振；一是将隔振器设置在人、仪器仪表与振源、基础之间，隔断振源、基础传到人、仪器仪表上的振动，称作消极隔振，或被动隔振。

表征隔振效果的物理量通常用传振系数(或称振动传递率、隔振效率)表示，它是指通过隔振元件传递到基础的力与总干扰力之比，用T表示，即

$$T = \frac{传递力}{干扰力} \tag{6-1}$$

T越小，说明通过隔振器传递过去的力越小，隔振效果与隔振器性能越好。如果机械设备与基础是刚性连接，则$T=1$，即干扰力全部传递给了基础，说明没有隔振作用。

现在以最简单、最基本的振动模型来进一步说明隔振原理，如图6.2所示。把振动源或者要保护的机械设备当做质量为M的整体，安放在劲度为K、阻力为R的弹性垫上，再与基础连接。质量M是一个惯性量。这个系统的固有频率为

$$f_0 = \frac{1}{2\pi}\sqrt{\frac{K}{M}} \tag{6-2}$$

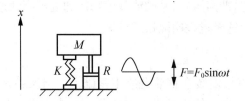

图6.2 简单振动系统

对于积极隔振，振动源的扰动力$F = F_0\sin\omega t$，通过弹性支撑传递给基础的力为$F_T = F_{T_0}\sin(\omega t + \varphi)$；则传递系数

$$T = \frac{传递力振幅}{干扰力振幅} = \frac{F_{T_0}}{F_0}$$

而对于消极隔振，由于周围传过来的振动在基础上的位移为$\xi = \xi_0\sin\omega t$，通过弹性构件传给质量M产生的位移$x = x_0\sin\omega t + \varphi$，则传递系数$T = \frac{x_0}{\xi_0}$。无论对于积极隔振还是消极隔振，传递系数都表示干扰力或振动的传递程度，则有

$$T = \frac{F_{T_0}}{F_0} = \frac{x_0}{\xi_0} = \left[\frac{1 + 4\eta^2\left(\frac{f}{f_0}\right)^2}{1 - \left(\frac{f}{f_0}\right)^2 + 4\eta^2\left(\frac{f}{f_0}\right)^2}\right]^{\frac{1}{2}} \tag{6-3}$$

式中　f——振源频率或外界干扰频率(Hz)；

　　　f_0——系统固有频率(Hz)；

η——系统的阻尼比，$\eta=\dfrac{R_{\mathrm{M}}}{4\pi f_0 M}$，其中 R_{M} 是系统阻尼。

一般情况 $M \gg R_{\mathrm{M}}$，η 很小，则 T 可以用式(6-4)表示：

$$T=\left|\frac{1}{1-\left(\dfrac{f}{f_0}\right)^2}\right| \tag{6-4}$$

由图 6.3 中以 η 为参数的 $T-\dfrac{f}{f_0}$ 曲线可以看出，传递系数与频率有密切关系。在振源频率或扰动频率很小，即 $f \ll f_0$ 时，$T \to 1$，说明干扰力通过弹性垫层完全传递给基础；当 $f=f_0$ 时，系统发生共振现象，隔振系统不但不起隔振作用，反而放大了振动干扰；当 $f=\sqrt{2}f_0$ 时，$T=1$，这是传递系数 T 由大于 1 到小于 1 的转折点；当 $f>\sqrt{2}f_0$ 时，$T<1$，此时系统才真正起到隔振作用。所以要得到好的隔振效果，应使隔振器与设备共同组成的固有频率 f_0，比设备的干扰频率 f 或外界的振动迫使基础振动的频率 f 小得多，一般选用 $\dfrac{f}{f_0}=2.5 \sim 5$。

从图 6.3 还可以看出，对阻尼大小的要求在 $f>\sqrt{2}f_0$ 和 $f<\sqrt{2}f_0$ 的区域是不同的。因为在机械设备启动或停止时总有瞬间的整个系统的共振，此时希望系统阻尼要大；为使 $f>\sqrt{2}f_0$ 时传递系数很快减小，则希望阻尼很小。不过，在 $\eta \leqslant 0.2$ 时，减振区的阻尼大小不是很重要。

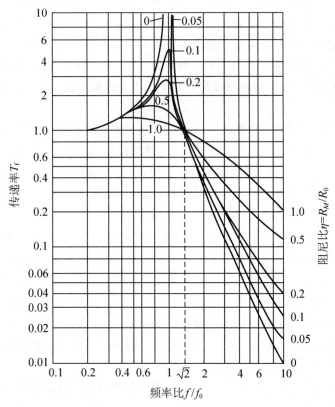

图 6.3　单自由度系统传递率 T_f 频率比 f/f_0、阻尼比的关系

控制系统的固有频率 f_0 是隔振设计中的重要参数，该如何确定 f_0 呢？

如果振源与基础之间的弹性垫层是由 N 只隔振器组成，则振源的重量均匀分配，$f_0=\frac{1}{2\pi}\sqrt{\frac{K}{M}}$ 中的质量为 $\frac{M}{N}$。需要多少只隔振器，要由隔振器的性能决定，在不超过它的允许负载的条件下，选择合适的 K 值，代入式(6-2)计算，可控制 f_0。

如果振源与基础之间的弹性垫层是由橡胶一类的隔振垫组成的，则 M 就按隔振垫的单位面积负载量计算，而 K 值则用求隔振垫在负载作用下的静态压缩(下沉度)的方法得到。若单位面积的负载为 $\rho=M\cdot g$（M 为单位面积负载质量，g 为重力加速度），在弹性限度内，符合虎克定律，则静态压缩量 $x=\frac{\rho}{K}$(m)，故系统的固有频率

$$f_0=\frac{1}{2\pi}\sqrt{\frac{K}{M}}=\frac{1}{2\pi}\sqrt{\frac{g}{x}}\approx\frac{1}{2\sqrt{x}} \qquad (6-5)$$

对于一般的弹性隔振垫，可以用下式计算允许极限下沉度：

$$x_m=h\frac{\sigma}{E} \qquad (6-6)$$

式中　　h——材料厚度(m)；

　　　　σ——允许负载(Pa)；

　　　　E——弹性模量(Pa)。

像软木、玻璃纤维毡、捆包玻璃丝等用作弹性垫层时，虽然有的也可查阅到允许负载和弹性模量等数据，但静态与动态的弹性模量相差达 5~20 倍之多。即使有的材料已给出动态弹性模量的数值，因材料成分或制造工艺上的变化而可能有变化，因此在选定材料后最好进行动态试验，以确定系统的共振频率。另外这类材料在长期大负载下，弹性系数会变小，即所谓"老化"，使共振频率提高，对于要求共振频率在 30Hz 以下的设计，最好不要用这类材料。

钢弹簧减振器是常用的减振器之一。它的优点是固有振动频率低；可以承受较大的负载；耐高温、油污；便于更换；大量生产时一致性较好。缺点是高频振动可以通过弹簧本身传递，或者由于发生自振(如在 150~400Hz 之间)而传递中频振动。只要在弹簧与支承物之间不直接接触，而衬垫橡胶、毛毡等材料，就可以使中、高频振动传递减少到最低程度。钢弹簧减损器的阻尼太小，有时需要另加阻尼。

当然实际的隔振系统不是简单地只有一个自由度的振动系统。但只要我们布置隔振垫时，在水平的两个方向上都是对称分布，同时使设备 M 的重量均匀分布在所有隔振垫上，每个减振器的劲度又是一致的，则整个系统基本上是垂直方向振动，而不会耦合激发起它的水平方向的振动和扭转振动。所以在减振器对称布置、设备重量均匀分布的情况下，可以按上述单个自由度振动系统进行隔振设计。

采用了隔振措施，施工中一定要注意被隔离的振源或房间与基础之间必须绝对避免刚性连结，否则振动会通过刚性连结传递，隔振效果就会迅速降低。

隔振系统中及其传递的 3 个基本因素是：隔振器的刚度、被隔离物体质量和隔振器的阻力。

6.1.2　隔振元件的选择

一般意义上讲，凡是具有弹性的材料均可以作为隔振元件，只是在工程应用上要考虑它的实用性，如性能的稳定性、使用寿命的长短、防火和耐腐蚀性等。一般可以将隔振元件分为隔振器、隔振垫和其他隔振装置。在隔振元件选择时，必须进行预先计算，其中包括它们所承受的静载荷或应力，如果是隔振器，则最佳的载荷设计是每只隔振器都承受相等的载荷量。如何正确设计弹性支撑系统，如何选择隔振元件等都是实际工作中经常遇到的难题，尤其对于那些外形轮廓不规则，重心位置不易计算的机械设备，若处理不当，则致使隔振装置达不到预期效果或比不安装隔振系统振动更大。

1.隔振器

隔振器是一种弹性支撑元件，是经专门设计制造的具有单个形状、使用时可作为机械零件来安装的器件。最常见的隔振器包括弹簧隔振器(包括金属碟形弹簧隔振器、金属螺旋弹簧隔振器、不锈钢丝弹簧隔振器)、金属丝网隔振器、橡胶隔振器、橡胶复合隔振器以及空气弹簧隔振器等，下面对几种进行介绍。

1) 金属弹簧隔振器

该隔振器是目前应用最为广泛的隔振器，它的适用频率在 $1.5 \sim 12\mathrm{Hz}$ 之间，其中以螺旋弹簧隔振器最为常见，如图 6.4 所示。金属弹簧隔振器主要由钢丝、钢板、钢条等制造而成，通常在静态压缩量大于 5cm 情况下，或在温度和其他条件不允许使用橡胶等材料的情况下使用。金属弹簧隔振器的优点是弹性好、耐高温、耐腐蚀、耐油、寿命长、固有频率低、阻尼性能高、承载能力高等。缺点是对于一些阻尼系数较小的隔振器，容易发生共振，致使机械设备受损；另一缺点是金属弹簧的水平刚度比垂直刚度小，容易发生晃动，因而需附加一些阻尼材料。

图 6.4　金属弹簧隔振器

2) 橡胶隔振器

该隔振器适用于中小型机械设备的隔振，适用频率范围是 $4 \sim 15\mathrm{Hz}$。橡胶隔振器不仅在纵向，而且在横向和回转方向均具有良好的隔振性能，如图 6.5 所示。其优点是由于橡胶内部阻力比金属大得多，所以对高频振动隔振好，隔声效果也很好；橡胶成型容易，能与金属牢固粘接，可以设计出各种形状的隔振器；重量轻，体积小，价格低，安装方便，易于更换等。橡胶隔振器的缺点是耐高温，低温性能差，易老化，不耐油污，承载能力较低。橡胶隔振器的性能与质量取决于橡胶的成分与工艺。

图 6.5 　橡胶隔振器

3) 橡胶空气弹簧隔振器

该隔振器与前者不同，它是靠橡胶气囊中的压缩空气的压力变化取得隔振效果的，其工作的固有频率为 $0.1\sim5Hz$，共振阻力性能好。缺点是承载力有限、造价高等。目前国内产品较少，且在阻力性能等多方面与国外产品相比性能相差很远，图 6.6 给出了国内市场上销售的橡胶空气弹簧隔振器。

图 6.6 　橡胶空气弹簧隔振器

2. 隔振垫

隔振垫由具有一定弹性的软质材料如软木、毛毡、橡胶垫、海绵、玻璃纤维及泡沫塑料等构成。由于弹性材料本身的自然特性，除橡胶垫外，一般没有确定的形状尺寸，可在实际应用中根据需要来加工剪切。目前在广泛应用的主要是专用橡胶隔振垫。

1) 橡胶隔振垫

该隔振垫的性能与橡胶隔振器相似，主要优点是具有持久的高弹性和良好的隔振、隔冲击和隔声性能；能满足刚度和强度要求；具有一定的阻力性能，可以吸收部分机械能，尤其是对高频振动；造型压制工艺简单；能与金属牢固粘接，易于安装和更换；还可以利用多层叠加减小刚度，改变其频率范围。其缺点与橡胶隔振器相似。频率范围在 $10\sim15Hz$ 之间，多层叠加可低于 $10Hz$。橡胶垫的性能是由橡胶的硬度、成分以及形状决定的。

2) 毛毡

毛毡的适用频率范围是 $30Hz$ 左右。变形在 25% 以内时载荷特性为线性，超过 25% 时急剧变为非线性，刚度是橡胶隔振垫的 10 倍。其优点是造价低廉，容易安装，可任意剪裁，能与金属表面粘接；缺点是毛毡是由天然原料制成的，防火和防水性能差，但抗老化、防油性能较强。

3）玻璃纤维

玻璃纤维对于机械设备和建筑物基础的隔振均能适应。用树脂胶结的玻璃纤维板是新型隔振材料，当载荷为 $1\sim2N/cm^2$ 时，其最佳厚度为 $10\sim15cm$，固有频率约为 10Hz。玻璃纤维的优点是在其弹性范围内加以重量载荷，不易变形；温度变化时，弹性稳定；能防火，耐腐蚀。缺点是受潮后，会影响隔振效果。

4）海绵橡胶和泡沫塑料

经过发泡处理的橡胶和塑料称为海绵橡胶和泡沫塑料。由海绵橡胶和泡沫塑料所构成的弹性支撑系统的优点是柔软性好，裁剪容易，便于安装。而缺点是载荷特性表现为非线性。

3. 其他隔振元件

除了上述几种隔振元件外，隔振元件还有其他类型，如管道柔性接管、吊式隔振器、弹性管道支撑、油阻力器、动力吸振器等。

6.1.3　隔振设计与隔振元件的选择

1. 隔振设计的资料准备

进行隔振设计时，通常要收集下列资料。

（1）机械设备的型号、规格及轮廓尺寸、质量、重心位置、附属设备、管道位置、地脚螺栓和预埋件的位置等。

（2）与机械设备及其基础连接的管线。

（3）当隔振器支撑在楼板或支架上时，需有支撑结构的图纸；若隔振器设置在基础上，则需要地质资料、地基动力参数和相邻基础的有关资料。

（4）需要知道机械设备正常运转时所产生的干扰力大小及其作用位置。

（5）机械设备、仪表等的允许振动值，支撑结构或基础的允许振动值（包括周围建筑物及精密仪器）。

（6）所要选用或设计的隔振器的特性，包括承载力、压缩极限、刚度和阻尼比等。

（7）隔振器所处位置的空间大小及环境的物理因素，包括温度、湿度、酸碱度、油等侵蚀介质发生侵蚀的可能性。

2. 隔振方式与设计原则

（1）隔振方式分为支撑式、悬挂式和悬挂支撑式。支撑式应设置在设备机座或刚性台座下；悬挂式可用于隔离水平方向振动。

（2）隔振方式的选择要便于安装、观察、维修和更换，便于生产和操作。

（3）隔振方式的选择应尽可能缩短设备重心与干扰力作用线之间的距离；在水平面上布置时其刚度中心与设备重心应在同一垂直线上。

（4）对于附带有各种管道系统的机械设备，管道与设备的连接应采用柔性接头，电源线应采用多股软线等。

（5）隔振体系的固有频率应低于干扰频率，至少应满足 $f > \sqrt{2} f_0$，一般取 $\dfrac{f}{f_0} = 2.5 \sim 4.5$。

（6）以下情况系统应有一定的阻尼比：在开机和关机时干扰频率经过共振区，需避免出现大的位移，一般阻尼比取 $0.06 \sim 0.10$，对于冲击振动阻尼比适宜在 $0.15 \sim 0.30$，消极隔振因操作原因产生振动时，一般阻尼比为 $0.06 \sim 0.15$。

3. 隔振参数的选用

隔振的基本参数是隔振系统的质量 M、隔振器的刚度 k 和阻尼比 η、隔振系统的传递系数 T 和被隔振物体的允许振动线位移。隔振系统的参数选择可假设隔振系统为自由系统，按下列步骤计算。

（1）根据实际工程需要，确定系统传递系数 T，则隔振效率 β 为

$$\beta = 1 - T$$

（2）由传递系数 T 求出隔振系统的固有频率：

$$f_0 = f \sqrt{\frac{T}{1-T}}$$

（3）确定隔振系统总质量 M。

（4）按下列公式计算隔振系统的总刚度 k：

$$k = M f_0^2$$

（5）按下式计算隔振器数量 n：

$$n \leqslant \frac{k}{k_i} （k_i \text{ 是所选用的单个隔振器的刚度}）$$

（6）按下式计算隔振器的总承载能力：

$$n F_{T_i} \geqslant Mg + 1.5 F_0$$

式中　F_{T_i}——单个隔振器允许承载力（kN）；

　　　g——重力加速度（9.81m/s）；

　　　F_0——作用在隔振器上的干扰力（kN）。

（7）按隔振系统的要求计算隔振系统振动控制点的最大线位移：

$$x_{max} = \frac{F_0}{k \sqrt{\left[1 - \left(\frac{f}{f_0}\right)^2\right]^2 + 4\eta^2 \left(\frac{f}{f_0}\right)^2}}$$

$$x_{max} \leqslant [x] （[x] \text{为允许最大振动位移}）$$

（8）调整隔振系统总质量 M、总刚度 k，以满足传递系数 T 和控制点最大位移 x_{max}。

（9）阻尼比的选择。积极隔振系统所需的阻尼比 η，可以选择机械设备转速的增减速度和通过共振区时隔振系统允许最大振动位移与当量净位移的比值，或采用系统具有的阻尼系数与系统临界阻尼系数的比值。

6.2 阻　尼

　　降低噪声振动的方法之一是当振动系统本身阻尼很小，而声波辐射频率很高时，提高刚性，改变系统结构的固有频率；方法之二是当系统固有频率不可变动，或可变动但又引起其他构件的振动加大，这时普遍采用的是在振动的构件上铺设或喷涂一层高阻尼材料，或设计成夹层结构，这种方法称减振阻尼，简称阻尼，这种方法广泛应用在机械设备和交通工具的噪声振动中，如输气管道、机械防护壁、车体、飞机外壳等。

6.2.1　阻尼原理

　　当金属板（或混凝土板）被涂上高阻尼材料后，金属板振动时，阻尼层也随之振动，一弯一直使得阻尼层时而被拉伸，时而被压缩，阻尼层内部的分子不断产生位移，并由于内摩擦阻力，导致振动能量被转化为热量而不断消耗，同时因阻尼层的刚度阻止金属板的弯曲振动，从而降低了金属板的噪声辐射。

　　描述阻尼大小通常用阻尼系数（损耗因子）表示，它的定义为每单位弧度的相位变化的时间内，内损耗的能量与系统最大弹性势能之比。它表征了板结构共振时，单位时间振动能量转变为热能的大小，η 越大，其阻尼特性越好。

6.2.2　阻尼材料

　　常用的阻尼材料除沥青、软橡胶外，还有阻尼浆，阻尼浆是由多种高分子材料配合而成的，主要分基料、填料、溶剂三部分。其中起阻尼作用的主要材料称作基料；如橡胶、沥青等；帮助增加阻尼，减少基料用量以降低成本的辅助材料称为填料，如软木粉、石棉纤维等；防止开裂的辅助材料称为溶剂，如矿物质、植物油等。

　　对金属进行阻尼处理一般有两种方式：一种是采用自由阻尼涂层，它是将阻尼材料直接粘贴或喷涂在需要减振的构件上；另一种方式是采用约束阻尼，即在金属板先粘贴一层阻尼材料，其外再覆盖一层金属薄板（约束板），金属结构振动时，阻尼层也随之振动，但要受外层金属薄板的约束。

习　　题

　　1. 质量为 500kg 的机器支撑在进度为 $k=900\text{N/cm}$ 的钢弹簧上，机器转速为 3000r/min，因转动不平衡而产生 1000N 的干扰力，设系统的阻尼比为零，试求传递到基础上的力的幅值是多少？

　　2. 一台风机安装在一块厚钢板上，如果在钢板的下面垫 4 个钢弹簧，已知弹簧的静态压缩量为 1cm，风机的转速为 900 r/min，弹簧的阻尼很小，可以略去不计，试求传递比和隔振效率。

3. 设一台风机连同基座总重量为 8000N，转速为 1000r/min，试设计一种隔振装置，将风机振动激振力减弱为原来的 10%。

4. 根据隔振设计计算的有关曲线讨论：

(1) 要达到隔振的目的，对系统的固有频率有什么要求？

(2) 隔振器阻尼比的大小对隔振效果有哪些影响？

第7章 噪声与振动测量技术

噪声与振动测量技术是噪声与振动控制工程的主要技术，也是环境保护、环境监测和环境评价的重要手段。噪声与振动测量技术的准确性，涉及对环境污染与人类健康的影响，涉及国家经济和社会发展的许多领域。随着电子技术的发展，噪声与振动的测量仪器也发展很快，在噪声与振动测量中，人们可以根据不同的测量与分析目的，选择不同的仪器，采用不同的测量方法。本章重点介绍常用的测量仪器与测量方法。

教学要点

1. 各种测量仪器的工作原理、使用方法。
2. 声强及声功率的测量方法。
3. 不同环境条件下测量工作的要求、测量的声级类型、布点方法和数据处理。

 导入案例

美国国家仪器有限公司(National Instruments，NI)推出可实现噪声、振动和声震粗糙度(NVH)、仪器状态检测和音频测试等应用的完整信号分析和处理工具——NI 2009 声音和振动测量套件(图 7.01)。该套件包含一个连续频率扫描虚拟仪器(VI)，可以极大降低工程师和科学家们进行频率响应测试所需的时间；可用于 NI LabVIEW 图形化开发环境的新型 AES17-自适应音频滤波器 VI 和 NI 声音和振动助手，该助手可以利用数模转换技术为测试的音频设备提供正确的频率滤波器。

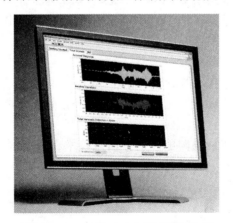

图 7.01 NI 2009 声音和振动测量套件

在每个城区的繁华商业路段，几乎无一例外会存在噪音超标问题。尤其是那些售卖手机、服装的店铺，总是使用高音喇叭来播放音乐或播放打折、让利等宣传，令人反感。对此，城管部门也承认，对噪声扰民的取证很难，很多时候，他们只能口头警告，并未能拿出强有效的杜绝办法来，而利用噪声统计分析仪对噪音超标与否便有了明确标准。图 7.02 所示为执法人员利用声级计测量商铺所用的宣传音响的声量，图 7.03 所示为街边反映声音响度的显示屏。

图 7.02　应用声级计测量宣传音响声量　　　　图 7.03　街边反映声音响度的显示屏

7.1　测量仪器

常用的测量仪器有传声器、声级计、滤波器、统计分析仪、频率分析仪等。

7.1.1　噪声测量系统

根据噪声测量的目的，可以选择不同的噪声测量系统。一般噪声测量系统是由传感器、分析仪和数字显示部分组成的。系统中有各种不同的电路用来对信号进行放大、衰减、计权、积分等，通过这些过程达到对声压、声强等噪声参数进行测量的目的。

传感器通常是传声器，目前应用最广泛的是电容传声器，在声强测量中使用两只传声器组成传声器对。由于电容传声器阻抗较高，它必须通过前置放大器进行阻抗变换后才能连接到其他仪器。

系统中的数据分析部分是最复杂的，它是按照某个频率计权网络对输入信号的频率成分进行计权，或者以倍频带、1/3 倍频带等频带进行滤波，找出主要研究频率噪声的时间变化特性规律，将 A 计权声级进行积分，得出等效连续声级 L_{eq}，或者连续进行统计分析，得出累计百分声级 L_N、均方偏差 SD。

输出部分包括检波器和指示器，指示器为 CRT 显示器、点阵式 LCD 显示器，输出信号还可以被记录在线记录仪或录音机上，以获得被测信号的永久保存，甚至字符打印机都可能包含在噪声测量系统中。

由于计算机和大规模集成电路的发展，信息技术在噪声测量系统中获得了广泛的应用，使噪声测量仪器的功能大大增强，分析处理速度大大加快，实现了智能化、数字化、实时分析。

7.1.2　传声器

传声器又称话筒或麦克风，它是一种将声音信号转变为电信号的传感器，用来将被测噪声信号转换成电信号。在声学测量中所用到的传声器又称测量传声器。理想的传声器应真实地再现声波，且不应由于它的存在而干扰声场，其灵敏度不应随时间或环境条件的变化而变化。实际上大多数噪声测量中所用的传声器只是近似的理想状态，有时需要对偏离理想的偏差进行修正以提高准确性。

在噪声测量中常用的传声器按原理和结构的不同，可分为 4 种：电动式传声器、压电式传声器、电容式传声器和驻极体传声器。

电动式传声器也叫动圈式传声器，它主要由线圈及和线圈连在一起的振膜及磁体组成。当传声器接收到声音后，传声器的振膜发生振动，使线圈在磁场中运动，从而线圈中产生交变电压输出，其优点是固有噪声低，输出阻抗低，能在低温或高温环境下工作，缺点是频率响应不平直，容易受电磁场干扰，灵敏度低，稳定性差，体积较大。以前用于普通声级计，目前应用较少。图 7.1 给出了电动式传声器的结构示意图和实物图。

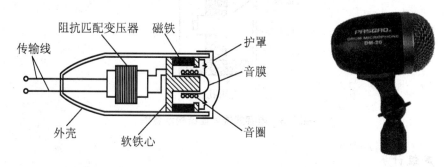

图 7.1　电动式传声器结构示意图与实物图

压电式传声器又称晶体传声器或晶体话筒(图 7.2)，它是靠具有压电效应的晶体(如罗谢尔盐、磷酸二氢铵等)在声音作用下变形而引起电压输出的声电转换器。这种传声器结构简单，灵敏度高，频率响应平直，价格低廉，但是受温度影响较大(−10～45℃ 范围可以使用)，稳定性差，动态范围较窄，一般用于普通声级计。

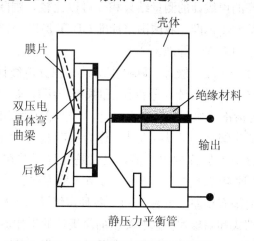

图 7.2　压电式传声器结构示意图

电容式传声器是目前较为理想的传声器，其结构如图 7.3 所示。电容式传声器主要由紧靠在后的极板和绷紧的金属膜片组成，后极板和膜片两者相互绝缘，构成一个以空气为媒质的电容器的两个电极板。当声波作用在膜片上时，后极板与膜片之间距离发生变化，即电容发生变化，从而产生一个电信号传到仪器中，电信号的大小和形式取决于声压的大小。电容式传声器灵敏度较高，一般在 10～50mV/Pa；频率范围较宽，为 10～20000Hz，且频率响应平直；稳定性良好，可在 -50～150℃，相对湿度在 0%～100% 的范围内使用。它多用于精密声级计及标准声级计。

驻极体传声器不用极化电压，结构简单、价廉，但灵敏度偏低，频率响应不够平直，动态范围较窄。由于其结构简单，应用前景很好，它也多用于精密声级计。

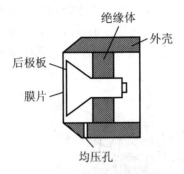

图 7.3　电容式传声器结构示意图

7.1.3　声级计

声级计是一种按照一定的频率计权和时间计权测量声音的声压级和声级的仪器，它是声学测量中最常用的仪器之一。声级计既可用于各种噪声测量（机械噪声、交通噪声、环境噪声等），也可用于电声学、建筑声学等的测量。因为声音是由振动产生的，因此若把声级计的传声器换成加速计传感器，就可以利用它来测量振动的大小。

为了使世界各国生产的声级计的测量结果相互可以比较，国际电工委员会（IEC）1975年 5 月制定并通过了 IEC 651 标准。我国国家标准 GB/T 3785—1983《声级计电、声性能及测试方法》等效采用了 IEC 651 标准。

声级计按其用途可分为一般声级计、脉冲声级计、积分声级计、噪声暴露计（又称噪声测量计）、统计声级计（又称噪声统计分析仪）和频谱声级计等。按其准确度可分为 4 种类型：0 型声级计，作为标准声级计；1 型声级计，作为实验室用精密声级计；2 型声级计，作为一般用途的普通声级计；3 型声级计，作为噪声监测的普查型声级计。4 种类型的声级计的各种性能指标具有同样的中心值，仅仅是允许误差在不同程度上放宽。根据IEC 标准和国家标准，4 种声级计在参考频率、参考入射方向、参考声压级和参考温度湿度等条件下，允许一定的固有误差，见表 7-1。各种声级计输出显示都有模拟显示和数字显示，且都有台式、便携式和袖珍式。这些类型的声级计的工作原理基本上是相同的，所不同的是个别声级计附加有一些特殊的性能，目的是能用作各种不同的测量。

表 7-1　各种类型声级计的固有误差

声级计类型	0	1	2	3
固有误差	±0.4	±0.7	±1.0	±1.5

声级计一般由传声器、放大器、衰减器、计权滤波器、检波器、指示器及电源等部分组成。当被测量的声信号传入传声器，传声器将声信号变成电信号。电信号经前置放大器送到输入衰减器和输入放大器，输入放大器将微小的电信号放大，输入衰减器将较大的电信号加以衰减，使声级计的量程扩大，并使之在指示器上获得适当的指示。计权滤波器对通过的信号进行频率滤波，使声级计的整机频率响应符合规定的频率计权特性的要求，以便能测量计权声级(简称声级)。信号再经输出衰减器和输出放大器后被传到检波器进行检波。交流信号变成直流信号，并由显示器以"dB"形式显示出来。检波器还使声级计具有"快"、"慢"、"脉冲"和"保持"等时间计权特性。电源能进行交直流电流的变换，供给声级计各部分所需的电能。有的声级计还具有"外接滤波器"插孔，用来与其他滤波器连接进行频谱分析。"放大器输出"插孔输出交流信号，用以观察信号波形或进行记录与分析。

1. 积分声级计

积分声级计又称积分平均声级计或平均声级计，它除了符合 IEC 651《声级计》标准中有关指向特性、频率计权特性和各种环境下的灵敏度外，还符合 IEC804《积分平均声级计》中规定的积分和平均特性、指示器特性和过载测量及指示特性要求，这些特性要求对于测量稳态声、断续声、起伏声和脉冲声的等效连续声级 L_{eq} 是必须具备的。

积分声级计的线性平均时间可达几分钟或几小时。积分声级计比一般声级计具有更宽的线性度范围，对于 0 型积分声级计至少为 70dB，1 型为 60dB，2、3 型为 50dB，相应的脉冲范围分别至少为 73dB、63dB 和 53dB。积分声级计具有检测峰值过载的监视器，即在积分期间的任何时刻，若发生过载，监视器能给予锁定指示。有些积分声级计还能设计成能测量 A 计权声暴露级 L_{AE} 和平均 AI 计权声压级 $L_{AIeq.T}$(是用频率计权 A 和时间计权 I，在一定时间间隔内测得的平均声压级)。

积分声级计也分为 0、1、2、3 型，其一般可以应用在能引起听力损伤或烦躁的工业噪声测量；公共(交通、居民区、工业区和机场)噪声测量；测量产品(如风机等)或其他声源的平均声压级，并可以用积分功能来确定空间平均和时间平均。积分声级计如图 7.4 所示。

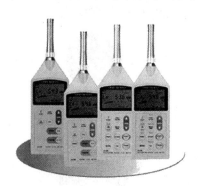

图 7.4 积分声级计

2. 个人声暴露计

另一种佩戴在人身上测量声暴露的声级计称为个人声暴露计，如图 7.5 所示。IEC 61252

《个人声暴露计规格》对个人声暴露计有关技术要求作了规定。

个人声暴露计的主要应用是测量人体头部附近的声暴露，并由此可按国际标准 ISO 1999 评估可能的听力损失。声暴露遵循"等能量交换率"，即恒定声级积分时间加倍（或减半），也使声暴露加倍（或减半）；同样，对恒定积分时间输入声级增加（或减小）3dB，使声暴露加倍（或减半）。

还有一种测量声暴露的仪器叫噪声计量计，它能指示出法定声暴露限定的百分比的噪声剂量（DL）。例如规定工人每天工作 8h，允许噪声标准为 90dB，也就是声暴露为 $3.2Pa^2h$，此时噪声剂量为 100%，其他不同的声暴露都与它比较并以百分数表示。对于 $1.6Pa^2h$，噪声剂量为 50%；对于 $6.4Pa^2h$，噪声剂量为 200%。

图 7.5　个人声暴露计

7.1.4　噪声统计分析仪

噪声统计分析仪又称统计声级计，是用来测量噪声级的统计分布，并直接指示 L_n（例如 L_5、L_{10}、L_{50}、L_{90} 等）的一种声级计，如图 7.6 所示。这种声级计一般还能测量并用数字显示 A 声级、等效连续声级 L_{eq}、均方偏差 SD 等，它可以通过打印机打印上述测量结果，并画出噪声级的统计分布图和累计分布图。统计分析仪还可以用来进行 24h 环境噪声

图7.6　噪声统计分析仪

监测，每小时测量一次，然后打印出每小时的噪声值（L_5、L_{10}、L_{50}、L_{90}、SD 等），并画出 24h 的噪声分布曲线。噪声统计分析仪具有数据存储功能及输出接口，可把存储数据送到计算机处理。

另一种进行噪声统计分析的仪器叫噪声采集器，它将噪声测量、数据采集和存储功能集中在一个袖珍式的测量仪器内。测量完毕后，将存储的数据送到个人计算机进行处理。该仪器不具备显示器或显示器只显示瞬时声级。

7.1.5 滤波器和频率分析仪

滤波器只允许一定频率范围（通带）内的信号通过，高于或低于这一频率范围的信号不能通过。其上下限的频率值分别称为滤波器的上限截止频率和下限截止频率。在噪声与振动测量中使用的滤波器有两种类型。一种是恒带宽滤波器，它在整个工作频率范围内绝对带宽都相同，例如带宽为 3Hz、10Hz 等；另一种是恒百分比带宽滤波器，它的带宽是通带中心频率的恒定百分数，例如 3%、23% 等。

倍频带和 1/3 倍频带滤波器是最常用的恒百分比带宽滤波器，它们的上限和下限频率 f_2 和 f_1 之间有如下关系：

$$\frac{f_2}{f_1}=2^n \tag{7-1}$$

对于倍频带滤波器 $n=1$，对于 1/3 倍频带滤波器 $n=1/3$，它们相应的百分比带宽为 70.7% 和 23.16%。

为了统一起见，国际标准化组织 ISO 和我国国家标准规定了倍频带和 1/3 倍频带滤波器的中心频率 f_0，这样就可以知道滤波器的频率范围，因为 $f_0=\sqrt{f_1 f_2}$，所以滤波器的上限频率 f_2 和下限频率 f_1 可由式（7-2）和式（7-3）求出：

$$f_2=\sqrt{2^n}f_0 \tag{7-2}$$

$$f_1=\frac{f_0}{\sqrt{2^n}} \tag{7-3}$$

除此之外，国际电工委员会 IEC225 号标准和我国国家标准 GB/T 3241—2010 对声学和振动分析用的倍频带、1/2 倍频带和 1/3 倍频带滤波器的各种性能作了规定。

各种滤波器与测量放大器或声级计配合使用，可以用来进行频率分析。有时将滤波器与测量放大器组合成一台仪器，这种仪器通常称为频率（频谱）分析仪。根据滤波器的特性，有 1/3 倍频带和倍频带频谱分析仪、恒百分带宽频率分析仪和恒带宽频率分析仪（外差分析仪）。

7.1.6 声强测量

在声学测量中，一般是测量声压或声压级，测量声压或声压级之后就可以计算得到声强、声强级和声功率、声功率级。但是，声压或声压级测量受环境影响（背景噪声、反射等）较大，往往需要进行修正，有时还需要在特定声场如消声室、混响室内进行测量。随着电子技术发展，各种直接测量声强的仪器相继问世。由于声强测量及其频谱分析对噪声研究有独特的优越性，能够有效地解决许多现场声学测量问题，因此成为噪声研究的一种有力工具。国际标准化组织 ISO 已公布利用声强测量噪声源声功率级的国际标准，即 ISO 9614－1 和 ISO 9614－2，前者规定了离散点测量方法，后者规定了扫描法。国际电工委员会 IEC 1043：1993《电声—声强测量仪器》——利用声压响应传声器进行测量。

声强测量仪器有 3 种：第一种是模拟式声强计，它给出线性或 A 计权声强或声强级，也能进行倍频带或 1/3 倍频带声强分析，适用于现场声强测量；第二种是利用数字滤波技术的声强计，由两个相同的 1/3 倍频带数字滤波器获得实时声强分析；第三种是利用双通道 FFT 分析仪，由互功率谱计算声强，并能进行窄带频率分析。

7.1.7　声校准器

声校准器是一种能在一个或几个频率点上产生一个或几个恒定声压的声源。它用来校准测试传声器、声级计及其他声学测量仪器的绝对声压灵敏度，有时将它作为声测量装置的一部分，来保证测量精度，作为一种校准器，其对准确度和稳定度的要求比一般仪器更高。国际电工委员会 IEC 942：1988《声校准器》标准分为 0、1、2 三级，并提出了相应的稳定度指标，要求声校准器至少产生一个不低于 90dB 的声标称值，其允许误差和稳定度极限见表 7－2。

表 7－2 中的允许误差是指在大气压力为 101.3kPa，温度 20℃，相对湿度为 65％的标准环境条件下，经过生产厂规定的稳定时间后，声校准器在 20s 内平均声压级偏离标称值的允许误差。稳定度是指声校准器在生产厂规定的稳定时间后，在与上述标准环境条件下，用 F 时间计权测定其声压级，在工作 20s 内相对平均值的起伏变化极限。

表 7－2　使用规定形式传声器或声级计时，声压级的允许误差及稳定极限

声级校准器级别	0	1	2
允许误差/dB	±0.15	±0.3	±0.5
稳定度/dB	±0.05	±0.1	±0.2

有关声校准器的频率，要求至少一个频率在 160～1000Hz 范围内，如果专为声测量装置配套使用，建议选 1000Hz。其允许误差见表 7－3。

表 7－3　输出频率的允许误差和稳定度极限

声级校准器级别	0	1	2
允许误差(％)	±1	±2	±4
稳定度(％)	±0.3	±0.5	±1

按照工作原理，声校准器主要分为活塞发声器、声级校准器和带声负反馈的声级校准器 3 种。

7.1.8　振动测量仪器

振动测量仪器包括振动传感器、振动前置放大器、通用振动计、振动测量用滤波器、

振动分析仪等。

振动实际上是一种交变运动，可以用位移、速度、加速度随时间变化来描述。振动测量就是将这种振动运动转变为与之成正比的电学或其他便于观察、显示或处理的物理信号。在现代振动测量中，除某些特定情况采用光学测量外，一般振动测量均采用电测量方法。将振动运动转变为电学信号或其他物理量信号的装置称为振动传感器。

根据被测振动运动的量是位移、速度或加速度，可以将振动传感器分为位移传感器、速度传感器和加速度传感器。由于位移和速度分别可由速度和加速度积分所得，因而速度传感器还可以用于测量位移，加速度传感器也可以用于测量速度和位移。振动 3 个基本量的关系见表 7-4。

表 7-4　振动 3 个基本量的关系

已 知 量	变 换 量		
	s	v	a
$s = s_0 \sin\omega t$	—	$v = \dfrac{\mathrm{d}s}{\mathrm{d}t}$ $= \omega s_0 \cos\omega t$	$a = \dfrac{\mathrm{d}^2 s}{\mathrm{d}t^2}$ $= -\omega^2 s_0 \sin\omega t$
$v = v_0 \sin\omega t$	$s = \displaystyle\int v\,\mathrm{d}t$ $= -\dfrac{1}{\omega} v_0 \cos\omega t$	—	$a = \dfrac{\mathrm{d}v}{\mathrm{d}t}$ $= \omega v_0 \cos\omega t$
$a = A_0 \sin\omega t$	$s = \displaystyle\iint a\,\mathrm{d}t^2$ $= -\dfrac{1}{\omega^2} A_0 \sin\omega t$	$v = \displaystyle\int a\,\mathrm{d}t$ $= \dfrac{1}{\omega} A_0 \cos\omega t$	

从力学原理上，振动传感器又可分为绝对式传感器和相对式传感器。绝对式传感器测量振动物体的绝对运动，测量时需将传感器基座固定在振动体的测点上。绝对式传感器的主要力学元件是一个惯性质量块和支承弹簧，质量块经弹簧与传感器基座相连，在一定频率范围，质量块相对基座的运动（位移、速度和加速度）与作为基础的振动物体的振动（位移、速度和加速度）成正比，传感器再把质量块与基座的相对运动转变为与之成正比的电信号，从而实现绝对式振动测量。相对式传感器测量振动体待测点与固定基准的相对运动，传感器元件将此相对运动（即振动体的运动）转变为电信号。相对式传感器又分为接触式和非接触式两种。实际工程中，使用最多的是绝对式传感器。

从电学原理上，根据所采用的将力学量转换为电学传感器敏感元件的性质，电学振动传感器又可分为电感型、电动型、电涡流型、电压型等。

位移、速度和加速度传感器中，由于加速度传感器具有体积小、重量轻、频率范围和动态范围非常宽的特点，而得到优先选用。在一般振动响应的测量中总是优先选用压电式加速度计，并且加速度计所配的积分电路在很宽的频率与动态范围，可精确方便地从加速度信号得到速度和位移量。以下讨论在振动测量中如何选择加速度计。

(1) 安装谐振频率。加速度计安装在相对质量很大的刚性结构上时的固有频率:

$$f_m = \sqrt{\frac{k}{m_s}} \qquad (7-4)$$

式中　k——压电元件的等效刚度;

　　　　m_s——传感器质量块的质量。

该参数决定了加速度计的测量频率范围。通常取测量频率范围为安装谐振频率的 1/3,为了提高测量精度,可选测量频率上限小于谐振频率的 1/5~1/10。

(2) 灵敏度。灵敏度是指电信号输出与被测量振动输入之比。理论上灵敏度越高越好,但灵敏度越高,压电元件叠层越厚,致使传感器本身的谐振频率下降,影响测量频率范围,而且灵敏度高的加速度计自身质量较大,不利于轻小结构振动体的测量。现代测量系统能接受低振级的信号,因而灵敏度不再是起决定性作用的因素。

(3) 动态范围。动态范围是可测量最大振动量与最小振动量之比。在被测加速度很小或很大时,就要考虑加速度计的动态范围。理论上加速度计的输出线性范围的下限可以从零开始,但实际上由于动态范围的下限取决于连接电缆和测量电路的电噪声,对于通用宽带测量仪器,其下限可低于 0.01m/s^2。加速度计的动态范围上限由其结构强度决定。当测量很大的加速度时(如冲击等),应选择足够动态范围的加速度计。

(4) 幅值线性度。理论上测量频率范围内传感器灵敏度应为常数,即输出信号与被测振动成正比。实际上传感器只在一定幅值范围内保持线性特性,偏离比例常数称为非线性,在规定线性度内可测量的幅值范围称为线性范围。

(5) 横向灵敏度。实际上传感器除了感受测量主轴方向的振动外,对于垂直于主轴方向的横向振动也会产生输出信号。横向灵敏度通常用主轴灵敏度的百分比来表示。从使用观点上看,横向灵敏度越小越好,一般要求小于 3%~5%。

除上述参数外,在选择加速度计时,还需要考虑使用环境,如温度、基座应变、磁场、噪声等因素。为了得到精确的振动测量结果,必须考虑加速度计的安装方法。

7.2　噪声与振动测量

7.2.1　噪声与振动测量的分类

噪声与振动测量一般有以下几种分类。

(1) 按测量对象可分为机械设备本身(噪声源和振源)特性测量和噪声与振动环境的特征测量。

(2) 按噪声与振动随时间变化的特性可分为稳定态噪声与振动和非稳定态噪声与振动。非稳定态噪声与振动又可分为周期性变化噪声与振动、无规则噪声与振动、脉冲声和冲击振动。

(3) 按噪声源和振源的频率特性可以分为宽带噪声与振动、窄带噪声与振动及含有突出纯音成分的噪声与振动。

（4）按测量要求的精度可分为精密（实验室）测量、工程测量和普查等。

在进行任何形式噪声与振动测量前，首先应该明确测量的对象和目的以及为达此目的所必需的测量数据，同时编制测量计划，并从一开始就应仔细考虑选择适当的噪声与振动测量仪器。还必须明确对测量数据进行分析的工作量及要求的形式会影响测量仪器和测量方法的选择。一个基础研究通常需要大量的数据和图表，此后要用许多不同的方法对以上资料进行分析。噪声控制工程一般要求图表信息较少，而作为监测目的通常要求检测并记录噪声与振动随时间的变化情况。

如果要将测量仪器放在现场使用，如测量城市环境的噪声与振动，那么这些仪器应当是便携式的，这样便于现场操作和校准。

最简单的噪声测量是测量线性声压级，它与频率无关，而且随时间的变化亦可忽略，这里不考虑人对噪声的主观感觉的影响。通常这只应用于振动测量，只是将数据记录下来供实验室分析使用。噪声信号频率计权相应于人耳的响应，这样测量出的计权声压级能较好地表达人的主观响应。

7.2.2　测量准备工作和注意事项

噪声与振动仪器使用是否正确，直接影响到测量结果的准确性，为此在测量时应注意以下几个方面。

（1）测点的选择及附近反射的影响。

（2）时间计权特性的选择。

（3）背景噪声影响修正。

（4）声级计外型及人体的影响。

（5）传声器的指向。

（6）环境的影响。

（7）测量仪器的校准。

7.2.3　测量条件和背景值修正

1. 测量条件控制

（1）气象条件。应无雨、无雪，风力小于四级（5.5m/s）。

（2）测量时间。分为两个时段：昼间和夜间，昼间 16 小时，夜间 8 小时。各时段划分由各地按照习惯和季节划定。测量时间要求在该时间内所测量结果 L_{eq} 值与整个时段的平均 L_{eq} 值的偏差为最小。

（3）测量仪器。测量仪器精度为 Ⅱ 级以上的声级计或环境噪声自动监测仪，其性能符合 GB/T 3785—2010 的规定，应定期校验，并在测量前后进行校准，灵敏度相差不得大于 0.5dB（A），否则测量无效。测量时传声器加风罩。

（4）传声器设置。声级计或传声器单元可手持或固定在测量三脚架上。传声器距水平支承面 1.2m，并远离其他反射体。如果测量仪器放在车内，传声器应伸出车外 1m，传声器固定在车顶时，要在测量结果中说明。

功能区噪声定期监测，传声器设置高度允许大于1.2m，每次测量高度不得改变。道路交通噪声测量，传声器应水平设置，垂直指向道路。环境噪声测量，传声器应水平设置，背向最近的反射体。噪声高空监测，传声器应垂直设置。

（5）测量仪器校准与标定。测量仪器校准：将测量仪器按使用说明书调节至校准状态，用活塞发声器、声级校准器或静电激励器对测量仪器进行整机校准。调节测量仪器的"输入灵敏度"电位器，使显示仪表显示校准信号声级。必须使用与传声器外径相同尺寸的校准器校准。

记录仪器标定：测量系统中若有记录仪器（电平记录仪、磁带记录仪）时，在测量仪器校准的同时，应对记录仪器进行标定。调节记录仪器的"输入衰减器"，使其置于对被测声级有足够的记录动态范围的位置，记录校准信号。

仪器校准标定完毕，测量仪器的"输入衰减器"不得再改变位置。

（6）采样方式。声级计采样时，仪器动态特性设置为"慢"响应，采样时间间隔为5s。用环境噪声自动采样仪进行采样时，仪器动态特性设置为"快"响应，采样时间间隔不大于1s。

2. 背景值修正

在测量时，背景噪声会对实际测量的噪声级产生影响，应从测得的总噪声中减去，即在有背景噪声存在时，应事先对背景噪声单独作检测，并与所要测量声源的噪声进行比较。如果两者之差大于10dB(A)，则背景噪声的对噪声源测量影响可以忽略；若声级差小于3dB(A)，则被测噪声源的噪声低于背景噪声，修正值仅能作为近似测量值。若遇到这种情况，则测量应安排在较安静的环境中重新测量。如果差值介于3~10dB(A)之间，可从表7-5获得修正值，所需要的声源的声级就能合理地测量出来。

表7-5 背景噪声修正值表

差值/dB	3	4~5	6~9
修正值/dB	-3	-2	-1

7.2.4 测量过程

噪声测量的目标是取得有效、精确的数据，通常测量的数据应能清楚地描述被测噪声的声学特征。所以在进入现场前和进入现场后应做到以下步骤。

1. 进入现场前应该明确的内容

（1）测量的目的是否需要简单的声级；为达到可能用到的噪声控制方法的要求；是否需要进行窄带分析；在任何情况下，复杂的分析是否需要在实验室进行。

（2）测量仪器包括仪器的质量、测量技术、测量位置的安排是否满足一定标准。

（3）所测量的噪声类型是否是脉冲声；是否是统计变化；是否包括纯音成分；是否需要作频率分析。

（4）测量仪器选择是否得当；是否需要特殊的测量仪器。

2. 进入现场后应做到的内容

（1）检查并校准整个仪器系统。

（2）作好所用仪器的布置草图和所有仪器的参考数量记录。

（3）画好测量位置、声源、传声器和所有反射的大表面草图。

（4）注意气象条件，包括温度、湿度和风速。

（5）检查在所有频段或以后分析中需要的同样频段背景噪声级。

（6）测量噪声，记录仪器档位，如 dB(A)快慢档。

（7）做好记录，包括仪器档位任何变化和异常情况。

（8）测量中注意仪器及测量人员反射的影响，按测量规范要求执行。

7.3 声强及声功率的测量

声压是定量描述噪声的一个有用参量，但是用来描述声场的分布特性或声源的辐射特性，有时还显得不够，为此提出声强测量和声功率的测量。

7.3.1 声强测量及应用

第 2 章已介绍了声强的概念，在声场中某点处，与质点速度方向垂直的单位面积上在单位时间内通过的声能称为瞬时声强。它是一个矢量 $I = pu$。实际应用中，常用的是瞬时声强的时间平均值：

$$I_r = \frac{1}{T} \int_0^T p(t) u_r(t) \, dt \tag{7-5}$$

式中 $u_r(t)$——某点的瞬时质点速度在声传播 r 方向的分量；

$p(t)$——该点 t 时刻的瞬时声压；

T——取声波周期的整数倍。

声压的测量比较容易，质点速度的测量就困难了，目前普遍采用的方法是选取两个性能一致的声压传声器，相距 Δr，当 $\Delta r \ll \lambda$（λ 为测试声波的波长）时，将两个声压传声器测得的声压 p_A 和 p_B 的平均值视为传声器连线中点的声压值 $p(t)$：

$$\bar{p}(t) \approx (p_A + p_B)/2 \tag{7-6}$$

将 p_A 和 p_B 的差分值近似为声压在 r 方向的梯度，即

$$\frac{\partial p}{\partial r} \approx (p_A + p_B)/\Delta r \tag{7-7}$$

再由质点速度与声压间的关系式（7-5），得到：

$$u_r \approx -\frac{p_B - p_A}{\rho_0 \Delta r} \tag{7-8}$$

于是运用加（减）法器、乘法器和积分器等电路模块，就可根据式（7-5），求出声强平均值。

互功率谱方法也是计算声强的一种通用方法：将声压传声器测得的声压信号 $p_A(t)$、$p_B(t)$ 进行傅里叶变换，得到 $p_A(\omega)$ 和 $p_B(\omega)$，然后求出声强 I_r 的频谱密度：

$$I_r(\omega) = \frac{1}{\rho_0 \omega \Delta r} I_m[R_{AB}] \tag{7-9}$$

式中　R_{AB}——互功率谱密度，$R_{AB} = [p_A(\omega) \cdot p_B^*(\omega)]$；

　　　I_m——表示取其虚部；

　　　$*$——表示复数共轭。

声强测量的用处很多，由于声强是一个矢量，因此声强测量可用来鉴别声源和判定它的方位，可以画出声源附近声能流动路线，可以测定吸声材料的吸声系数和墙体的隔声量，甚至在现场强背景噪声条件下，通过测量包围声源的封闭包络面上各面元的声强矢量求出声源的声功率。

目前，大致有 3 类声强测量仪器。

（1）小型声强仪，它只给出线性的或 A 计权的单值结果，且基本上采用模拟电路。

（2）双通道快速傅里叶变换（FFT）分析仪或其他实时分析仪，通过互功率谱计算声强。

（3）利用数字滤波器技术，由两个具有归一化 1/3 倍频程滤波器的双路数字滤波器获得声强的频谱。

如果只需要测量线性的或 A 计权的声强级，可以采用小型声强仪；如果需要进行窄带分析，而且在设备和时间上没有什么限制，可以采用互功率谱方法。

7.3.2　声功率的测量

声源的声功率是声源在单位时间内发出的总能量。它与测点离声源的距离以及外界条件无关，是噪声源的重要声学量。测量声功率有 3 种方法：混响室法、消声室或半消声室法、现场测量法。

国际标准化组织（ISO）提出 ISO3740 系列的测量标准。相应的国家标准有 GB 6882—2008，GB/T 3767—1996 和 GB/T 3768—1996。

1. 混响室法

混响室法是将声源放置混响室内进行测量的方法。混响室是一间体积较大（一般大于 200m³），墙的隔声和地面隔振都很好的特殊实验室，它的壁面坚实光滑，在测量酌声音频率范围内，壁面反射系数约大于 0.98。根据式（3-38）室内离声源 r 点的声压级为

$$L_p = L_W + 10\lg\left[\frac{R_\theta}{4\pi r^2} + \frac{4}{R}\right] \quad (dB) \tag{7-10}$$

式中　L_W——声源的声功率级；

　　　R_θ——声源的指向性因数；

　　　R——房间常数，$R = S\bar{\alpha}/(1-\bar{\alpha})$；

　　　S——混响室内各面的总面积；

　　　$\bar{\alpha}$——其平均吸声系数。

在混响室内只要离开声源一定的距离，即在混响场内，表征混响声的 $4/R$ 将远大于表征直达声的 $R_\theta/4\pi r^2$。于是近似有

$$L_\mathrm{p} = L_\mathrm{W} + 10\lg \frac{4}{R} \quad (\mathrm{dB}) \qquad (7-11)$$

考虑到混响场内酌实际声压级不是完全相等的，因此必须取几个测点的声压级平均值 $\bar{L}_\mathrm{p}$。

由此可以得到被测声源的声功率级为

$$L_\mathrm{W} = \bar{L}_\mathrm{p} - 10\lg \frac{4}{R} \quad (\mathrm{dB}) \qquad (7-12)$$

2. 消声室法

消声室法是将声源放置在消声室或半消声室内进行测量的方法。消声室是另一种特殊实验室，与混响室正好相反，内壁装有吸声材料，能吸收 98% 以上的入射声能。室内声音主要是直达声面反射声极小。消声室内酌声场，称为自由场。如果消声室的地面不铺设吸声面，而是坚实的反射面，则称为半消声室。

设想测量时有一包围声源的包络面，将声源完全封闭其中，并将包络面分为 n 个面元，每个面元的面积为 ΔS_i，测定每个面元上的声压级 $L_{\mathrm{p}i}$，并依据式(2-11)和式(2-12)导得

$$L_\mathrm{W} = \bar{L}_\mathrm{p} + 10\lg S_0 \quad (\mathrm{dB}) \qquad (7-13)$$

其中，包络面总面积

$$S_0 = \sum_{i=1}^{n} \Delta S_i$$

平均声压级

$$\bar{L}_\mathrm{p} = 10\lg \frac{1}{n} \sum_{i=1}^{n} 10^{0.1 L_{\mathrm{p}i}} \qquad (7-14)$$

3. 现场测量法

现场测量法是在一般房间内进行的，分为直接测量和比较测量两种。这两种方法测量结果的精度虽然不及实验室测得的结果准确，但可以不必搬运声源。

(1) 直接测量法：与消声室法一样，也设想一个包围声源的包络面，然后测量包络面各面元上的声压级。不过在现场测量中声场内存在混响声，因此要对测量结果进行必要的修正，修正值 K 由声源的房间常数 R 确定：

$$L_\mathrm{W} = \bar{L}_\mathrm{p} + 10\lg S_0 - K \quad (\mathrm{dB}) \qquad (7-15)$$

式中　$\bar{L}_\mathrm{p}$——平均声压级；

　　　S_0——包络面总面积。

修正值 $K = 10\lg\left(1 + \dfrac{4S_0}{R}\right) \quad (\mathrm{dB})$

由房间的混响时间 T_{60}（参见式(3-46)），也可得到修正值：

$$K = 10\lg\left(1 + \frac{S_0 T_{60}}{0.04V}\right)$$

式中　V——房间的体积。可见房间的吸声量越小，修正值越大。

当测点处的直达声与混响声相等时，$K=3$。K越大，测量结果的精度越差。为了减小K值，可适当缩小包络面，即将各测点移近声源，或者临时在房间四周放置一些吸声材料，增加房间的吸声量。

（2）比较法：在实验室内按规定的测点位置预先测定标准声源（一般可用宽频带的高声压级风机，国内外均有产品）的声功率级。在现场测量时，首先仍按上述规定的测点布置测量待测声源的声压级，然后将标准声源放在待测声源位置附近，停止待测声源，在相同测点再次测量标准声源的声压级。于是，可得待测声源的声压级：

$$L_{\mathrm{W}}=L_{\mathrm{Ws}}+(\bar{L}_{\mathrm{p}}-\bar{L}_{\mathrm{ps}}) \tag{7-16}$$

式中 L_{Ws}——标准声源的声功率级；

$\bar{L}_{\mathrm{p}}$——待测声源现场测量的平均声压级；

$\bar{L}_{\mathrm{ps}}$——标准声源现场替代测量的平均声压级。

7.4 分析方法

通常情况下，使用相同的仪器设备。在相同的测量或实验条件下，即使使用非常精确的仪器设备，每一次测量或实验所得的结果都不是完全相同的，不可避免地会产生误差，所以其结果必然只能是一个近似值，而不是真值。也就是说，测量或实验结果是一些随机量，它与真值之间存在一定的差距。要使测量或实验结果更接近真实，就要对在相同条件下的测量数据或实验结果进行统计分析，然后才能进行理论分析。

一般来说，我们把测量分为直接测量和间接测量、必须测量和多余测量、等精度测量和非等精度测量。所谓直接测量是指待测量数值可以直接测出或显示出来，例如用声级计测量声压级；当待测量不能直接测量，而是测量一些其他的中间量，得到结果并通过计算公式计算出待测量，这种方法称为间接测量。例如欲测电压，但没有伏特计，这样只能测量电流及电阻大小，然后通过计算得出电压。而在测量过程中对那些必不可少的量的测量称为必须测量，例如要测量声压，就要用声级计至少测量一次，这一次测量就是必须的，超过必须的测量则是多余测量。而对同一量进行多次测量，采用相同方法、相同仪器设备、相同条件下进行，这一系列测量是等精度的，称为等精度测量。

在测量过程中，要消除各种原因是不可能的，但是，多次等精度测量可以减少误差，并且还能根据测量误差的大小来判断测量的准确度。测量误差愈小，准确度愈高。反之，测量就不准确。直接测量的误差取决于测量方法的选择、测量仪器设备的精度、测量时的环境条件以及从事测量人的态度；间接测量的误差取决于直接测量的准确度和所用计算公式的准确程度，仅仅进行必须测量无法判断测量结果的误差，只有进行多余测量，测量结果才被认为是可靠的。可见，依靠多余测量可以提高测量的精密度，判断测量的准确度，发现并消除可能产生的计算误差及人为误差，提高测量结果与理论值的一致性。

在工程测量中，近年来比较趋向于用精密度表示对同一个量进行重复测量时所得结果之间相互近似程度，即精密度是测量误差的反映，通常用标准误差来表示。准确度表示测量结果与真值的接近程度，在这样的定义中，准确度隐含着精密度，准确度越高，精密度必然高；反之，精密度高，准确度不一定就高。对于精确度的定量表示可以用不确定度。

7.4.1 误差与误差分类

严格地说，误差是指观察值与真值之差。假设待测量的真值为 μ，而实际测量的数值为 x，两者之差称为测量误差。根据测量误差的表达方法可以将其分为绝对误差和相对误差，它们分别定义如下：

$$\Delta = \mu - x \tag{7-17}$$

$$s = \frac{\Delta}{\mu} \tag{7-18}$$

式中　Δ——绝对误差；

　　　μ——待测量的真值；

　　　s——相对误差；

　　　x——测量中的观察值。

在实际测量中，如果 Δ 的数值很小，可以忽略不计，则可以认为 x 等于 μ，而 Δ 值小到什么程度才可能忽略不计，则取决于测量的目的。

根据误差产生的根源，可以将测量误差分为仪器误差、人为误差和外界误差；根据误差产生规律特点，可以将测量误差分为系统误差、随机误差（偶然误差）和过失误差。在分析测量误差时，系统误差和随机误差使用完全不同的方法进行处理。系统误差是可以识别和加以校正的，而单个随机误差则是判别不出来，但是多余测量可使随机误差降低，当然不可能完全消除。

1. 系统误差

系统误差是指在同一条件下多次测量同一量时，误差的数值保持不变或按某一规律变化的误差。产生系统误差可能是由于测量用的仪器设备、环境条件、测试方法等。系统误差虽然可以采取措施减低，但关键是找出产生误差的原因。系统误差按其来源可分为仪器误差、人为误差和外界误差。

2. 随机误差或称偶然误差

由于大量随机因素干扰而产生的误差称为随机误差。对同一量作多次重复测量发现，随机误差符合随机过程的统计规律，即大多数随机误差是按正态分布的，由重复测量的数据可以导出概率密度分布函数，以检验测量数据是否符合正态分布。对于正态分布，随机误差与测量次数有关，随着测量次数的增加，随机误差的算术平均值趋向于零。

估计随机误差有两种方法，一种是利用数据来源，由每一步的误差累计成总的误差。另一种方法是利用测量数据本身的分布特性，在假定随机误差满足正态分布的条件下，根据多次等精度测量数据求出平均值、标准误差来表示真值和数据分散程度，并给出平均值与真值相差的估计。

3. 过失误差

过失误差是由于测量时使用仪器不合理或粗心大意、操作不正确引起，如读错刻度数值、记录错数据、计算方法错误等。只要测量时严肃认真，这种误差是完全可以避免的。

7.4.2 测量数据统计分析

1. 直接测量值误差分析

在直接测量中，为了得到比较可靠的测量值，一般在条件允许的情况下，应进行尽可能多次数的测量，然后通过对测量结果计算的分析，可以得到更近似真值的测量结果。一般来说，测量的次数越多，其计算出的结果就越接近真值。直接测量值误差有以下 4 种表示方法。

1) 误差范围

误差范围是指把一组测量值中最大值和最小值之差作为测量误差的变化范围。

2) 算术平均误差

算术平均误差是指测量值与其算术平均值之差的绝对值的算术平均值。

设观察值为 x_i，平均值为 $\bar{x}$，则算术平均值为

$$\bar{x} = \frac{1}{n} \sum_{i=1}^{n} x_i \tag{7-19}$$

偏差 $d_i = x_i - \bar{x}$，则算术平均误差 δ 为

$$\delta = \frac{1}{n} \sum_{i=1}^{n} d_i = \frac{1}{n} \sum_{i=1}^{n} |x_i - \bar{x}| \tag{7-20}$$

则真值可以表示为：$\mu = \bar{x} \pm \delta$。

3) 标准偏差

标准偏差又叫均方根偏差，它是指测量值与算术平均值差值的平方和的平均值的平方根，故又称均方偏差。计算公式如下：

$$\sigma = \sqrt{\frac{1}{n} \sum_{i=1}^{n} (x_i - \bar{x})^2} \tag{7-21}$$

在有限次测量中，工程上常用式(7-22)计算标准偏差：

$$\sigma_{n-1} = \sqrt{\frac{1}{n-1} \sum_{i=1}^{n} (x_i - \bar{x})^2} \tag{7-22}$$

由于式(7-22)是用算术平均值代替了未知的真值，故用偏差这个词代替误差，将由此式求得的均方根误差也称均方根偏差。测量次数越多，算术平均值就越接近真值，则各偏差也越接近误差。一般工程上不刻意区分误差与偏差，而将均方根偏差也称为均方根误差，简称均方差，则真值可用多次测量值的结果表示为

$$\mu = \bar{x} \pm \sigma \tag{7-23}$$

2. 间接测量值误差分析

由于间接测量是通过一定的公式，由直接测量值计算而得。直接测量的误差是不可避免的，所以间接测量也必定有误差。间接测量误差值的大小取决于直接测量值的误差大小，还取决于公式的形式。表达各直接测量值误差与间接测量值误差之间的关系式，称为误差传递公式。

1）间接测量值算术平均误差计算

这种误差分析是在考虑各项误差同时出现的情况，由其绝对值相加而得。计算可分为以下几类。

（1）加减运算中，间接测量值误差分析。

设：$N = A \pm B$

则有：$\Delta N = \Delta A + \Delta B$

即加、减运算的绝对误差等于各直接测量值的绝对误差之和。

（2）乘除运算中，间接测量值误差分析。

设：$N = A \times B$（或 $N = \dfrac{A}{B}$）

则有：$\delta = \dfrac{\Delta N}{N} = \dfrac{\Delta A}{A} + \dfrac{\Delta B}{B}$

即乘除运算的相对误差等于各直接测量值相对误差之和。

可见，当间接测量值计算式只含加、减运算时，以先计算绝对误差，后计算相对误差为宜；当式中只含有乘、除、乘方、开方时，以先计算相对误差，后计算绝对误差为宜。

2）间接测量值标准误差计算

由于间接测量值算术平均误差是在考虑各项误差同时出现的"最不利"情况下的计算结果，这种情况在实际工程中出现的可能性极小，因此按此算法得到的间接误差被相对加大，所以工程中实际多采用标准误差进行间接测量值的误差分析，其误差传递公式如下。

（1）绝对误差。

$$\sigma = \sqrt{\left(\frac{\partial f}{\partial X_1}\right)^2 \cdot \sigma_{x1}^2 + \left(\frac{\partial f}{\partial X_2}\right)^2 \cdot \sigma_{x2}^2 + \cdots + \left(\frac{\partial f}{\partial X_n}\right)^2 \cdot \sigma_{xn}^2} \tag{7-24}$$

（2）相对误差。

$$\delta = \frac{\sigma}{n} \tag{7-25}$$

式（7-24）和式（7-25）中，σ_i 为直接测量值 X_i 的标准误差；$\dfrac{\partial f}{\partial X_i}$ 为函数 $f(X_i)$ 对变量 X_i 的偏导数，以 $\overline{X_i}$ 代入求值。

由于上面两个公式更真实地反映了各直接测量值误差与间接测量值误差间的关系，因此在正式误差分析计算中都用此式。但实际实验中，并非所有直接测量值都进行多次测量，此时所算得的间接测量值误差，比用各直接测量值的误差均为标准误差算得的误差要大一些。

7.4.3 测量仪器的精度选择

掌握了误差分析理论后，就可以在实际测量中正确选择所使用仪器的精度，以保证测量结果有足够的精度。

在实际测量中，当要求间接测量值的相对误差为 $\frac{\sigma_n}{n}=\delta_n\leqslant A$ 时，通常采用等分配方案将其误差分配给各直接测量值 x_i，即

$$\frac{\sigma_{x_i}}{x_i}\leqslant\frac{1}{n}A \qquad (7-26)$$

式中　σ_{x_i}——某直接测量值 x_i 的绝对误差；

　　　n——待测量值的数目。

则根据 $\frac{1}{n}$ 的大小就可以选定测量 x_i 时所用仪器的精度。

在测量精度能满足测量要求的前提下，尽量使用精度低的仪器，否则由于测量仪器对周围环境、操作等要求过高，若使用不当，反而会损坏仪器。

习　题

1. 简述声级计的构造、工作原理和使用方法。

2. 测量置于刚性地面上的某机器的声功率级时，测点取在半球面上，半球面半径为 5m，测得各倍频带的声压级平均值见表 7-6。试求总声压级及机器的总声功率级。

表 7-6　各倍频带的声压级平均值

f_0/Hz	63	125	250	500	1000	2000	4000	8000
声压级/dB	88	96	105	98	85	75	65	60

3. 某测点处测得一台机器的声功率级见表 7-7，测点取在包络面面积为 110m² 上，求总声压级和总声功率级为多少？

表 7-7　测得机器的声功率级

面元	1	2	3	4	5	6	7	8
声压级/dB	75	73	80	70	78	80	75	70

4. 在铁路旁某处测得：当蒸汽车通过时，在 2.5 分钟内的平均声压级为 75dB；当内燃机车通过时，在 1.5 分钟内的平均声压级为 72dB；无车通过时，环境噪声声压级为 60dB。该处白天 12h 内共有 70 列火车通过，其中火车 40 列，客车 30 列。计算该地点白天的等效连续 A 声级。

第8章 环境噪声影响评价

在一定区域范围内把噪声对人体健康、公共环境的影响程度的确定、预测制度和方法称为环境噪声影响评价。它是对人类生存空间不同强度的噪声及其频谱特性以及噪声的时间特性所产生的危害与干扰程度的定量描述。这种定量方法把国家规定的噪声环境质量标准在环境中的本底值作为依据，根据环境声音质量的优劣转化为定量的可比数值，将这些定量的结果划分等级，以表明环境噪声污染程度。

噪声的评价量、环境噪声的评价标准与法规、评价内容和基本程序。

 导入案例

随着人们生活水平的提高，人们对环境的要求越来越高，特别是很注重建筑噪音对生活环境的影响。很多建筑工地(图 8.01 所示为夜间正在施工的建筑工地)的打桩机、混凝土搅拌机、卷扬机和推土机等重型建筑机械所发出的噪音，已经形成了环境噪声的污染，从而影响人们正常的工作、生活和休息。为进一步改善我国噪声环境质量的整体水平，有效提高城市声环境质量品质，国家环境保护部门采取评价措施，以最大限度地降低建筑环境噪声对居民区的噪声污染。环境噪声影响评价第一阶段是开展现场踏勘，了解环境法规和标准的规定，确定评价级别与评价范围和编制环境噪声评价工作大纲；第二阶段是开展工程分析，收集资料，现场监测调查噪声的基线水平及噪声源的数量、各声源噪声级与发声持续时间、声源空间位置等；第三阶段是预测噪声对敏感点人群的影响，对影响的意义和重大性作出评价，并提出削减影响的相应对策；第四阶段是编写环境噪声影响的专题报告。

图 8.01 夜间正在施工的建筑工地

8.1　噪声影响评价意义

1979 年，我国颁布的《中华人民共和国环境保护法(试行)》中规定："一切企业、事业单位的选址、设计、建设、生产，都必须注意防止对环境污染和破坏。在进行新建、改建和扩建工程中，都必须提出对环境影响的报告书，经环境保护部门和其他有关部门审查批准后才能进行设计。"首次以法律形式明确提出了环境影响评价报告书制度。我国的环境影响评价制度建立了起来，并从此成为我国一项基本国策。环境影响评价的基本任务就是评价建设项目的建设过程及建成投产后所引起的环境质量变化，并依据评价结果提出各种防治措施，为有关管理部门提供决策依据。进行环境影响评价的基本目的就是把由于建设项目而造成的污染降低到现行标准允许水平，为改善我国人口的生存状况，同时也为建设项目优化选址和合理布局以及城市规划提供科学依据。

8.2　噪声的基本评价量

如何对噪声进行评价，这是一个很复杂的问题。一方面是各种不同的噪声都有各自的物理特性，如不同的频率特性、不同的时间特性等；另一方面是在不同环境下，人们对噪声控制的目的也不同，如为了保护人体健康，保证语言和音乐信号的传送，机械设备的振动控制等。所以要根据不同情况，拟定不同的噪声评价量，以制定不同的噪声控制标准。

现在国际上提出的各种噪声评价量已有上百种，但是大部分的评价量是在某些基本评价量的基础上作些变化或修正得到的。下面我们主要介绍几种最基本和用得最为普遍的评价量。

8.2.1　A 计权声级

第 2 章中介绍了响度与响度级，并给出了等响曲线。等响曲线说明了相同强度的纯音，如果频率不同，则人们主观感觉到的响度是不同的，而且不同响度级的等响曲线也是不平行的，即在不同声强度的水平上，不同频率的响度差别也有不同。在评价一种声音的大小时，为了要考虑到人们主观上的响度感觉，例如，40dB、300Hz 的纯音，人听起来与 30dB、1000Hz 的纯音一样响，为此我们设计一种仪器，把 300Hz、40dB 左右的响应降低 10dB，从而使仪器反映的读数与人的主观感觉相接近。其他频率也根据等响曲线作一定的修正。这种对不同频率给以适当增减的方法称为频率计权。经频率计权后测量得到的分贝数称为计权声级。因为在不同声强水平上的等响曲线不同，要使仪器能适应所有不同强度的响度修正值是困难的。国际电工委员会(IEC)规定了 4 种计权网络：A、B、C、D。经过 A 计权曲线测量出的分贝读数称 A 计权声级，简称 A 声级，表示为分贝(A)或 dB(A)。特点是低声级响应，低频率时衰减量大(表 8-1)。A 计权曲线近似于响度级为 40phon 等响曲线的倒置。同样，B 计权曲线相应于近似 70phon 等响曲线的倒置，C 计权曲线相应于近似 100phon 等响曲线的倒置。测得的分贝读数分别为 B 计权声级和 C 计权声级。如果不加频率计权，仪器对不同频率的响应是均匀的，即线性响应，测量的结果就是声压级，直接以分贝或 dB 表示。

表 8-1 A 计权响应与中心频率的关系(按 1/3 倍频程)

中心频率/Hz	A 计权修正值/dB	中心频率/Hz	A 计权修正值/dB
20	−50.5	630	−1.9
25	−44.7	800	−0.8
31.5	−39.4	1000	0
40	−34.6	1250	+0.6
50	−30.2	1600	+1.0
63	−26.2	2000	+1.2
80	−22.5	2500	+1.3
100	−19.1	3150	+1.2
125	−16.1	4000	+1.0
160	−13.1	5000	+0.5
200	−10.9	6300	−0.1
250	−8.6	8000	−1.1
315	−6.6	10000	−2.5
400	−4.8	12500	−4.3
500	−3.2	16000	−6.6

在该声音频谱的每一个中心频率的频带上进行 A 计权，求得每一个频带 A 声级 L_{Ai}：

$$L_{Ai} = L_{pi} + \Delta_i \quad (dB(A)) \tag{8-1}$$

式中 Δ_i ——A 计权修正值(表 8-1)

而该声音总的 A 声级为

$$L_A = 10\lg\left(\sum 10^{0.1L_{Ai}}\right) \quad (dB(A)) \tag{8-2}$$

例题：根据倍频带声级计算 A 计权声级。

解：具体解题过程见表 8-2。

表 8-2 根据倍频带声级计算 A 计权声级

中心频率/Hz	31.5	63	125	250	500	1000	2000	4000	8000
频带声压级/dB	60	65	73	76	85	80	78	62	60
A 计权修正值/dB	−39.4	−2.6	−16.1	−8.6	−3.2	0	+1.2	+1.0	−1.1
修正后频带 A 声级/dB(A)	20.6	38.8	56.9	67.4	81.8	80	79.2	63.0	58.9
各 A 声级两两叠加/dB(A)	略	略	略	略	84.0		79.2	略	略
总的 A 计权声级/dB(A)	85.2								

注：虽然 1/3 倍频程和倍频程频带宽度不同，但在相同中心频率上的频带计权修正量是一样的。

最初考虑对较轻的声音如(40phon左右)测量时用A计权，中等的声音(70phon左右)用B计权，很响的声音(100phon左右)用C计权。这在实用中颇为不便，况且等响曲线是根据纯音实验得到的，对于复杂噪声的响度感觉难以用简单的物理量来表达。作为评价标准，总希望有一个简单的单一量来表示。长期经验表明，时间上连续、频谱较均匀、无显著纯音成分的宽频带噪声的A声级，与人们的主观反映有良好的相关性，即测得的A声级大，人们听起来也感觉响。当用A声级大小对噪声排次序时，与人们主观上声响的感觉是一致的。同时，A声级的测量，只要一台小型化的手持仪器即可进行。所以，A声级是目前最为广泛应用的一个噪声评价量，许多环境噪声的允许标准和机器噪声的评价标准都采用A声级或以A声级为基础。

但必须注意到，A声级并不提供频率信息，即同一A声级值的噪声，其频谱差别可能非常大。两种频谱，其A声级值相同，然而频率特性相差很大。所以对于相似频谱的噪声，用A声级来排次序是完全可以的，但若要比较频谱完全不同的噪声，那就要注意到A声级的局限性。如果要评价有纯音成分或频谱起伏很大的噪声的响度，以及要分析噪声产生原因，研究噪声对人体生理影响、噪声对语言通信的干扰等工作，就必须进行频谱分析或其他信息处理。

C计权曲线在主要音频范围内基本上是平直的，只在最低与最高频段略有下跌，所以C声级与线性声压级一般是比较接近的。在低频段，C计权与A计权的差别最大，所以根据C声级与A声级的相差大小，可以大致上判断该噪声是否以低频成分为主。不过，稍有经验的人凭耳朵就能判别这种差别了。

图8.1中的D计权曲线是相应于图8.2中感觉噪声级为40(PNdB)的等感觉噪度曲线的倒置。测得的分贝数称D记权声级，表示为dB(D)，D声级主要用于航空噪声的评价。

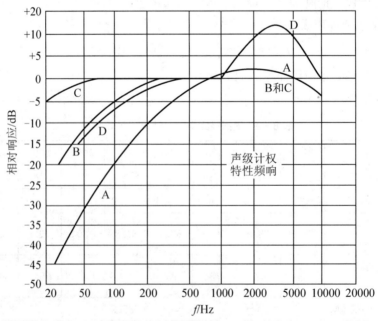

图8.1　计权网络频率特性

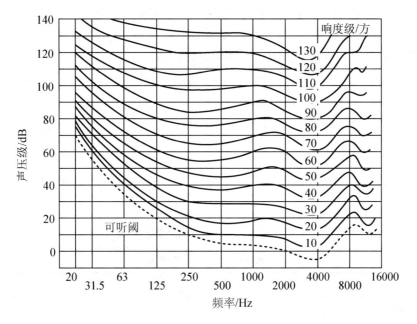

图 8.2　等响曲线

8.2.2　等效连续 A 声级 L_{eq} 和昼夜等效声级

1. 等效连续 A 声级 L_{eq}

实际噪声很少是非常稳定地保持固定声级的,而是随时间有忽高忽低的起伏。对于用 A 声级来评价的噪声,要求出在一定时间内的平均值。对 A 计权声压的平方求平均得到的 A 声级,称等效连续声级,记为 L_{eq},相当于在这段时间内,一直有 L_{eq} 这么大的 A 声级在作用。因为声压平方正比于能量,所以 L_{eq} 也称等能量 A 声级。

现在有些自动化测量仪器,例如积分式声级计,可以直接测量出一段时间内的 L_{eq} 值。一般的测量方法是在一段足够长的时间内等间隔地取样读取 A 声级,再求它的平均值。要注意的是将 A 声级换算到 A 计权声压的平方求平均。如果在该段时间内一共有 n 个 A 声级读数,则等效连续声级的计算公式为

$$L_{eq} = 10\lg\left(\frac{1}{n}\sum_{i=1}^{n}10^{0.1L_i}\right) \qquad (8-3)$$

式中　L_i——第 i 个 A 声级(dB(A))。

如果假设在 n 个 A 声级值中有 n_1 次 A 声级是 L_1,n_2 次 A 声级是 L_2,$\cdots$,n_i 次 A 声级是 L_i,则式(8-3)可写为

$$L_{eq} = 10\lg\left(\sum_i \frac{n_i}{n}10^{0.1L_i}\right) \qquad (8-4)$$

为了计算方便,还可以任意选择一个较小的值作为参考声级 L_0,则有

$$L_{eq} = L_0 + 10\lg\left(\sum_i \frac{n_i}{n}10^{0.1(L_i-L_0)}\right) \qquad (8-5)$$

例题： 在一个车间内，每隔 5 分钟测量一个 A 声级，一天 8h 共测 96 次，如果有 12 次是 85dB(A)(包括 83~87dB(A))，12 次是 90(88~92)dB(A)，48 次是 95(93~97)dB(A)，24 次是 100(98~102)dB(A)。试求车间等效连续声级。

解： 取 $L_0 = 80$dB(A)，或 85dB(A) 也可，则 $L_1 = 85$dB(A)，$\dfrac{n_1}{n} = \dfrac{1}{8}$；$L_2 = 90$dB(A)，$\dfrac{n_2}{n} = \dfrac{1}{8}$；$L_3 = 95$dB(A)，$\dfrac{n_3}{n} = \dfrac{1}{2}$；$L_4 = 100$dB(A)，$\dfrac{n_4}{n} = \dfrac{1}{4}$。

代入 (8-5) 式计算有

$$L_{eq} = 80 + 10\lg\left(\frac{1}{8} \times 10^{0.1 \times (85-80)} + \frac{1}{8} \times 10^{0.1 \times (90-80)} + \frac{1}{2} \times 10^{0.1 \times (95-80)} + \frac{1}{4} \times 10^{0.1 \times (100-80)}\right)$$

$$\approx 96.3\text{dB(A)}$$

例题： 甲、乙两工人一个班工作 8h，噪声暴露情况见表 8-3。

表 8-3　噪声暴露情况

L_A/dB(A)	80 以下	90	95	100
甲暴露时间/h	0	8	0	0
乙暴露时间/h	2	2	3	1

问：哪个工人接受的有害噪声(≥80dB(A))能量多？

解： $T = 8$h，则 L_{eq}(甲) $= 90$dB(A)(稳定噪声时)，即

$$L_{eq} = L_A$$

$$L_{eq}(\text{乙}) = 10\lg\left[\frac{1}{8}(2 \times 10^9 + 3 \times 10^{9.5} + 10^{10})\right] = 94.3(\text{dB(A)})$$

答：乙比甲接受的有害噪声能量多。

2. 昼夜等效声级 L_{dn}

把每天的 7:00—22:00 算作白天，把 22:00—7:00 算作夜间。由于同样的噪声在白天和夜间对人的影响是不一样的，而等效连续 A 声级评价量并不能发挥人堆噪声主观反映的这一特点。夜间睡眠休息时间应比白天更安静，为了考虑声在夜间对人们烦恼的增加，规定夜晚噪声的影响应增加 10 分贝计算。这样在计算一天的等效连续声级时，把上面两点考虑进去，就得到所谓日夜等效声级 L_{dn}：

$$L_{dn} = 10\lg\left(\frac{15}{24} \times 10^{\frac{L_d}{10}} + \frac{9}{24} \times 10^{\frac{L_n}{10}}\right) \tag{8-6}$$

式中　L_d——昼间(7:00—22:00)测得的噪声能量平均 A 声级 $L_{eq,d}$(dB(A))；

L_n——夜间(22:00—7:00)测得的噪声能量平均 A 声级 $L_{eq,n}$(dB(A))。

昼间和夜间的时段可以根据当地情况或根据当地政府的规定作适当调整。

8.2.3 累计百分数声级 L_N

在现实生活中经常碰到的是非稳噪声，对于不稳定的随机起伏的噪声，等效连续 A 声级是表达不出来的。所以，我们用噪声出现的时间概率或累计概率来表示这种起伏。这种

方法也就是统计的方法，即在一段时间内进行较多次的随机取样，然后对测到的不同噪声级作统计分析，取它的累计概率值来评价这个噪声。

统计方法参看表 8-4。把所有取样值 L 按声级大小次序（从小到大或从大到小）排列，分别统计它们的出现次数 n_i，计算它们出现的百分数 c_i，最后计算它们的累计百分数 s_i。某个累计百分数 N 所对应的声级，称为统计声级 L_N。它表示在所测时间（或次数）内有百分之几的噪声级值超过这个数。

表 8-4 声级统计表

取样值	出现次数	出现百分数	累计百分数
L_1	n_1		
L_2	n_2		
⋮	⋮		
L_i	n_i		
⋮	⋮		
L_n	n_n		

我们还可在正态概率坐标纸上画出累计百分数与声级的分布曲线。在这样的图中，很容易读出任一累计百分数的声级值。例如图中 $L_{10} = 82\text{dB(A)}$，表示在测量期间有 10% 时间的噪声级超过 82dB(A)；$L_{50} = 70\text{dB(A)}$，表示有半数超过 70dB(A)；$L_{90} = 57\text{dB(A)}$，表示有 90% 的声级超过 57dB(A)。通常把 L_{10} 作为这个随机噪声的峰值，L_{50} 作为平均值，L_{90} 相当于本底噪声级。

如果这个随机噪声的声级起伏能很好地符合正态分布，那么就有

$$L_{eq} = L_{50} + \frac{d^2}{60} \tag{8-7}$$

$$d = L_{10} - L_{90} \tag{8-8}$$

8.2.4 语言干扰级

语言声的频率集中在 500～1000Hz 附近，辅音的频率范围以中高频为主。虽然辅音的能量较小，但对于语言清晰度非常重要，所以在研究噪声对语言的掩蔽作用时，要考虑语言声能量集中区和辅音较强的频率范围的噪声大小。

原先干扰噪声的 500～1200Hz、1200～2400Hz、2400～4800Hz 三个倍频带声压级的算术平均值称为语言干扰级，简写为 SIL。后来改为优选频带，即中心频率为 500、1000、2000Hz 的 3 个倍频带声压级的算术平均值，称为改进的语言干扰级，简称 $PSIL$。

图 8.3 所示是以面对面的交谈距离为参量，在不同语言干扰级情况下的各种通话效能。例如两人相距 1m 作面对面交谈，则当 $PSIL$ 为 53dB 时，普通谈话声音大小就能听清；若 $PSIL$ 为 65dB，就须提高声音才能听清；$PSIL$ 为 70dB 时，要有很大的嗓门；当 $PSIL$ 为 75dB 时，就非得大喊大叫不可。反过来，为了保证在一定距离内如在一般房间内，彼此可以轻松地交谈，必须使室内本底噪声的 $PSIL$ 降到 35～40dB 以下。

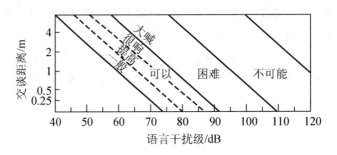

图 8.3　语言干扰级

8.2.5　针对室内噪声的评价量

1. 更加噪声标准(PNC)曲线

美国白瑞奈克考虑到语言干扰级和响度级两个方面,拟订了噪声规范曲线 NC,它主要用于建筑声学设计方面,作为控制不同场所的噪声水平的参考标准。在使用中发现了一些缺点,经修正,成 PNC 曲线,如图 8.4 所示。例如建议广播电视录音室的本底噪声,不要超过 PNC-25,则每个倍频带声压级都不应超过 PNC-25 曲线上各倍频带声压级值。PNC 曲线在美国应用较广。

还有许多评价量,有的还比较复杂,这里不再一一介绍了。在应用某些评价量对噪声作出评价时,一定要考虑评价量的意义和应用条件,看看是否符合我们的评价目的和要求。遇到某种特殊环境或条件,也可考虑拟订符合实际情况的新的评价量。

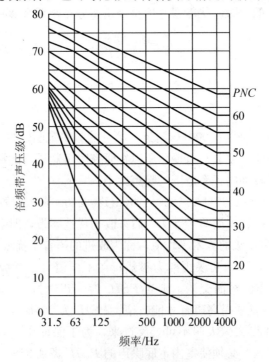

图 8.4　PNC 曲线

例题： 根据倍频带声级得出噪声评价 PNC 曲线号，具体见表 8-5。

表 8-5　根据倍频带声级得出的 PNC 曲线号

中心频率/Hz	31.5	63	125	250	500	1000	2000	4000	8000
倍频带声压级/dB	55	46	43	37	40	35	30	28	24
对应 PNC 号	15	20	25	25	35	35	35	35	30

本例中，各倍频带对应的 PNC 号的最大值是 35，因此可确定此环境中的噪声达到 PNC-35 的要求。

PNC 曲线适用于室内活动场所稳态噪声的评价，以及有特别噪声环境要求的场所的设计。对不同使用功能的场所，所要求的噪声环境也不一样，表 8-6 给出了各类环境的 PNC 曲线推荐值。

表 8-6　各类环境的 PNC 曲线推荐值

空间类型(声学上的要求)	PNC 曲线
音乐厅、歌剧院(能听到微弱的音乐声)	10～20
录音、播音室(使用时远离传声器)	10～20
大型观众厅、大剧院(优良的听闻条件)	≤20
广播、电视和录音室(使用时靠近传声器)	≤25
小型音乐厅、剧院、音乐排练厅、大会堂和会议室(具有良好的听闻条件)，或行政办公室和 50 人的会议室(不用扩声设备)	≤35
卧室、宿舍、医院、住宅、公寓、旅馆、公路旅馆等(适宜睡眠、休息、休养)	25～40
单人办公室、小会议室、教室、图书馆等(具有良好的听闻条件)	30～40
起居室和住宅中的类似的房间(作为交谈或听收音机和电视)	30～40
大的办公室、接待区域、商店、食堂、饭店等(对于要求比较好的听闻条件)	35～45
休息(接待)室、实验室、制图室、普通秘书室(有清晰的听闻条件)	40～50
维修车间、办公室和计算机设备室、厨房和洗衣店(中等清晰的听闻条件)车间、汽车库、发电厂控制室等(能比较满意地听语言和电话通信)	50～60

2. 噪声评价数(NR)曲线

为了知道噪声的频谱特性，至少对噪声要进行倍频程频谱分析。为了在频谱分析后仍能用一个数字表示噪声水平，国际标准组织推荐如图 8.5 所示的噪声评价曲线 PN。每条曲线所标的数字称噪声评价数，记为 NR 数或 N 数。NR 评价曲线可用于对外界噪声的评价。NR 评价曲线以 $1kHz$ 倍频带声压级值作为噪声评价数 NR，其他 $63Hz$～$8kHz$ 倍频带的声压级和 NR 的关系也可由式(8-9)计算：

$$L_{pi} = a + bNR_i \tag{8-9}$$

式中　L_{pi}——第 i 个频带声压级(dB)；

　　　a、b——不同倍频带中心频率的系数，见表 8-7。

在应用这些曲线进行噪声评价时，把对某种噪声测得的各频带声压级标在这种曲线图上，在各个倍频带声压级所对应的 NR 数中取其最大值即为这种噪声的噪声评价数。如图 8.5 中的一种噪声谱，虽然 250Hz 倍频带的声压级最高，是 69dB，但对应的 NR 曲线数是 61，而 1000Hz 对应的 NR 数最高，是 66，所以这种噪声的评价数即为 NR-66。

如果把 NR 曲线上各倍频带声压级读数，经 A 计权来计算它的 A 声级值 L_A，则近似有

$$NR = L_A - 5 \qquad\qquad (8-10)$$

所以当某些噪声标准规定噪声应低于某个 A 声级值时，可以按比 A 声级值低 5 的噪声评价曲线来对各个倍频带进行控制。例如对于有打字机的办公室，要求噪声低于 55dB(A)，则在进行噪声控制设计时，可以按 NR-50 号曲线所对应的各倍频带声压级进行设计，即 63Hz 不超过 75dB。125Hz 不超过 66dB，250Hz 不超过 53dB，500Hz 不超过 54dB，1000Hz 不超过 50dB，2000Hz 不超过 47dB，4000Hz 不超过 46dB，8000Hz 不超过 44dB。

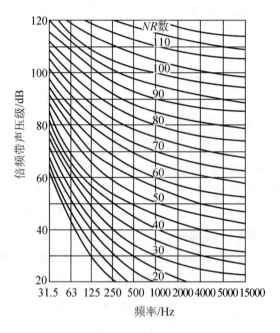

图 8.5　噪声评价数(NR)曲线

表 8-7　不同中心频率的系数 a 和 b

倍频带中心频率/Hz	a	b
63	35.5	0.790
125	22.0	0.870
250	12.0	0.930
500	4.8	0.974

（续）

倍频带中心频率/Hz	a	b
1000	0	1.000
2000	-3.5	1.015
4000	-6.1	1.025
8000	-8.0	1.030

8.2.6 噪度和感觉噪声级

人们对一种声音响度的主观感觉与对这种声音的吵闹厌烦的感觉还不一样，高频噪声比同样响度的低频噪声要厌烦；强度变化快的噪声比强度较稳定的噪声更厌烦；见不到噪声源位置的噪声比可以定位的噪声源产生的噪声更厌烦；两个强度相等的噪声，则包含有纯音或声能集中在窄频带内的噪声更让人厌烦。

人们对噪声的厌烦程度的评价用感觉噪度(PN)和感觉噪度级(L_{PN})来表示，与等响曲线相似，人们在大量实验基础上得到与 1000Hz 声波相比较的等感觉噪度曲线，如图 8.6 所示。因为感觉噪度与声压级、频谱和时间等因素有关，所以，比较感觉噪度用的参考声波是中心频率为 1000Hz 的倍频带噪声，以 5dB/s 速率增至最大值，保持 2s，再以 5dB/s 速率降至最小。

感觉噪度的单位是"呐"（NOY），1NOY 是上述中心频率 1000Hz 倍频带声压级为 40dB 时的感觉噪度。2NOY 噪声比 1NOY 噪声有 2 倍的"吵"的感觉。

感觉噪度级 L_{PN} 类似于响度级的分贝标度，它的分贝数就是等感觉噪度曲线上 1000Hz 所对应的声压级的分贝数，记为($PNdB$)。感觉噪度级大约每增减 $10PNdB$，感觉噪度相应增减一倍。

感觉噪度的计算方法也类似于响度的计算方法：

$$PN = PN_m + F\left(\sum_{f=1}^{m} PN_j - PN_m\right) \tag{8-11}$$

式中　PN_j——测得的声压级从图 8.6 中得到的各频带的感觉噪度；

　　　PN_m——PN_j 中的最大值；

　　　F——当倍频带 n 等于 1、1/2、1/3 时，分别取 0.3、0.2、0.15。

若要计算感觉噪度级 L_{PN}，则可从图 8.6 上查到。当感觉噪度呐值每增加一倍，感觉噪声级增加 10dB，它们之间也可通过以下关系式换算：

$$L_{PN} = 40 + 10\log_2 PN \quad (dB) \tag{8-12}$$

感觉噪声级的应用比较普遍，但从感觉噪度计算来计算感觉噪声级比较复杂，实际测量中常近似地由 A 计权声级加 13dB 求得，用式(8-13)表示

$$L_{PN} = L_A + 13 \quad (dB) \tag{8-13}$$

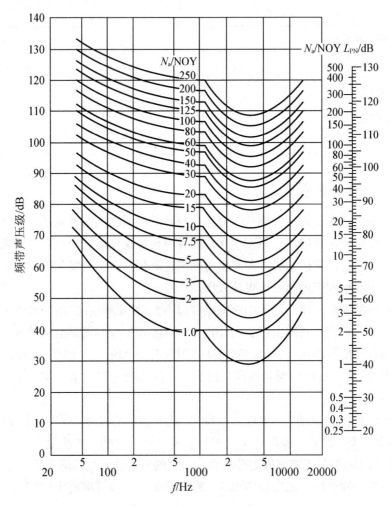

图 8.6   等感觉噪度曲线

8.2.7   计权等效连续感觉噪声级

在航空噪声评价中，对在一段监测时间内飞行事件噪声的评价采用计权等效连续感觉噪声级 L_{WECPN}。它考虑了一段监测时间内通过一固定点的飞行引起的总噪声级，同时也考虑了不同时间内飞行所造成的不同社会影响。它适用于机场的噪声评价。计权等效连续感觉噪声级 L_{WECPN} 是通过有效感觉噪声级来计算得到的。

计权等效连续感觉噪声级 L_{WECPN} 的计算比较复杂，可参阅有关参考文献。

8.2.8   交通噪声指数 TNI

交通噪声指数 TNI 是城市道路交通噪声评价的一个重要参量，其定义为

$$TNI = 4(L_{10} - L_{90}) + L_{90} - 30 \tag{8-14}$$

其中，第一项表示"噪声气候"的范围，即噪声起伏变化的情况，变化越大就越吵；第二项是交通噪声的本底值，也是越大越吵；第三项常数是凑成一个较为方便的结果数

字。可见，TNI 与噪声的起伏变化有很大的关系，噪声的涨落对人影响的加权数为 4，这在与主观反映相关性测试中获得较好的相关系数。

TNI 评价量只适用于机动车辆噪声对周围环境干扰的评价，而且限于车流量较多及附近无固定声源的环境。对于车流量较少的环境，L_{10} 和 L_{90} 的差值较大，得到的 TNI 值也很大，使计算数值明显地夸大了噪声的干扰程度。例如，在繁忙的交通干线处，$L_{90}=70\text{dB}$，$L_{10}=84\text{dB}$，$TNI=96\text{dB}$；在车流量较少的街道，L_{10} 可能仍为 84dB，L_{90} 却会降低到如 55dB 的水平，$TNI=141\text{dB}$。显然，后者因噪声涨落大，引起烦恼比前者大，但两者的差别不会如此之大。

8.2.9 噪声污染级 NPL（L_{NP}）

噪声污染级也是用以评价噪声对人的烦恼程度的一种评价量，它既包含了对噪声能量的评价，同时也包含了噪声涨落的影响。噪声污染级用标准偏差来反映噪声的涨落，标准偏差越大，表示噪声的离散程度越大，即噪声的起伏越大。噪声污染级用符号 L_{NP} 表示，其表达式为

$$L_{NP} = L_{eq} + k\sigma \tag{8-15}$$

式中 σ——规定时间内噪声瞬时声级的标准差（dB）；

     k——常量，一般取 2.56。

噪声污染级由两项组成，第一项就是等效连续声级，代表这段时间内噪声的平均能量 A 计权。第二项中 k 是常数，目前经验认为取 2.56 较为合适。σ 是总共 n 次测量所得各个 A 声级 L_i 的平均值的标准偏差。

$$\sigma = \left[\frac{1}{n-1} \sum_{i=1}^{n} (L_i - \overline{L})^2 \right]^{\frac{1}{2}} \tag{8-16}$$

式中 n——这段时间内的总测量次数；

     L_i——各次测量的 A 声级值；

     $\overline{L}$——L_i 的算术平均值。

第二项 $k\sigma$ 代表了这段时间内的噪声起伏变化的程度。所以噪声污染级的意义是：一种噪声的吵闹程度，除了与这种噪声的平均大小有关外，还与它的高低变化情况有关。变化越大，同样使人觉得越吵闹。

如果噪声随时间的变化符合正态分布，则有

$$L_{NP} = L_{eq} + L_{10} - L_{90} \tag{8-17}$$

$$L_{NP} = L_{50} + d + \frac{d^2}{60} \tag{8-18}$$

其中，$d = L_{10} - L_{90}$。

从以上关系式中可以看出，L_{NP} 不但和 L_{eq} 有关，而且和噪声的起伏值 $L_{10} - L_{90}$ 有关，当 $L_{10} - L_{90}$ 增大时，L_{NP} 明显增加，说明了 L_{NP} 比 L_{eq} 更能显著地反映出噪声的起伏作用。

噪声污染级的提出，最初是试图对各种变化的噪声作出一个统一的评价量，但到目前为止的主观调查结果并未显示出它与主观反映的良好相关性。事实上，噪声污染级并不能

说明噪声环境中许多较小的起伏和一个大的起伏(如脉冲声)对人影响的区别。但它对许多公共噪声的评价，如道路交通噪声、航空噪声以及公共场所的噪声等是非常适当的，它与噪声暴露的物理测量具有很好的一致性。

8.2.10 噪声冲击指数

评价噪声对环境的影响，除要考虑噪声级的分布外，还应考虑受噪声影响的人口。人口密度低时的高声级与人口密度较高条件下的低声级，对人群造成的总体干扰可以相仿。为此，提出噪声对人群影响的噪声冲击总计权人口数 TWP 来评价：

$$TWP = \sum W_i(L_{dn}) \cdot P_i(L_{dn}) \quad (dB) \qquad (8-19)$$

式中　$P_i(L_{dn})$——全年或某段时间内受第 i 等级昼夜等效声级范围内影响的人口数；

$W_i(L_{dn})$——第 i 等级声级的计权因子，见表 8-8。

表 8-8　不同 L_{dn} 值的计权系数 W_i

L_{dn}/dB	$W_i(L_{dn})$	L_{dn}/dB	$W_i(L_{dn})$	L_{dn}/dB	$W_i(L_{dn})$
35	0.002	52	0.030	69	0.224
36	0.003	53	0.035	70	0.245
37	0.003	54	0.040	71	0.267
38	0.003	55	0.046	72	0.291
39	0.004	56	0.052	73	0.315
40	0.005	57	0.060	74	0.341
41	0.006	58	0.068	75	0.369
42	0.007	59	0.077	76	0.397
43	0.008	60	0.087	77	0.427
44	0.009	61	0.098	78	0.459
45	0.011	62	0.110	79	0.492
46	0.012	63	0.123	80	0.526
47	0.014	64	0.137	81	0.562
48	0.017	65	0.152	82	0.600
49	0.020	66	0.168	83	0.640
50	0.023	67	0.185	84	0.681
51	0.026	68	0.204	85	0.725

根据式(8-19)可以计算出每个人受到的冲击强度，称为噪声冲击指数，用符号 NNI 表示，其计算式为

$$NNI = \frac{TWP}{\sum P_i(L_{dn})} \quad (dB) \qquad (8-20)$$

NNI 可用于对声环境质量评价及不同环境的相互比较，以及供城市规划布局中考虑噪声对环境的影响，并由此做出选择。

8.2.11 噪声暴露预报

为了用一个尽可能将各种因素(诸如每种飞机的噪声级、使用机场各种飞机比例、早晚飞行次数、飞行路线、飞行操作方式等)都考虑进去的单一数值评价机场附近的噪声干扰，在 CNR 的基础上，美国空军部门提出了噪声暴露预报指数(NEF)的评价方法，它是在 CNR 评价方法的基础上发展而来的，用数学式表达为

$$NEF = 10\lg \sum_i \sum_j 10^{\frac{NEF_{ij}}{10}} \qquad (8-21)$$

式中　NEF_{ij}——在飞行路线 j 上飞行的 i 型飞机的噪声暴露预报值。

$$NEF_{ij} = EPNL_{ij} + 10\lg(N_{dij} + 16.67N_{nij}) - 88$$

式中　N_{dij}——白天(07:00~22:00)的飞行次数；

　　　N_{nij}——夜间(22:00~07:00)的飞行次数。

显然这种方法计算复杂，一般要测量大量各类飞机飞行噪声特性数据，并要求计算机来计算。但是考虑的因素比较全面，能更好地反映人们在实际条件下对飞机噪声的主观感觉，故在美国广泛应用。

除了以上介绍的评价方法外，各国针对不同的噪声源有不同的评价方法，其中不少是关于飞机噪声的，如法国噪声指数(N)、德国的平均烦恼度(Q)、荷兰的噪声总负载(B)、南非的噪声指数(NI)等。

8.3　噪声评价的基本程序及噪声评价等级划分

8.3.1　噪声评价的基本程序

与其他专业环境影响评价程序类似，图 8.7 所示即为噪声环境影响评价的工作程序。噪声影响环境评价工作的前期准备工作主要是详细掌握被评价工程项目的有关文件，如建设地点、建设规模、项目特点、生产工艺流程等，并对建设项目所在地大致环境有一个初步了解，应对被评价项目做到心中有数。

8.3.2　噪声评价等级划分

在掌握被评价项目的基本情况以后，即可根据情况确定进行该建设项目评价的工作等级。

1. 噪声评价工作等级划分的依据

(1) 建设项目所在区域的声环境功能区类别。

(2) 建设项目建设前所在区域的声环境质量变化程度。

(3) 受建设项目影响的人口数量。

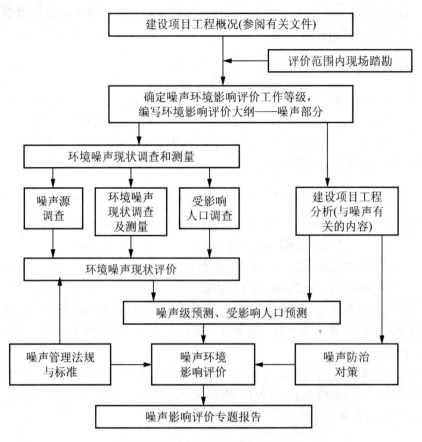

图 8.7　噪声环境影响评价工作程序

　　针对具体建设项目，综合分析上述声环境影响评价工作等级划分依据，可确定建设项目声环境影响评价工作等级。

　　2. 噪声评价工作的等级划分

　　噪声环境影响评价工作一般分为三级，具体规定如下。

　　(1) 一级评价：对于大、中型建设项目，属于规划区内的建设工程，或受噪声影响范围内有适用于 GB 3096—2008 规定的 0 类标准及以上的需要特别安静的地区，以及对噪声有限制的保护区等噪声敏感目标，项目建设前后噪声级有显著增高(噪声级增高量达 5～10dB(A)或以上)或受影响人口显著增多的情况应该按一级评价进行工作。

　　(2) 二级评价：对于新建、扩建及改建的大、中型建设项目，若其所在功能区属于 GB 3096—2008 规定 1 类、2 类标准的地区，或项目建设前后噪声级有较明显增高(噪声级增高量达 3～5dB(A)或以上)，或受噪声影响人口增加较多的情况，应该按二级评价进行工作。

　　(3) 三级评价：对处在适用 GB 3096—2008 规定的 3 类标准及以上地区(允许噪声的标准值为 65dB(A)及以上的区域)的中型建设项目，以及处在 GB 3096—2008 规定的 1 类、2 类标准地区的小型建设项目，或者大、中型建设项目建设前后噪声级增加很小(噪声级增高量达 3dB(A)以内)且受影响人口变化不大的情况，应该按三级评价进行工作。

（4）只填写"环境影响报告"：对于处在非敏感区的小型建设项目，噪声评价只需填写"环境影响报告表"中相关内容。

建设项目环境噪声影响评价的工作等级要求见表 8-9。

表 8-9　建设项目环境噪声影响评价的工作等级要求

建设项目	评价工作等级			
	敏感地区		非敏感地区	
	大中型	小　型	大中型	小　型
机场	1		1	
铁路	1		2	
高速公路	1		2	
公路干线	1	2	2	3
港口	1	2	2	3
工矿企业	1	2	2	3

3．评价工作等级的基本要求

1）一级评价工作的基本要求

（1）环境噪声现状应实测。

（2）噪声预测要覆盖全部敏感目标，绘制声级图并给出预测噪声级的误差范围。

（3）给出项目建成后各噪声级范围内受影响的人口分布、噪声超标范围和程度。

（4）对噪声级变化可能出现几个阶段的情况（如建设期，投产运行后的近期、中期、远期）应分别给出其噪声级。

（5）对项目可能引起的非项目本身的环境噪声增高（如机场建设引起相关道路车流量增多，噪声升高）也应给予分析。

（6）对评价中提出的不同选址方案、建设方案等对策所引起的声环境变化应进行定量分析。

（7）针对建设项目工程特点提出噪声防治对策，并进行经济与技术可行性分析，给出最终降噪效果。

2）二级评价工作的基本要求

（1）环境噪声现状以实测为主，可适当利用当地已有的环境监测资料。

（2）噪声预测要给出等声级图，并给出预测噪声级的误差范围。

（3）描述项目建成后，预测各噪声级范围内的人口分布、噪声超标范围和程度。

（4）对噪声级变化可能出现的几个阶段，选择噪声级最高的阶段进行详细预测，并适当分析其他阶段的噪声级。

（5）针对建设工程特点提出噪声防治措施并给出最终降噪效果。

3）三级评价工作的基本要求

（1）噪声现状调查可着重调查现有噪声源种类和数量，其声级数据可参照已有资料。

（2）预测以现有资料为主，对项目建成后噪声级分布做出分析并给出受影响的范围和程度。

（3）要针对建设工程特点提出噪声防治措施并给出效果分析。

8.4 评价方法及步骤

8.4.1 建设项目评价方法

1. 噪声环境影响评价大纲

在了解被评价建设单位的有关文件及进行了有关的实地勘探后，按照噪声环境影响评价工作程序，评价工作的第一个步骤即为编写环境影响评价大纲中的噪声部分。其内容包括下列几部分。

（1）建设项目概况（包括论述与噪声有关的内容，如主要噪声源种类、数量、噪声特性分析等）。

（2）噪声评价工作等级和评价范围。

（3）采用的噪声评价标准，噪声功能区和其他保护目标的标准值。

（4）噪声现状调查和测量方法，包括测量范围、测点分布、测量仪器、测量时段等。

（5）噪声预测方法，包括预测模型、预测范围、预测时段及有关参数的估计方法等。

（6）不同阶段的噪声评价方法和对策。

此外，与其他所有综合环境影响评价项目相同，在噪声环境影响评价大纲中，还需包括进行该项目环境影响评价工作所需的工作经费及该项目的有关申报批复及批复文件等。

2. 噪声环境现状综述

噪声环境现状综述的主要内容为该建设项目现在所处位置环境的总体综合描述，应包括地理位置、周边的大环境、所在区域人口、地形地貌、气象条件的综述。

3. 噪声环境影响评价所执行的法规及标准

在进行噪声环境影响评价中一般采用如下法规及标准。

《中华人民共和国环境噪声污染防治法》

GB 3096—2008 声环境质量标准

GB 9660—1988 机场周围飞机噪声环境标准

GB 12525—1990 铁路边界噪声限值及其测量方法

GB 12523—2011 建筑施工场界环境噪声排放标准

GB 12348—2008 工业企业厂界环境噪声排放标准

GB J87—1985 工业企业噪声控制设计规范

HJ 2.4—2009 环境影响评价技术导则 声环境

4. 噪声环境影响评价的评价量及评价范围的确定

噪声源评价量可用声压级或倍频带声压级、A声级、声功率级、A计权声功率级等。对于稳态噪声(如常见的工业噪声),一般以A声级作为评价量;对声级起伏较大(非稳态噪声)或间歇性噪声(如公路噪声、铁路噪声、港口噪声、建筑施工噪声),以等效连续A声级 L_{eq} 作为评价量;对于机场飞机噪声,以计权等效连续噪声级 L_{WECPN} 作为评价量。

噪声环境影响的评价范围一般应根据对被测评价项目确定的评价工作等级确定。对于建设项目包含多个呈现点声源性质的情况(如工厂、港口、施工工地、铁路站场等),一级评价一般取自被评价项目红线边界处向四周延伸200m内的区域作为噪声评价范围;相应的二级评价和三级评价的评价范围可根据实际情况适当缩小。若建设项目周围较为空旷而较远处有敏感区域,则评价范围应适当放宽;若建设项目周围近距离内(一般取1000m的距离)无对噪声敏感区域,则相应的各级评价范围也可适当缩小。

对于建设项目呈线状声源性质的情况(如铁路沿线、公路),一级评价要求一般取线状声源两侧各200m的区域作为噪声评价范围;二级评价和三级评价的范围可根据实际情况相应缩小,若建设项目周围较为空旷而较远处有敏感区,则评价范围应适当放宽到敏感区附近,若建设项目附近四周近距离内(一般取1000m的距离)无对噪声敏感区域,则相应的各级评价范围也可适当缩小。

对于建设项目是机场的情况,一级评价取距主要飞行行迹离跑道两端各15km,侧向2km内的区域作为噪声评价范围;相应的二级和三级评价范围可根据实际情况适当缩小。

5. 噪声工程污染源分析

在对噪声进行环境影响评价时,对被评价项目的噪声工程污染源进行分析是一项非常重要的工作。需要注意的是,所谓噪声污染源,不仅仅指有关的机械设备,也应包括相关的操作过程中所有可能产生的动态或非动态设备噪声污染源,如建设项目工地的风镐、与项目运营有关的车辆、工作的操作噪声等。

要排查清楚评价项目的主要噪声污染源是一项艰巨的工作,往往一个建设项目在筹建之初,并不能提供全部的噪声污染源的数量、大小、型号、位置及噪声级等数据,而这些数据是在对该项目进行评价预测时所必需的。因此,在实际评价工作中,往往利用类比测试的方法确定噪声污染源的这些数据,即确定一个或几个具有与被评价项目相同规模、工艺流程及地理环境的类比测试单位进行类比调查(每个类比单位不一定与被评价项目在各个方面相同,但在一定的范围内相似即可)。

对于噪声源机械设备进行类比测试方法应符合如下标准。

GB/T 3767—1996 声学 声压法测定噪声源声功率级 反射面上方近似自由场的工程法

GB/T 3768—1996 声学 声压法测定噪声源声功率级 反射面上方采用包络测量表面的简易法

GB/T 3770—1983 木工机床噪声声功率级的测定

GB/T 4215—1984 金属切削机床噪声声功率级的测定

GB/T 4980—2003 容积式压缩机噪声的测定

GB/T 7111.1—2002 纺织机械噪声测试规范 第 1 部分：通用要求

GB/T 5898—2008 手持式非电类动力工具 噪声测量方法 工程法(2 级)

GB 1495—2002 汽车加速行驶车外噪声限值及测量方法

GB/T 1859—2000 往复式内燃机 辐射的空气噪声测量 工程法及简易法

GB/T 10069.1—2006 旋转电机噪声测定方法及限值 第 1 部分：旋转电机噪声测定方法

GB/T 2888—2008 风机和罗茨鼓风机噪声测量方法

GB/T 5111—2011 声学 轨道机车车辆发射噪声测量

GB/T 4964—2010 内河航道及港口内船舶辐射噪声的测量

GB/T 9911—2009 船用柴油机辐射的空气噪声测量方法

GB/T 4569—2005 摩托车和轻便摩托车 定置噪声限值及测量方法

GB/T 9661—1988 机场周围飞机噪声测量方法

表 8-10 为噪声源进行测试时的测试记录表。一般噪声源测试还应当记录所测噪声源的其他技术参数，如风机的功率、风机转速、风压、风量；电动机的功率、转速；水泵的功率、转速、扬程等。

类比调查中的噪声源测试还应当测量生产线的噪声并记录下距离和生产所需的工艺流程。

表 8-10　噪声测量记录表

设备测点示意图						测量时间	年　月　日	上	时						
								下							
						测量地点									
						测量仪器									
						测 量 人									
						负 责 人									
序号	噪声源(型号、规格)	测点	测试条件	表头相应	噪声级		31.5	63	125	250	500	1000	2000	4000	8000	16000
					A	C									

8.4.2　噪声环境影响现状评价

噪声环境影响现状评价包括对被评价单位所处环境的现状调查、环境噪声现状测量及分析评价等内容。

1. 环境噪声现状调查的目的、内容及方法

环境噪声现状调查是为了使评价工作者掌握所在评价范围内的噪声环境现状，了解环境背景噪声，及时向有关决策和管理部门提供该评价范围内的环境噪声现状，以便与项目建成后的噪声程度进行比较；同时可以掌握评价区域内对噪声敏感的目标、需要保护的目标以及评价区域内的受影响人口的分布情况；环境噪声现状调查还可以提供背景数据和对比数据。

一般环境噪声现状调查的内容包括评价范围内现有的噪声源种类、数量及相应的噪声级。这部分内容包括评价区域内所有的噪声污染源情况，如评价区域内的工矿企业的噪声源、交通噪声污染源等；还包括评价区域内现有噪声敏感目标、噪声功能区划分情况。对于环境噪声敏感目标，应给予具体调查，如医院的所在位置、医院等级、大小、性质（综合医院或专科医院等），学校的位置、大小、性质（中、小学或大学），以便在以后的环境噪声现状调查评价中给出具体的分析。对于噪声功能区的划分，则应以当地政府部门的规定为准，若评价范围内噪声功能区尚不明确，则可由评价单位提出具体建议，由当地政府部门做出明确规定，并将此规定作为环境噪声现状调查评价的依据。环境噪声现状调查内容还包括评价范围内噪声功能区的环境噪声现状、功能区环境噪声超标情况、边界噪声超标情况以及受超标噪声影响的人口分布情况。

环境噪声现状调查评价的基本方法是收集资料法、现场调查和测量法。在评价过程中，应根据评价工作等级的相应要求确定是采用收集资料法还是现场调查和测量法，或者是两种方法的结合。

2. 环境噪声现状测量

1）噪声测量仪器

对于环境噪声测量，若噪声评价工作等级为一级和二级，则必须使用具有积分功能的声级计或具有相同功能的其他声学仪器测量等效连续 A 声级；若噪声评价工作等级为三级，也可以采用非积分式声级计测量等效连续 A 声级。上述的噪声测量仪器使用应符合 GB/T 3785—2010 或 IEC《声级计》规定的 2 型或优于 2 型性能的声级计或性能相当的其他声学测量仪器。

2）噪声测量

进行噪声测量时，应满足以下条件：在室外或野外进行测量时，声级计的传声器应安装防风罩；在室外或野外进行测量时的气象条件应满足无雨、无雪、风力小于四级（5.5m/s）的条件。

3）噪声测量方法、规范和标准

（1）环境噪声测量。为保证环境噪声影响评价的科学性和准确性以及评价工作的规范性，在评价中对于环境噪声的测量，应严格按照下列现行的国家标准进行布点及测量。

GB 3096—2008 声环境质量标准

GB/T 9661—1988 机场周围飞机噪声测量方法

GB/T 12523—2011 建筑施工场界噪声排放标准

GB 12525—1990 铁路边界噪声限值及其测量方法

GBJ 122—1988 工业企业噪声测量规范

国家环境保护局 环境监测技术规范：第三册噪声部分

（2）噪声源噪声测量。噪声源的噪声测量同样应严格按照相应的国家标准进行测量。

（3）测量时的测量点的布置。环境噪声测点的布置一般要覆盖整个评价范围，但重点布置在评价范围内的敏感区域的周围以及评价区域的各个边界。对于建设项目包含多个呈现点声源性质(声源波长比声源尺寸大得多的情况可认为是点声源)的情况，环境噪声现状测量点应布置在声源周围；靠近声源处的测量点的数量要高于距声源较远的测量点密度。

对于建设项目呈现线状声源性质(许多点声源连续地分布在一条直线上，如繁忙的道路可以认为是线状声源)的情况，应根据噪声敏感区域分布状况和工程特点确定若干噪声测量断面，在各个断面上距声源不同距离处布置一组测量点(如 15m、20m、30m 等)。

对于新建工程，当评价范围内没有明显的噪声源(如工厂噪声、交通噪声等)，且声级较低(小于 15dB(A))，或声级变化幅度不大(小于 3dB(A))，环境噪声现状的测量点可以适当地减少；对于改、扩建工程，若要绘制噪声现状声级图，也可以采用网格法布置测量点。

（4）测量要求。环境噪声测量：为 A 声级及等效连续 A 声级；高声级的突发性噪声为最大 A 声级及噪声持续时间；机场飞机噪声测量量为计权等效连续感觉噪度级；噪声源测量量有倍频带声压级、总声压级、A 声级、线性声级或声功率级、A 声功率级等；较为特殊的噪声源(如排气放空等)，应同时测量声级的频率特性和 A 声级；脉冲噪声应同时测量 A 声级及脉冲周期。

环境噪声现状测量的测量时段的规定：应在声源正常运转或运行工况的条件下测量；对每一测点，应分别进行昼间、夜间的测量；对于噪声起伏较大的噪声环境(如交通噪声)，应增加昼间、夜间的测量次数。

（5）采样及读数方式。用具有积分功能的声级计或具有相同功能的其他声学仪器测量时，仪器动态特性用"快"响应，采样时间间隔不大于 1s，每次测量持续时间应根据有关测量方法标准确定(如铁路噪声每次测量持续时间为 1h)。

若用非积分式声级计，仪器动态特性用"慢"响应，读数时间间隔可为 5s，每次测量数据不少于 200 个。

（6）测量的记录内容。测量记录应包括测量仪器、声级数据、有关声源运载或运行情况(如设备噪声包括设备名称、型号、运行工况、运转台数，道路交通噪声包括车流量、车型、车速等)。

4）环境噪声现状评价

环境噪声现状评价的主要内容具体如下。

（1）评价范围内现有噪声敏感区、保护目标的分布情况、噪声功能区的划分情况。

（2）环境噪声现状的调查和测量方法，包括测量仪器、参照或参考的测量方法、执行标准、测量时段、读数方法等。

（3）评价范围内现有噪声源种类、数量及相应的噪声级、噪声特性、主要噪声源分析等。

（4）各功能区及边界噪声级、超标状况及主要噪声源分布。

（5）受噪声影响的人口分布。

8.5 噪声控制方案的选择

8.5.1 选择原则

噪声控制方案的确定，一般是在对噪声环境进行现场详细调查后进行的。在具体控制技术的选择时，须遵循以下几点原则。

（1）由于某些环境噪声复杂多样性，故在考虑控制方案时，控制措施可以是单一的，也可以是综合的。例如，由于噪声对听者干扰形成的特殊性（即声源、声音传播途径和接受者 3 个因素同时存在），在控制的选择上，一定要把这 3 个方面放在一起综合考虑。

（2）在选择控制方案时，既要考虑声学效果，也要注意经济合理性。因此，除了考虑声学效果外，还应兼顾到通风、采光、人工操作、设备正常运转及投资多少等因素。

8.5.2 选择程序

噪声控制方案的选择程序包括以下几个方面。

1. 声源现场调查

要确定噪声控制方案，首先要对实际噪声现场进行调查。调查的重点是弄清现场中的主要噪声源及产生噪声的原因，同时也要弄清噪声传播途径，以供在研究噪声控制措施时，结合现场具体情况进行考虑，并加以利用。在噪声调查中，根据需要可绘制出噪声分布图。

2. 确定减噪量

把调查噪声现场的资料数据与各种噪声标准（国际标准、国家标准或行业标准）进行比较，确定所需降低噪声的数值 dB（包括噪声级和频带声压级）。一般来说，这个数值越大，表明噪声问题越严重，采取控制措施就越迫切。

3. 选定噪声控制方案

最后根据以上工作确定噪声控制方案。

在噪声控制措施实施后，应及时对其降噪效果进行评价，如果未达到预期效果，应查找原因，分析总结，并根据实际情况补加新的措施，直至达到预期效果。

习 题

1. 测量某声音的倍频程声压级见表 8-11，试计算总的 A 计权声级。

表 8-11　某声音的倍频程声压级

f_0/Hz	63	125	250	500	1000	2000	4000	8000
声压级/dB	65.0	73.0	76.0	85.0	80.0	78.0	65.0	60.0

2. 距某机器设备 2m 处测得表 8-12 所列的一组倍频程声压级，试求该点总的声压级和 A 声级。

表 8-12　测得的倍频程声压级

f_0/Hz	250	500	1000	2000	4000	8000
声压级/dB	75	62	60	73	45	88

3. 甲每天在 85dB 噪声下工作 8h，乙在 81dB 噪声下工作 2h，在 83dB 噪声下工作 4h，在 88dB 噪声下工作 2h，问谁受到噪声危害大？

4. 在一个车间内，每隔 5min 测量一个 A 声级，一天 8h 共测 96 次，如果有 12 次是 85dB(A)（包括 83~87dB(A)），12 次是 90(88~92)dB(A)，48 次是 95(93~97)dB(A)，24 次是 100(98~102)dB(A)。计算等效连续声级。

5. 甲地区白天的等效声级为 64dB，夜间 45dB；乙地区的白天的等效声级为 60dB，夜间 50dB，哪一地区的环境对人们的影响更大？

6. 某车间的工人，在一周 40h 内，15h 接触的噪声为 100dB(A)，10h 接触的噪声为 85dB(A)，另 15h 接触的噪声为 110dB(A)，试计算该车间的噪声等效连续声级。

7. 某一工作人员环境暴露于噪声 93dB 计 3h，90dB 计 4h，85dB 计 1h，试求其噪声暴露率，是否符合现有工厂企业噪声卫生标准？

8. 某教室环境，如教师用正常声音讲课，要使距离讲台 6m 处的能听清楚，则环境噪声不能高于多少分贝？

9. 某噪声的倍频程声压级见表 8-13，试求该噪声的 A 计权声级及其 NR 数。

表 8-13　某噪声的倍频程声压级

f_0/Hz	63	125	250	500	1000	2000	4000	8000
声压级/dB	60	70	82	80	83	80	78	76

10. 某风机房内测得的噪声频谱见表 8-14，试计算风机房内总的 A 声级和各频带上的降噪量。（设风机房内噪声标准为 90dB(A)。）

表 8-14　某风机房内测得的噪声频谱

f_0/Hz	63	125	250	500	1000	2000	4000	8000
声压级/dB	82	85	88	105	110	108	105	100

第 9 章　城市区域环境噪声控制

通过本章的学习了解城市区域环境噪声污染的现状、特点、来源及组成分类，了解城市区域环境噪声的评价标准及立法，掌握城市区域环境噪声评价量的计算、评价方法、测量方法及可以采取的控制途径。

城市区域环境噪声的评价及测量方法、有效的控制途径。

 导入案例

城市区域环境噪声主要来源于交通噪声、工业噪声、建筑施工噪声和社会生活噪声。城市区域声环境质量是城市区域环境整体质量的一个重要组成部分，城市声环境质量是具有鲜明特点的一种环境要素，环境噪声污染源具有时效性、不稳定性、无残留性等特点。据有关数据显示，城市环境噪声污染的30%来源于道路交通噪声，30%来源于工业生产和建筑施工，40%来源于社会生活。图 9.01 所示为重点控声地区出示的警示牌，图 9.02 所示为城市区域环境噪声带来的危害的漫画。

图 9.01　重点控声地区出示的警示牌　　　图 9.02　城市区域环境噪声带来的危害的漫画

9.1　城市区域环境噪声

城市噪声的影响早在 20 世纪 30 年代就引起人们的注意。随着近代工业、交通运输、城市建设和城市人口的增长，噪声污染严重影响人们的工作、学习和生活。欧美、日本等工业发达的国家城市噪声控制开展得比较早，重视程度高，而且控制技术也比较先进，相应的标准、法律法规也比较健全，所以，近年来这些西方国家在城市噪声控制方面总结出许多成功经验。

我国城市建设规模，目前虽然不及欧美、日本等工业发达的国家，相应噪声控制的标准、法律法规也在逐步的完善过程中。但是由于近二三十年随着我国经济的高速度增长，不少城市噪声危害程度，已接近或超过世界著名的吵闹城市东京。据不完全统计，我国现有 3500 万～5000 万人受到交通噪声的影响，其中近 3000 万人生活在高于 70dB 的噪声严重污染环境中。目前我国大、中城市交通噪声级平均值都是 A 声级 75dB，所以，造成近年来我国城市噪声扰民引起的诉讼事件也愈来愈严重。另外有资料表明，城市区域噪声每升高 1dB，土地价格就会下降 0.08%～1.26%。随着可持续发展的观念的逐步加强，城市环境噪声危害将会越来越引起各界的重视。

城市环境噪声的评价标准，常用等效声级 L_{eq} 和累积统计声级 L_N（L_{10}、L_{50}、L_{90}）表示。值得注意的是，对于累积统计声级 L_N，当在规定时间内采样总数不是 100 个，而是 200 个时，则第 20 个数据就是 L_{10}，第 100 个数据就是 L_{50}，第 180 个数据为 L_{90}。

城市噪声的来源可分为交通运输噪声、工业噪声、建筑施工噪声和社会噪声 4 个方面，其中交通噪声影响最大，也最广泛。

9.1.1 交通噪声

这里介绍的交通噪声内容，主要是道路上的交通噪声（图 9.1）。对临近城市的机场噪声、火车噪声也是不可忽视的。在国外由于航空事业很发达，民航大型机场多数在城市附近，例如美国芝加哥市俄赫拉国际机场，飞机一年起落近 70 万次，来往乘客达 3600 万人次，平均每天起落 1940 次，几乎一天 24h 飞机噪声不断。机场噪声是近年来国际上非常关心的环境问题之一。我国目前航空业还属一般发达，大型机场的建设很小，多数远离城市，因此，目前机场噪声问题还不显著，比较起来，城市道路交通噪声因缺少管理反而显得十分严重。

图 9.1 交通噪声污染

道路交通噪声主要来自机动车辆的发动机、冷却风扇和进排气口装置。时速超过 60km/h 的车辆，轮胎与地面接触的噪声十分突出。据调查，车辆在均匀行驶时，在距离车道 15m 处测得 A 声级平均为

卡车：$L_A=83.6(v<48\mathrm{km/h})$，

$$L_A=87.5+20\lg\frac{v}{88}\ (v\geqslant48\ \mathrm{km/h})$$

轿车：$L_A=71.4+32\lg\frac{v}{88}$

而且，车速增加一倍，小汽车噪声将增加 9dB，卡车噪声则增加 6dB。此外，交通噪声和道路上的车流量与道路宽窄、路面条件、两旁设施、车辆类型（重型卡车或轻型卧车等）的比例有关。图 9.2 所示是在北京选择的车流量 Q（辆/小时）与噪声级 L_{eq} 的关系，测量点距马路中心 12m，测量传声器放置在离地面高 1.5m，重型车辆的比例是 30%～60%。图中的直线是由图上的有关测量数据点，按数理统计的回归分析方法的近似回归线，其线性回归方程式为

$$L_{eq}=50.2+8.8\lg Q \tag{9-1}$$

由式（9-1）可以看出，车流量 Q 增加一倍，噪声级 L_{eq} 值增加 2.7dB。

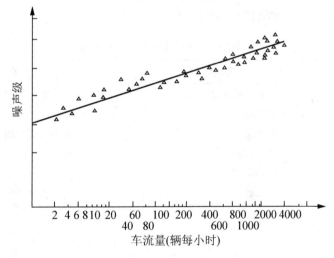

图 9.2 交通噪声与车流量的关系

目前我国多数城市道路上的车流量逐年增加，由于道路窄，交通管理不完善，车辆鸣笛频繁，造成交通噪声显著，图 9.3 所示为车辆鸣笛对交通噪声级分布的影响，从图中看出鸣笛主要分布在高声级，如 L_{10} 约增加 9dB，L_{50} 约增加 3dB，L_{eq} 增加 3～5dB。现在我国部分城市已严格限制鸣笛，噪声级大大降低。

交通噪声最根本的声源是汽车本身及其组成的车流。因此控制交通噪声最有效的方法，莫过于控制汽车噪声——控制声源。因此汽车噪声的研究，是世界各国汽车工业的一个重要课题。

在观察分析汽车噪声之后，可以知道汽车噪声本身含有几个主要声源，这些声源是发动机噪声、排气噪声、冷却风扇噪声、道路激起的车体震动噪声、轮胎噪声等。表 9-1

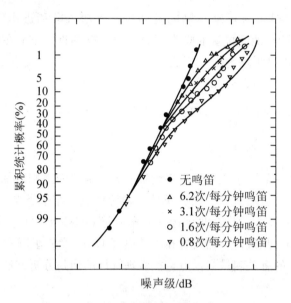

图 9.3　车辆鸣笛对交通噪声级分布的影响

列出一辆柴油载重车的各种噪声源在汽车噪声中的地位。对一辆汽车来说，上述主要声源的作用随车的种类和所用发动机类型(柴油机、汽油机)而不同。

表 9-1　柴油机载重卡车的噪声源

噪声源	车内噪声	车外噪声
发动机	主要为低频噪声	低速行驶时是主要的噪声源
排气系统	不明显	低频噪声的声源
发动机进气系统	不明显	是次于排气噪声的低频噪声的声源
冷却风扇	可能听到	中低频噪声源
道路激起的振动	低频噪声	不明显
轮胎	不明显	高速行驶时为重要噪声源

1. 汽车噪声的主要声源

(1) 动力系统。每辆汽车都有一部内燃机，不论是汽油机还是柴油机，它所辐射的噪声由下列声源组成：排气噪声、进气噪声、发动机由于气缸中压力突增所辐射的噪声(燃烧噪声)、由于机械零件产生的发动机噪声(机械噪声)、冷却风扇噪声。

排气噪声是汽车发动机最主要的噪声源。它是由于排气阀突然打开，高温气体自气缸排入排气系统而产生，它有 3 种成分：气缸中的燃烧噪声、气流噪声和排气管与气缸组成的共振噪声。这 3 种成分综合组成了排气噪声，其强度与气缸容积和发动机的转速成比例。点火频率的基频及其谐波是排气噪声的主要成分，在排气消声器系统中要充分注意，点火频率的基频是

$$f = \frac{ZnN}{60} \tag{9-2}$$

式中　f——发动机的点火频率(排气噪声的基频);

　　　n——发动机主轴的转速，rpm;

　　　Z——发动机气缸数;

　　　N——发动机种类常数，四冲程为 2，二冲程为 1。

在高转速时，单频噪声(点火频率)被高速气流通过气阀棱角处和排气管中凸出处时引起的连续频谱的涡流噪声所掩盖，因此，气流噪声的强度与排气阀的形状及排气管内表面的光泽度有关，也与排气管断面大小有关(因涡流声与流速有关)，如果排气系统中的流速超过 70m/s，则将引起强烈的气流噪声，同时流阻增加，排气不畅，发动机功率下降。

进气噪声是由气阀的开关所产生的，当气阀打开时，气缸中的气压常大于大气压力，于是正的压力脉冲激起进气道中空气，按气柱的自震频率振动，但这个振动很快就由于气缸活塞下行，气道与气缸容积增大而减弱，气阀关闭时同样引起气柱的振动，但相对来说衰减很少。实际的装置中，测量表明进气噪声不能完全消除，在某些车辆上(特别是老式或废旧车)，甚至成为主要的噪声源。在柴油机中，进气噪声主要是 1000Hz 以下的中低频。在汽油机中，进气噪声可能由于化油器的"咝咝"声而成为主要的噪声源。

进气和排气噪声与发动机转速有关，即

$$L_p = 45\lg N + K \tag{9-3}$$

式中　N——发动机转速(r/min);

　　　K——常数。

声压级还随发动机负荷增加而增长。从无负荷到全负荷，柴油机进气噪声增长在 10~15dB 之间，汽油机在 20~25dB 之间。进气噪声还受排气系统影响，有阻塞的排气系统进气噪声明显地增大。排气与进气两者很大程度上受设计参数影响，如气阀尺寸及其定时器以及构造等。为了降低噪声，汽车发动机一般都需要装消声器，消声器的体积一般为发动机容量的 1.5 到 4.2 倍。在需要更小地排气噪声时，消声器体积可能比这个数字大两倍。根据 Martin 实验与理论，消声器中的气流速度将影响消声器消声效果，具有共振腔和膨胀腔的抗式消声器，无气流时的消声量 D_0 与装在发动机上有气流时各频率的消声量 D_r 近似的关系为

$$D_r = \frac{D_0}{1 - aM} \tag{9-4}$$

式中　M——消声器平均气流马赫数;

　　　a——无量纲系数，根据消声器设计而定，一般在 1.0~1.2 之间。因此，在发动机工作范围内，消声量随马赫数而改善。

在阻性消声器中，上述关系大致是

$$D_r = D_0(1 - \beta M^{\frac{1}{3}}) \tag{9-5}$$

式中　β——无量纲常数，一般设计在 1.0~1.2 之间。

(2) 燃烧与机械噪声。内燃机的结构噪声是由于机械力作用和气缸中气体受压缩并燃烧产生的气体力作用在活塞与气缸壁上而产生的，两者都引起发动机外表振动而辐射

噪声。所以噪声的机械源是活塞-连杆系统、气阀-齿轮机械、各种辅助设备及其驱动器。在实际中，所谓机械噪声是发动机由电机拖动时产生的噪声。运行时的噪声（包括由于燃烧产生的气体作用力），永远大于拖动时的噪声，因此在内燃机中，燃烧是主要的噪声源。

发动机的机械噪声还与转速有关，柴油机噪声的增长率低于汽油机，噪声级增长随发动机容量增长的情况：容量增长 10 倍，噪声级增长 13.3 倍。在工程设计中可用以下公式计算：

$$L_p = 30\lg N + 17.5\lg V + K \tag{9-6}$$

$$L_p = 50\lg N + 17.5\lg V + K \tag{9-7}$$

式中　N——发动机转速(r/min)；

　　　V——发动机容积(L)；

　　　K——常数。

可以看到这样的结论，在同样功率下，大容量的发动机以低速运转时的噪声，比小容量的发动机以高转速的噪声低。

(3) 冷却风扇噪声。风扇噪声一般都小于排气与进气噪声，它是由旋转噪声和涡流噪声组成的。

旋转噪声是风扇叶片对空气分子周期性扰动而产生，其基频为

$$f = \frac{nZ}{60} \tag{9-8}$$

式中　n——风扇转速(r/min)；

　　　Z——风扇叶片数。

除基频外，还有谐频。

风扇的涡流噪声是由叶片转动产生的涡流所形成的，其频谱峰值根据 Strouhol 公式计算：

$$f = 0.185\frac{v}{d}i \tag{9-9}$$

式中　v——气流速度(m/s)；

　　　d——叶片正面宽度在垂直于气流速度平面上的投影(m)；

　　　i——谐频序号，$i=1, 2, 3, \cdots$。

风扇噪声的 A 声级为

$$L_p = 60\lg n + K \tag{9-10}$$

式中　n——风扇转速(r/min)；

　　　K——常数，根据具体情况确定。

风扇叶片的间距可以用以控制谐波频率，从而控制噪声。在 4 个叶片的设计中，叶片间距为 76 度，可得到很好的结果。

(4) 轮胎噪声。轮胎与道路相互作用产生的噪声，是多种类型车辆的噪声源。例如，当车速大于 45~55km/h 时，轮胎噪声就可能是轿车、小客车和轻型载重车噪声频谱中的主要成分。只要发动机噪声略低，轮胎噪声是主要的。

轮胎与道路相互作用的噪声源有三：轮胎与道路洞穴的充气作用、轮框振动和空气动力学。研究证明：除了车速非常高时，第3个声源可以忽略。

轮胎与道路洞穴的充气作用：当轮胎上的花纹与路面接触时，花纹中的空气被挤出来，形成了局部的不稳定的空气体积流。同理，当轮胎通过或压入路面的洞穴时，空气便从洞穴中被挤出。最后，当轮胎离开接触面时，空气又迅速填充到这些洞穴中，这样的空气体积流产生了单极子噪声，其声压平方为

$$p^2(r) = \left(\frac{\rho\omega Q}{16\pi r}\right)^2 \tag{9-11}$$

式中　p——声压(dB)；

　　　　ρ——空气媒质密度(kg/m³)；

　　　　r——与声源的距离(m)；

　　　　Q——体积速度(m/s)；

　　　　ω——圆频率(弧度)。

在公式中只要知道Q与ω，便可求出总的声压，每个洞穴的平均体积速度为

$$Q = \frac{\text{体积变化}}{\text{时间}} = \frac{(f.c.)gwS}{\dfrac{S}{v}} = (f.c.)gwv \tag{9-12}$$

式中　$(f.c.)$——洞穴体积变化部分；

　　　　g——花纹槽深度(cm)；

　　　　w——花纹槽宽度(cm)；

　　　　S——花纹槽在圆周上的长度(cm)；

　　　　$\dot{v}$——车速(km/h)。

气流脉冲的特征频率为

$$\omega \approx \frac{2\pi v}{S} \tag{9-13}$$

将式(9-12)和式(9-13)代入式(9-11)，并以20微帕取对数得轮胎声压级为

$$L_p(r) = -25 + 20\lg\frac{gw}{S} + 10\lg n + 20\lg(f.c.)$$
$$+ 40\lg v - 20\lg r \tag{9-14}$$

式中　n——花纹槽的个数。

方程式适合于无方向性，半球状辐射。

轮胎花纹设计于路面的粗糙度是产生轮胎噪声的主要因素，在轮胎本身方面，磨损、车速和车辆设计等都影响噪声的产生，轮胎噪声的机理到目前还是不十分清楚，有待进一步研究。

(5) 单辆车的行驶噪声。当汽车的行车速度在60~70km/h以下时，发动机和排气噪声是主要的，随着行驶速度的增加，噪声也随之增长。汽油机的小客车噪声随车速的增长较大，速度增加一倍，噪声增加约10dB，柴油机载重车噪声随车速变化不大。汽车的行驶噪声还与其加速度有关，特别是在低速或启动时噪声随加速度的变化更为明显。

2. 汽车噪声的测量方法

由于汽车的噪声随运行状况不同而改变，所以如何评定一辆汽车的噪声，是个很复杂的重要问题，因为所测得的噪声，既要代表车辆的特性，又要是行车时常出现的状况。近年来世界上许多国家一般都使用加速度最大时噪声法，如 ISO/R 362 和我国 1979 年所颁布的汽车噪声测量法、GB 1495—1979 也属于这种方法，现简述如下。

（1）测量场地。场地应是空旷的，四周无声学反射面，场地中央设行车硬质路面（混凝土或沥青），并划定 20m 长为测试段，测试段两端分别称为起始线与终端线，垂直于测试段中线的两端各 7.5m 处设计量仪器（声级计）。

（2）车辆行驶状况。车辆以中等排挡（4 个排挡以下用第二档，以上用第三档），3/4 发动机额定转速行驶，当进入测试段起始线时，立即全开油门，车辆以最大加速度驶经测试段，当车辆末端行出测试终端线前，发动机转速应达到最高转速，出线后方可收油门。在上述规定的状况下，以声级计"快"档读取最大的 A 声级，声级计高出测试段路面 1.2m。

3. 我国机动车辆噪声标准

我国每年都生产一定数量的各种汽车，同时也进口相当数量的车辆，为了提高车辆的设计与制造水平，以及控制城市交通噪声的污染，我国于 1979 年颁布了发动机车辆噪声标准，GB 1496—1979（表 9-2）。标准分二期执行，第二期（1985 年起）各种车辆噪声约比第一期的降低 3dB。GB 1496—1979 2002 年 10 月作废，被 GB 1495—2002 替代。

表 9-2　中国机动车辆噪声标准

车辆种类		最大加速声级（7.5m 处）/dB	
		1985 年 1 月 1 日前生产的	1985 年 1 月 1 日后生产的
载重车	8t≤载重量<15t	92	89
	3.5t≤载重量<8t	90	86
	载重量<3.5t	89	84
轻型越野车		89	84
公共汽车	40t<总重量<11t	89	86
	总重量≤4t	88	83
小客车		84	82
摩托车		90	84
轮式拖拉机（60 马力以下）		91	86

9.1.2　工业噪声

工业噪声不仅直接给工人带来危害，而且对附近居民的影响也很大。特别是分散在居民区的一些街道工厂更为严重。一般工厂车间内噪声大多在 75～105dB，也有一部分在 75dB 以下，还有少量的车间或设备噪声级高达 100～120dB。图 9.4 给出了 10 类工厂车间噪声级范围。

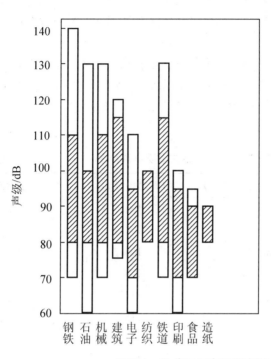

图 9.4　10 类工厂车间噪声级

9.1.3　建筑施工噪声

建筑施工包括建造、保养、修理和拆除各类用途各异的建筑物，以及路桥、机场、码头等大型土木工程。随着建筑业的发展，所需的各种建筑材料也日益增加。由于其从手工操作发展到机械化施工和生产，随之产生的噪声成为一项不可忽视的噪声扰民问题。

建筑施工噪声虽然是暂时性的，但随着城市建设发展，兴建和维修工程对整个城市来说其工程量和范围都是很广的，而且是经常性的。建筑施工现场如图 9.5 所示。建筑施工时附近的噪声是很大的，施工机械和现场噪声列表见表 9-3 和表 9-4。

图 9.5　建筑施工现场

1. 噪声特征及水平

为了有利于分析和控制噪声，从噪声角度出发，可以把施工过程分成如下几个阶段：土方阶段、基础阶段、结构阶段和装修阶段。这4个阶段所占施工时间比例较长，采用的施工机械较多，噪声污染也较严重，不同阶段又各具有其独立的噪声特性。

1) 土石方工程阶段

土石方阶段的主要噪声源是挖掘机、推土机、装载机以及各种运输车辆，这类施工机械绝大部分是移动性声源。有些声源如各种运输车辆移动范围较大，有些声源如推土机、挖掘机等，虽然是移动性声源，但位移区域较小，表9-3给出了一些典型的土方施工阶段的噪声源特性。

表9-3　土方阶段的主要噪声源特性

设备名称	声级/距离/(dB(A)/m)	声功率级 L_W	指向特性
195 翻斗车	83.6/3	103.6	无
190 翻斗车	88.8/3	106.3	无
IL-90 装载机	85.7/5	105.7	无
75 马力推土机	85.5/3	105.5	无
建设 101 挖掘机	84.5	107	无
日产 D80A 推土机	92/5	115.7	无
俄 108 推土机	89/5	112.5	无
UB1232 挖掘机	84/5	107.5	无
波兰海鸥挖掘机	86/5	109.5	无
WY 挖掘机	75.5/5	99	无
100-推土机	88/3	108	无
波兰 83 挖掘机	85/5	108.5	无
D80-12 推土机	94/4	115	无
西德 UB 挖掘机	83.6/5	107	无

从土方阶段的调查可以看出，主要噪声源是施工机械。为制定工程机械噪声标准，北京市劳动保护科学研究所和天津工程机械研究所曾对50～60台不同类型的工程机械进行了噪声测试，得出在模拟工况下其声功率级 L_W 和功率 N_e 的关系为

$$L_W = 73 + 20\lg N_e \qquad (9-15)$$

根据表9-3和式(9-15)可以得出如下结论。

(1) 建筑施工的土方阶段，其主要声源是由推土机、挖掘机、装载机、运输车辆等构成的。

(2) 几种噪声源的声功率级范围是 100～120dBA，其中 70% 的声功率级集中在 100～110dB(A)。

(3) 声源无明显的指向性。

2）基础施工阶段

基础施工阶段的主要噪声源是各种打桩机以及一些打井机、风镐、移动式空压机等。这些声源基本都是一些固定声源，其中以打桩机为最主要的声源，虽然其施工时间占整个建筑施工周期比例较小，但其噪声较大，危害较为严重。打桩机噪声是一种典型的脉冲噪声，声级起伏范围一般为10～20dB，周期为 n，称数量级。表9-4列出了一些典型的基础阶段的主要噪声源及其特性。

表9-4 基础阶段主要噪声源及其特性

设备名称	声级/距离/(dB(A)/m)	声功率级/dB(A)	指向特性
1.8t 导轨式打桩机	85/15	116.5	有指向性
60P45C3t 打桩机	104.8/15	136.3	有较明显指向性最大相差 8dB
KB4.5t 打桩机	104/15	136	有较明显指向性最大相差 9dB
85P80C4.5t 打桩机	99.6/15	131	有较明显指向性最大相差 6dB
2.5t 打桩机	96/15	127.5	有较明显指向性最大相差 4dB
上海 1.8t 导轨打桩机	92.5/8	118	有较明显指向性最大相差 5dB
YKC22 型打井机	84.3/3	101.8	无
NK-20B 液压吊	76/8	102	无
2DK 吊车	71.5/15	103	无
汽车吊车	73/15	103	无
大口径工程钻机	62.2/15	96.8	无
PY160A 平地机	85.7/15	105.7	无
移动式空压机	92/3	109.5	无
风扇	102.5/1	110.5	无

从表9-4中可以得知以下内容。

（1）打桩机是基础阶段最典型的和最大的噪声源，其噪声强度与土层结构有关。打桩时的声功率级为125～135dB(A)。导轨式打桩机噪声较小，其声功率级为116～118dB(A)。其噪声时间特性为周期性脉冲声，具有明显的指向特性，背向排气口一侧噪声可以比最大方向低4～9dB(A)。

（2）风镐、吊车、平地机等设备为次要噪声源，声功率级为100～110dB(A)。

3）结构施工阶段

结构施工阶段是建筑施工中周期最长的阶段，工期一般为一年或数年，使用的设备品种较多，此阶段应是重点控制噪声的阶段之一。主要声源有各种运输设备，如汽车、吊车、塔式吊车、运输平台、施工电梯等。结构工程设备如混凝土搅拌机、振捣棒、水泥搅拌和运输车辆等。结构施工阶段所需要的一般辅助设备如电锯、砂轮锯等，其发生的多数为撞击声。表9-5列出了一些结构阶段的主要噪声源及其特性。

表 9-5 结构施工阶段主要噪声源及其特性

设备名称	声级/距离/(dB(A)/m)	声功率级 L_W/dB(A)	指向特性
16t 汽车吊车	71.5/15	103	无
混凝土搅拌车和吊车	83/8	109	无
混凝土搅拌车	90.6/4	110.6	无
400L 搅拌机	78.3/3	96	无
涡流式搅拌机	72/2	86	无
斗式搅拌机	78.1/3	95.6	无
振捣棒 50mm	87/2	101	无
电锯	103/1	111	无

从结构施工阶段声源及其特性可以看出：对于大多数工地的结构施工阶段，其主要声源是振捣棒和混凝土搅拌机，其声功率级分别为 98～102dB(A) 和 95～100dB(A)，这两种声源工作时间较长，影响面较广，应是主要噪声源，需加控制。其他一些辅助设备则声功率级较低，工作时间也较短。然而对于一些集中供混凝土设备的工地，混凝土搅拌车也是重要的声源之一。

4) 装修阶段

装修阶段一般占总施工时间比例较长，但声源数量较少，强噪声源更少，主要噪声源包括砂轮机、电钻、电梯、吊车、切割机等。

装修阶段的噪声调查表明，大多数声源的声功率级较低，均在 90dB(A) 左右，即使有些声源声功率较高，但使用时间很短，并且有些声源还在房间内部使用，从装修阶段的工地边界噪声来看，等效声级 L_{eq} 分布范围为 63～70dB(A)，一般均小于 70dB(A)，因此可以认为装修阶段不能构成施工的主要噪声源。

2. 建筑施工噪声源的评价

根据对建筑施工噪声的分类和主要噪声源的分析，可以看出建筑施工噪声源虽较多，但从其声功率和工作时间来看，需要控制的施工各阶段的主要噪声源见表 9-6。

表 9-6 施工各阶段的噪声源及其声功率级

施工阶段	主要噪声源	声功率级/dB(A)
土石方阶段	各种建筑施工和工程机械：包括推土机、挖掘机等	10～110
基础阶段	各种打桩机	125～135 120～130
结构阶段	各类混凝土搅拌机 混凝土振捣棒	100～110 95～105
装修阶段	无长时间操作的主要噪声源	85～95

建筑施工机械的噪声源基本是在半自由场中的点声源传播。我国相关标准规定了工程机械的噪声测量和评价方法，规定采用半自由场等效声级 L_{pAeq} 来计算声源等效声功率级 L_{WAeq}，即

$$L_{pAeq} = L_{WAeq} + 10\lg\frac{S}{S_0} \qquad (9-16)$$

式中　S——测量表面积(m^2)，$S = 2\pi r^2$；

　　　S_0——基准表面积，$S_0 = 1m^2$。

利用上式即可计算出相应于表 9-7 中主要施工机械在 30m 距离远处的年均等效声级，计算结果见表 9-7。该表中计算值取 30m 处的声压级，这主要是考虑到所调查工地的实际情况。而国外一些建筑施工噪声测量评价方法有的是规定了边界线的噪声限值，也有取以 30m 距离处作为测点的限制标准。

表 9-7　不同主要施工机械在 30m 距离的等效声级 L_{pAeq}

施工阶段	主要噪声源	等效声功率级 $L_{WAeq}/dB(A)$	等效平均声级 $L_{pAeq}/dB(A)$
土石方阶段	推土机、挖掘机、装载机等	100~110	62.5~72.5
基础阶段	各种打桩机	120~130	82.5~92.5
结构阶段	混凝土搅拌机	100~110	62.5~72.5
	混凝土振捣棒	95~105	57.5~67.5
装修阶段	电梯、升降机及其他偶发声源	96~100	53~63

3. 建筑施工噪声治理原则与途径

建筑施工与建材工业的噪声，如前述，具有数量多，噪声高，生产现场有固定的工地和周期性移动的特征，因而其噪声治理难度大。控制城市建筑施工噪声是一个涉及许多方面的综合性问题，其中的重要措施之一是对声源进行控制，研制低噪声的建筑施工机械。

为了减少建筑施工噪声对四周的干扰，应该估算出各种建筑机械的干扰半径，例如对混合区白天的区域环境噪声限值为 60dB(A)，为此计算设备噪声传到受声点的距离，作为其干扰半径，记作 r_{60}。表 9-8 为各种施工机械对应不同噪声限值标准的干扰半径。然后按照施工现场情况，对一些强声源如混凝土搅拌机、木工机床、运输车辆的行驶路线做出合理规划，使其噪声对四周敏感的场所如学校、居民住宅等的干扰减小到最低程度。

建筑施工中的高噪声作业，根据规定限制作业时间或禁止夜间进行。为此可以根据工程进展情况，将高噪声作业安排在白天进行，从而避免噪声对周围的干扰。

关于噪声控制途径，与其他工业部门类同，可采取声源治理、传播途径治理和个人防护等措施。

表 9 - 8　各种施工机械对应于不同噪声限值标准的干扰半径

施工机械名称型号	实测 数据		对应于不同限值标准的干扰半径/m					100 空气 衰减量/dB(A)
	测距/m	L_{pmax}/dB(A)	r_{50}	r_{55}	r_{60}	r_{65}	r_{70}	
B23 型打桩机	21.6	110	2500	1950	1450	1000	700	0.5
JG250 型混凝土搅拌机	15	79	300	190	120	75	42	1
2W - 9/7 型空压机(放气工况)	15	92	1050	700	450	290	170	0.5
双箭牌空压机 L 空载	13	75	180	110	70	40	22	1
放气	13	82	400	250	148	90	50	0.5
风镐	1	102	170	100	70	45	30	<50m, 8 50~100m, 5 >100m, 1
KATO 挖掘机	15	79	300	190	120	75	40	1
ZL20A 型装载机	15	84	580	350	215	130	70	0.5
DYNAPAC，CC21 型压路机	10	73	130	80	44	25	14	1
MJ - 104 木工圆锯	1	108	220	170	125	85	56	5
混凝土震振器	11.8	80	320	190	110	66	37	0.5
废砖破碎机	5	96	540	370	240	160	90	1

9.1.4　社会活动噪声

社会活动噪声主要是指社会人群活动出现的噪声，它包括家庭用的电器和工具、人们日常生活的喧闹声以及公寓楼内的设备(如空调)和社会噪声(如集会、舞会、夜总会等场所噪声)。随着城市人口密度的增加，这类噪声也愈来愈严重。根据我国城市噪声调查，多数城市的这类噪声的户外平均 A 声级是 55~60dB。这 4 个方面的噪声对城市环境的影响，是与城市中的生产和人群生活活动规律有关的。

城市噪声控制问题涉及面十分广泛，这是因为城市噪声来源很广，不仅有交通噪声，而且有工厂噪声、施工噪声以及社会噪声，如果这些噪声都能得以解决，整个城市噪声必然大大降低。从控制技术措施来看，可用隔声、吸声、消声、隔振、减振以及个人防护等手段，至于采用什么途径，采取那种措施，这要依据具体情况而定。既要考虑技术实践的可能性和效果，也要考虑经济上是否合理。但是控制城市噪声，除技术措施外，从城市噪声管理方面入手，制定噪声标准与立法以及合理考虑城市建设规划，也是十分重要的。

9.2 城市噪声控制

9.2.1 噪声标准与立法

1. 噪声标准

噪声标准是城市噪声控制的基本依据。人们当然希望生活在没有噪声干扰的安静环境中，但完全没有噪声是不可能的，也是没有必要的，人在没有任何声音的环境中生活，不但不习惯，还会引起恐惧，甚至疯狂。因此我们要把强大噪声降低到对人无害的程度，把一般环境声降低到对脑力活动或休息不致干扰的程度，这就需要有一系列的噪声标准。根据噪声标准可以合理使用噪声控制技术和制定城市噪声控制法规。

美国环境保护局(EPA)于1975年提出了保护健康与安宁的噪声标准，见表9-9。我国近年根据生理与心理声学研究结果，结合我国人民工作与学习生活现状和经济条件，提出了适合我国的环境噪声允许范围，见表9-10。

表9-9 EPA 保护健康与安静噪声标准

适用范围	等效声级/dB	昼夜等效声级/dB（平均时夜间加 10dB）
听力保护	75(8h) 70(24h)	
室外防止干扰 室内防止干扰		55 45

表9-10 我国噪声允许范围

人的活动	最高值/dB	最低值/dB
体力劳动(听力保护)	90	70
脑力劳动(语言清晰度)	60	40
睡　眠	50	30

噪声基本标准是制定城市环境噪声标准的基础。目前世界各国和地方都以基本标准(住宅室外 35~45dB)为根据，参考国际标准化组织推荐的对时间、地区房屋开闭窗条件的修正值(表9-11、表9-12、表9-13)以及本国和地方经济技术条件来制定本国的、地方的一般环境噪声标准。所列标准值为户外允许噪声级，测量点选在受噪声干扰住宅或建筑物外 1m，传声器高于地面 1.2m 的噪声影响敏感处(例如窗外 1m)。

表9-11 基本标准的一天不同时间修正值

时　间	修正值/dB
白　天	0
晚　上	−5
夜　间	−10

表 9‑12　不同地区的住宅对基本标准修正值

地　　区	修正值/dB
农村、医院、休养区	0
市郊区、交通很少地区	+5
市居住区	+10
市居住、商业、交通混合区	+15
市中心(商业区)	+20
工业区(重工业)	+25

表 9‑13　室外噪声传到室内时的修正值

窗户条件	修正值/dB
开　窗	−10
关单层窗	−15
关双层窗或不能开的窗	−20

夜间频繁出现的噪声，其峰值不超过地区标准值 10dB；夜间偶尔出现的噪声，其峰值不超过地区标准 15dB。

室内噪声标准可分为住宅与非住宅标准。住宅噪声标准，是根据生活安静的要求和所在地区环境噪声标准，参考住宅窗户条件来制定的，一般不低于所在地区标准 19dB，这是因为我国城市内有较多的小工厂紧靠住宅房间。非住宅的室内噪声标准，是根据房间不同用途提出的，其标准值是指室外传入室内的噪声级。国际标准组织推荐非住宅室内噪声标准见表 9‑14。

表 9‑14　室外噪声传到室内时的修正值

房间类型	修正值/dB
大办公室、商店、百货公司、会议室、餐厅	35
大餐厅、秘书室(有打字机)	45
大打字间	55
车间(根据用途)	45～75

噪声源控制标准多属于设备、各类产品噪声指标，它不仅作为阻止设备噪声污染环境的根据，也是产品的性能质量指标，它的规定反映了产品的技术先进水平，目前我国正在着手制定各类机电产品噪声标准，并相应制定检验标准的测试规范。

2. 噪声立法

噪声立法是一种法律措施，为了保证已制定的环境噪声标准的实施，必须从法律上保证人民群众在适宜的声学环境中生活与工作，消除人为的噪声对环境的污染。

国际噪声立法活动从 20 世纪初期开始，早在 1914 年瑞士就有了第一个机动车辆法规，规定机动车必须装配有效的消声设备。美国密执安洲的旁蒂克城于 1929 年制定了噪声控制法令。20世纪50年代以后，特别是60年代以来，世界许多国家的政府都陆续制定和颁布了一系列全国性的、比较完善的噪声控制法，这些法律的制定对噪声污染的控制起了很大作用，不仅使噪声环境有了较大改善，而且促进了噪声控制和环境声学的发展。

我国城市噪声立法的工作，近年来在部分城市已开始试行，基本内容包括交通噪声、建筑施工噪声和社会噪声几个方面。

(1) 交通噪声的管理。城市使用机动车辆必须符合国家颁布的"机动车辆允许噪声标准"，否则不准驶入市区。市区行驶车辆限制随意鸣笛，不准鸣笛呼人叫门，夜间禁止鸣笛。车辆噪声检验列为常年验车标准之一。需要安静的地区禁止鸣笛，限制车速。重型车辆进入居住地区限制路线，限制时间。

火车进入市区禁止使用汽笛，合理使用风笛。新建铁路不许穿过市区，市区内已有铁路应建立防噪设施(如声屏障)，限制飞机在市区上空飞行(如训练飞行)或规定市区飞机噪声的限制。

(2) 工业噪声管理。凡有噪声源的单位或个人，都要采用有效的噪声控制设施，使之达到所在地区环境的噪声标准，无法消除噪声危害的单位要有计划改厂或迁到适当地区。工厂设备噪声，不得超过设备噪声标准。

(3) 建筑施工噪声管理。建筑施工设备，应符合国家规定的噪声标准，必要时还需采取有效防噪措施。

离开施工作业场地边界30m处，噪声不许超过75dB，撞击噪声最大声级不许超过90dB。

在居民区施工时，夜间禁止使用噪声大的施工机械设备，施工噪声设备影响不得超过区域环境噪声标准。

(4) 社会噪声管理。除特殊规定使用的扩声喇叭外，一般室外禁止使用扩音喇叭。喇叭使用必须控制音量，不得对周围环境造成危害。

使用家庭电器和机械设备，其噪声影响不得超过所在地区的环境噪声标准。

夜间禁止在住宅区附近大声喧哗，以防止干扰居民休息，产生的噪声影响不得超过所在地区环境噪声标准。

(5) 其他管理措施。地方政府制定噪声管理条例或立法条款时，应明确划定各类环境区域，规定城市建设总体规划防噪条款，例如交通干线道路两侧住宅建筑，离开交通干线的防噪距离要大于30m。

立法中还应将环境噪声监测、监督执行及违法制裁等内容列入条款。

9.2.2 城市建设的合理规划

合理的城市建设规划，对未来的城市噪声控制具有非常重要的意义。城市建设规划可从城市人口、控制土地的合理使用、区域的划分和道路设施以及建筑物的布局等方面来考虑。

1. 城市人口的影响

控制城市人口是十分重要的。根据欧洲国家的统计，人口的增长与城市噪声有如下关系：

$$L_b = 17 + 10\lg P \qquad\qquad (9-17)$$

式中　L_b——从早上 6 点到晚上 11 点的平均声级(dB)；

　　　P——人口密度(每平方公里人口数)。

用这个公式估计，其准确度在 3dB 以内，这在我国也基本适用。因此，严格控制城市人口密度的增长对减少城市噪声效果很明显。为了解决城市人口过于集中以及随之带来的工业、商业、交通的集中，许多国家正采取在大城市远郊建立卫星城的办法。

2. 合理地使用土地与划分区域

它是城市建设规划中减少噪声对人的干扰的有效方法。根据不同的使用目的和建筑物的噪声标准，选择建筑场所和位置，从而决定建立学校、住宅区和工厂区的合适地址，在进行建筑施工以前，首先应该进行噪声环境的预测，看是否能符合该建筑的环境噪声标准。对于兴建噪声较大的工矿企业，还应该进行预测评估，估计它们对周围环境的影响。根据瑞士的研究结果，土地使用规划可根据表 9-15 的数据来考虑，表 9-15 给出了基本的噪声级范围。

表 9-15　户外允许噪声级　（单位：dB）

区　　域	基本噪声级		频繁的峰值		偶尔的峰值	
	白天	夜间	白天	夜间	白天	夜间
医院	45	35	50	45	55	55
安静居民区	55	45	65	55	70	65
混合区	60	45	70	55	75	65
商业区	60	50	70	60	75	65
工业区	65	55	75	60	80	70
大马路	70	65	80	70	90	80

表 9-15 给出的室内噪声允许标准是根据英国的研究制定的，它对土地使用和区域划分也有参考价值。在区域规划中，应该尽量使居民区不与吵闹的工业区和商业区混杂，也应该考虑噪声控制的措施。目前，日本东京考虑到工厂噪声干扰，在规划中将工厂集中到机场附近，因为都属于噪声区，所以让它们集中在一个地区，而将需要安静条件的区域相对集中到另一地区。

3. 道路设施和两侧建筑布局

合理的布局对减少交通噪声具有较好的效果。目前一些国家在高速公路进入市区的地段，采用路旁屏障来降低交通噪声的干扰。日本高架公路新干线穿过市区时，采用屏障来减少噪声。有些国家还特别设计路面呈凹型的道路，使马路两侧形成屏障，使用屏障最理想的效果一般不超过 24dB。有关屏障减少交通噪声的原理，在前面已经讨论。

在通过居住区地段，利用临街商亭手工艺工厂作为屏障，也是一种可行的办法，在沿道路快车线外沿建筑商亭，使用商亭背面作为广告墙面，朝向道路一侧，而商亭营业门朝向居住建筑物一侧，这样的设施不仅是理想的声屏障板，对美化市容，保证交通安全也有好处。

道路绿化降噪效果是不显著的。一般很厚的林带，大约每 100m 有 10dB 的降噪效果。草皮大约每 100m 有几分贝的降噪效果，但在城市中种植几十米甚至上百米的林带是不现实的。绿化减噪林本身的衰减量虽然不大，但绿化对环境的静化却有一定的心理效果。

习　　题

1. 可以用哪些环境影响评价量评价城市环境噪声？
2. 简述城市环境噪声的来源、分类及测量方法。
3. 简述交通噪声污染特性。
4. 简述建筑施工噪声污染特征、治理原则与途径。
5. 城市建设规划对城市噪声控制具有什么意义？

第 10 章　部分机电设备噪声控制

通过本章的学习了解风机、冷却塔、内燃机、水泵房及小型空压站等常用机电设备的噪声产生机理、特点及噪声源组成，掌握机电设备空气动力性噪声的常用治理途径、措施及治理要点。

教学要点

空气动力性噪声产生机理、特点及治理过程中的注意要点。

**导入案例**

冷却塔(图 10.01 所示为安置在天台的冷却塔)广泛应用于宾馆、酒楼、商场、写字楼等冷却水循环系统，同时石油、化工、机械、轻纺、食品、发电、冶金等工业部门也大量使用。冷却塔噪声源主要由以下几部分组成：风机进排气噪声，淋水噪声，风机减速器和电动机噪声，冷却塔水泵、配管和阀门噪声。冷却塔整体噪声为以低频为主的连续谱，噪声级可达 85dB(A)，其中排水口噪声属于低频噪声，而淋水噪声则属于高频噪声。那么冷却塔的噪声控制如何做呢？

浙能兰电 1 号、2 号冷却塔距电厂北侧的石关村较近，冷却塔淋水噪声有可能对该村居民夜间休息造成影响。针对冷却塔自身的特点，该厂从不同降噪量与不同工艺方式的角度设计了各种治理方案，通过综合比较后，决定采用在冷却塔周围安装国际上先进的消声导流片方法(图 10.02)。降噪后，最近的厂界点冷却塔噪声的影响将从 78.6dB(A)降到 54.6dB(A)，达到≤55dB(A)的国家标准。

图 10.01　冷却塔　　　　　　图 10.02　电厂冷却塔周围安装的消声导流片

水泵(图 10.03 所示为工厂中的泵站)是企业及民用建筑内必不可少的设备，它在运行时产生的噪声通过空气和结构传播对外围环境影响严重，水泵噪声主要由水泵运行时的机械噪声和水泵机体、管道的振动噪声构成。那么水泵房噪声控制如何做呢？

图 10.03　工厂中的泵站

在环境噪声污染的治理中，常常遇到一些量大面广的机电设备，如冲床、内燃机、电动机、锅炉鼓引风机和冷却塔等。每类设备尽管有不同的型号，但其噪声发声机理大致相同，降噪原则有相似之处，因此在本书中将它们归为一类，称为常用机电设备。

对于常用机电设备的噪声治理，除采用常规的控制措施以外，近年来随着国际上对低噪声机器设备的研究，我国也着手开始对一些使用量大的机电设备从降低其本身的噪声方面进行研究，并取得了一定的成效。众所周知，从声源上降低噪声是噪声控制的最根本、最有效的措施。

10.1　风机噪声控制

10.1.1　风机的噪声及其分析

风机在运行过程中会产生高强度噪声，影响环境。其主要表现为空气动力性噪声、机械噪声以及配用电机的噪声等。图 10.1 给出了常见的各类实物图。

(a) 罗茨风机　　　　　　(b) 轴流式风机　　　　　　(c) 离心式风机

图 10.1　各类风机实物图

空气动力性噪声主要有旋转噪声和涡流噪声，而主要声源部位是蜗壳与叶片风舌。叶片式风机的旋转噪声是叶轮转动时形成的周向不均匀气流与蜗壳，特别是与风舌的相互作用引起的噪声。在叶轮旋转时，叶片出口处沿周向气流的速度和压力都不均匀，从而在蜗壳上随时间产生压力脉动，形成一个噪声源，且不均匀性愈大，噪声愈强。同时，由于风舌的存在，风舌的压力脉动性反过来又作用影响到叶轮的叶片，形成第二个噪声源。这些噪声源都是由叶轮转动引起的，故称之为旋转噪声。涡流噪声是由于叶轮在高速旋转时，周围气流骈生的涡流，由于空气粘滞力的作用，涡流又分裂成一系列小涡流，从而使空气发生扰动，产生噪声。旋转噪声频谱呈现中低频特性，在功率较大、圆周速度较高的大型鼓风机中较为明显；涡流噪声为连续谱，呈中、高频特性，在通风机中要比鼓风机较为明显。

罗茨风机在运行时，它的一对互相垂直啮合的腰形叶轮作相对旋转，周期性地压挤空气，造成叶轮周围空气发生压力脉动，产生周期性排气噪声。同时，叶轮旋转时，表面形成涡流，涡流在叶轮表面分裂时也会产生涡流噪声。一般周期性排气噪声是罗茨风机的主要部分。罗茨风机的噪声强度与风机的流量、转速、压力有关。流量越大，转速越快，压力越高，噪声也就越强。其频谱具有宽阔的连续性，在低、中频段有峰值。

风机的空气动力性噪声通过敞开的风机进风口或出风口以及风机的机壳向外界辐射出噪声。

风机的机械噪声主要是由轴承、皮带传动时的摩擦以及支架、机壳、连结风管振动而产生的噪声。此外，风机发生故障，如叶轮转动不平衡，支架、地脚螺栓、轴承的松动，轴的弯曲等都会产生强烈的噪声。

风机配用的电机的噪声主要有空气动力性噪声、电磁噪声和机械噪声。空气动力性噪声是由电机的冷却风扇旋转产生的空气压力脉动引起的气流噪声。电磁噪声是由定子与转子之间的交变电磁引力、磁致伸缩引起的。机械噪声主要是轴承噪声以及转子不平衡产生振动引起的。电机噪声中以空气动力性噪声为最强。

风机在正常运行时，空气动力性噪声是其噪声中最重要的组成部分，机械噪声、电机噪声也是不容忽视的一部分。

图 10.2 和图 10.3 所示为风机噪声频谱特性图。

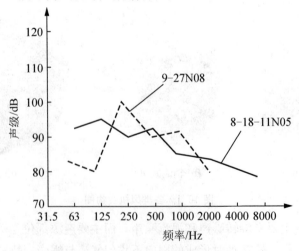

图 10.2 离心通风机噪声频谱特性图

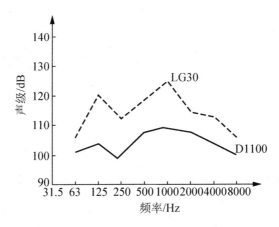

图 10.3 鼓风机噪声频谱特性图

风机的噪声级应由设备制造厂家提供正确、有效的数据，也可根据式(10-1)对通风机的噪声级进行估算。

$$L_A = L_{SA} + 10\lg QP^2 \qquad (10-1)$$

式中 L_A——通风机进风口(或出风口)的 A 声级(dB(A))；

L_{SA}——通风机进风口(或出风口)的比 A 声级(dB(A))；

Q——通风机流量(m³/min)；

P——通风机全压(Pa)。

通风机的比 A 声级 L_{SA} 是指该风机单位流量、单位全压时的 A 声级。国家标准 GB 2888—2008《风机和罗茨鼓风机噪声测量方法》中规定：以此 A 声级来表征风机噪声，其限值在机械工业部标准 JB/T 8690《工业通风机 噪声限值》中作了规定。

10.1.2 风机噪声治理措施

风机噪声的治理应首先从降低声源噪声的积极措施着手，如选用低噪声风机、电机，提高风机的安装精度，作好风机的平衡调试等；然后再根据风机噪声的强度、特性、传播途径以有其不同场所的要求，采取相应的措施予以治理。

1. 进、出风口噪声的治理

风机在用作鼓(送)风时，进风口敞开在外，出风口与送风管连接，此时，进风噪声是主要的；风机用作排风时，进风口与风管连接，与上述相反，排风噪声是主要的。风机的进、排风噪声治理，可设置消声器予以解决。消声器应根据降噪要求、噪声强度和频谱特性以及系统阻力损失的情况进行设计和选用。

在一些环境噪声要求较高的场合，气流再生噪声也值得注意。通常气流再生噪声的声功率级正于气流速度的 5 次方，即气流速度增加 1 倍，噪声提高约 15dB，故进风管或排风管风速的控制也很重要。直管道的气流再生噪声声功率级可根据通过的气流速度和风管断面积，用式(10-2)估算：

$$L_W = 10 + 50\lg V + 10\lg S \qquad (10-2)$$

式中　V——气流速度(m/s);

　　　S——风管断面积(m^2)。

在总声功率级上再加上 $\Delta\beta$,作如表 10-1 所列的修正,则可求出倍频程声功率级。

表 10-1　倍频程声功率级的修正($\Delta\beta$)

频率/Hz	63	125	250	500	1000	2000
声功率级修正/dB	-5	-6	-7	-8	-9	-12

2. 机壳噪声和电机噪声的治理

消声器仅能降低空气动力性噪声,风机的进、排风口安装了消声器后,可使进、排风口噪声降低 20~30dB,而风机的机壳噪声和电机噪声均没有降低。目前,控制机壳及电机的噪声主要采取隔声措施。实际上风机除了维修、调节风量外,一般不需要操作人员长时间在机旁工作,这就为风机的隔声措施提供了可行的条件,也可将多台风机集中布置在砖砌隔声房内;单台、较分散的风机可采用钢结构隔声罩予以解决。

风机采取隔声处理后,须注意电机的冷却降温,以保证电机的正常运行。通常与风机配用的是自扇冷式、封闭式电机。所需冷却风量 L(单位：m^3/h)可按消除风机房(或隔声罩)内余热的通风量计算,常温系统按式(10-3)计算：

$$L=\frac{Q}{C\rho(t_1-t_2)} \tag{10-3}$$

式中　Q——电机散热量(kcal/h),$Q=860N(1-\eta)$;

　　　C——空气比热,一般取 $C=0.24\text{kcal}/(\text{kg}\cdot℃)$;

　　　ρ——室(罩)外空气密度,随温度而变,当 $t=30℃$ 时,$\rho=1.12\text{kg}/m^3$;

　　　t_1——风机房(隔声罩)内允许最高气温(℃),一般为 40℃;

　　　t_2——室(罩)外空气温度(℃);

　　　N——电机额定功率(kW);

　　　η——电机在额定功率时的效率,见表 10-2。

表 10-2　电机效率 η

功率 N/kW	1.1~3	3.1~5	5.1~10	11~15	16~20	21~30	31~50	51~80
效率 η	0.8	0.82	0.84	0.86	0.87	0.8	0.89	0.90

具体实施时,冷却空气的气流组织可采用下面几种方法。

(1)自动进风冷却法。它是利用配用电机头部的冷却风扇将隔声罩外冷风吸入罩内,冷却电机,升温后空气再排至罩外。这种方式可不需增设机械通风设备,也不适宜于罩外气温较高的场所和温度较高的系统。

(2)罩内循环冷却法。它是利用通风系统本身的风量、风压,使冷却空气经风机出风口处冷却出风管,射向电机,带走电机散热量后,再经冷却回风管,进入系统的进风口处,排走。冷却出风管及回风管上设有调节风量的小阀门。这种方法的优点是：取消了隔声罩上的冷却风进、排风消声器，罩子结构简单，隔声性能好，造价低；缺点是：消耗了系统的部分风量及风压，对于高压、小风量的系统不宜采用这种冷却方法，也不适用于高温、除尘或输送（排除）有腐蚀性、易燃、易爆气体的系统。

（3）机械通风冷却法。即在隔声罩（室）内进风消声器处设置排风扇，将外界冷风通过进风消声器吸入罩内，直吹电机，热风再通过排风消声器排至罩外。这种做法增加运行耗电量，但冷却效果较好，对高温排风系统（冷却风量另行计算）尤为适用，它是常用的冷却方法。

（4）负压通风冷却法。这种方法只适用于鼓（送）风系统。风机进风口就敞开在隔声罩（室）内。工作时，罩（室）内形成负压，外界冷风经进风消声器吸入罩（室）内，冷却风机的配用电机，而后吸入风机，可将进风消声器直接对准电机。这种冷却方法较简单，但系统阻力稍有增加，对低压送风系统的风量略有影响。此外，对风量很小的系统（如 $25m^3/min$ 以下的罗茨风机）就不适用，可采用上述的机械通风冷却方法。

3. 固体声传声治理

控制风机的固体声传声是通过基础和管道隔振实现的。

欲降低风机的管道噪声，应先采取隔振处理。风机与进、排风管要采用柔性接管连接。中、低压系统采用帆布或橡胶制软接头；高压系统宜采用橡胶柔性接管，以防止风机的振动传递到管道上。管道隔振可减少噪声对外界辐射 4～7dB。柔性接管的隔声性能较差，应处于隔声罩（室）内，否则要作特殊处理。然后再对管道进行包扎。如果进、排风管已设置了消声器，一般就不必再作管道包扎，即可达到要求。

风机的设置宜直接座落在地面上，尽量避免设置在刚度较低的楼板，尤其是钢平台上。否则轻薄的钢平台和楼板极易被"激发"，产生强烈噪声和固体声传导，污染环境。

风机基础的隔振，首先要尽可能增加机座惰性块的重量，一般以 2～3 倍为宜（它可按设备设置的部位和要求而定），这样可使风机的重心降低，相对地减少风机重心偏移的影响，增加了稳定性，使隔振器受力均匀，风机运行时的振幅得以控制，也防止了出现风机通过共振转速时振幅过大的现象。

10.2 冷却塔噪声控制

冷却塔在循环系统中的功能是将从装置中带出的热水冷却，以供再次循环使用。目前，冶金、动力、化工、食品和轻工等企业的各类生产装置，以及近年来科研机构、宾馆、商场等处的空调系统，为了节省用水和动力消耗，广泛采用循环用水系统。

冷却塔的使用历史较长，但是近年来，在热力理论、结构形式和塔体用材等方面发展较快。目前我国在冷却塔方面已形成了一支有一定水平的科研、设计队伍，所生产的各种类型冷却塔除能满足国内各行业所需，而且出口到东南亚、非洲地区。

10.2.1 冷却塔的型式

冷却塔由于用途不同而有多种型式，如图 10.4 所示。

(a) 自然通风冷却塔

(b) 辅助式自然通风冷却塔

(c) 机械通风冷却塔

(d) 湿型冷却塔

(e) 喷射型冷却塔

(f) 玻璃钢冷却塔

图 10.4　不同型式的冷却塔实物图

（1）自然通风冷却塔。自然通风冷却塔的噪声主要由淋水声产生，在离塔 150m 处声压级约 60dB(A)。

（2）风机辅助通风的自然通风冷却塔。在自然通风冷却塔的空气入口处加设风机，增强通风效果，提高冷效。其噪声要比自然通风冷却塔稍高，在距塔 150m 处约为 65～70dB(A)。

（3）机械通风冷却塔。为了提高冷却塔的效率，减小塔体，采用风机强制通风的形式，这就是工业上广泛采用的新型冷却塔。

（4）湿/干型冷却塔。这是一种为了改善一般冷却塔在排出空气中含有过量水分而设计的型式。这种冷却塔装设有翅片管换热器，这种型式冷却塔的噪声比机械通风冷却塔要降低 4dB(A) 左右。

（5）喷射型冷却塔。这是近年来发展的新型冷却塔。它不需要风机，水在压力作用下喷入文丘里状罩子中，由于水喷射进入塔内的同时，将空气带入并进行热交换使循环水达到冷却的目的。这种冷却塔声源是喷射噪声和落水噪声，其声功率级约为 92dB（A）。

（6）玻璃钢冷却塔。这是机械通风冷却塔的另一种型式，以其塔体采用玻璃纤维增强塑料制成，故称玻璃钢冷却塔。这种冷却塔的处理水量为 150～1000t/h，多半用于中小型工厂、科研单位、宾馆及市场、影院等。普通型冷却塔的噪声级约为 80dB（A），低噪声塔约为 60～75dB（A），而超低噪声塔为 55～50dB（A）。

10.2.2 冷却塔的噪声

冷却塔的噪声在工厂中与其他设备装置的噪声相比并不突出。但一些中小型工厂，其所选用的机械通风冷却塔和玻璃钢冷却塔，多布置在厂界处，特别是一些科研单位、宾馆、影院等，由于其位置位于居民稠密区，因此冷却塔往往成为一个扰民的噪声源，在此着重进行论述。

1. 机械通风冷却塔的噪声估算

机械通风机冷却塔的噪声，其总声功率级主要由风机噪声所决定，根据 I. Dyer 等人研究，提出近似计算式为

$$L_W = 105 + 10\lg HP \tag{10-4}$$

式中　HP——风机马力。

冷却塔结构大多采用低噪声风机，实际测定数据分析可根据式（10-5）计算：

$$L_W = 105 - k + 10\lg HP \tag{10-5}$$

式中　k——20～25 冷却塔水量 800t/h 以上的机械通风冷却塔；
　　　k——25～30 冷却塔水量 800t/h 以下的机械通风冷却塔。

2. 冷却塔噪声的测量

一般来说，对冷却塔周围进行足够而准确的声压级测量，最低限度是对 4 个侧面和顶部 45°方向，距风机出口 1.5m（顶部由于条件所限只测 1.5m 处），则可以准确求得其声功率级。

对于玻璃钢冷却塔的噪声测量，根据《玻璃纤维增强塑料冷却塔》（GB 7190—2008）规定，在测点取为距塔径一倍（Dm）处测量其噪声级。

3. 机械通风冷却塔的噪声源分析

冷却塔噪声产生机理是随着型式的不同而各异，而其中以机械通风冷却塔的发声部位较多，故以其为例，叙述冷却塔噪声的产生机理。

（1）风机噪声：见第一节内容。

（2）机械噪声：冷却塔的机械噪声，大致有皮带传动或齿轮传动及传动机械中的轴承所发生的噪声。带传动较多采用三角带，目前也有采用同步带传动，但其发生的噪声不大，一般可不予考虑。

由于电机转速较高，冷却塔一般采用直角形减速齿轮组以带动风机。齿轮啮合时，轮齿撞击和摩擦产生振动与噪声。另外，轴承主要是滚动轴承，也会发生较高的噪声，通常属低频声，传播距离较远且影响较大，应予以特别重视。

（3）电动机噪声：电动机噪声主要由电磁力引起。磁力作用在定子与转子之间的气隙中，其力波在气隙中是旋转的或是脉动的，力的大小与电磁负荷、电机有效部分的某些结构和计算参数有关。大多数类型的电机的电磁力引起的噪声频率都在 100～4000Hz 范围内。为了降低塔的噪声，应选用低噪声电动机。

（4）淋水噪声：冷却塔的淋水噪声在冷却塔总噪声级中仅次于风机的噪声。水量的大小，也即塔的大小，与淋水声直接有关。其声功率在 600～1000Hz 的频率范围内是单位时间的位能（等于单位时间的流量与水落高度的乘积）的函数。另外淋水声不但与冷却塔水池的水深有关，而且还与水滴细化程度有关。显然，倾盆注入的水流要比细如雾状的水珠不仅热交换差，而且噪声也高，这就要求有高质量的喷头，水滴细化良好。另外，受水填料种类也影响噪声值，软性材料要比硬性材料噪声低，斜置填料要比直接正面滴入噪声低，有折波式和点波式几种，选用时要适当考虑。

（5）水泵噪声：循环水泵噪声往往也是很强的噪声源，尤其是水泵本身质量不高，安装不良或年久失修时。一般情况下，尽量把水泵置于专门室内，不但易于保养，而且对环境影响也较小。

（6）冷却塔的配管及阀件噪声：在调节或开启、关闭阀件时，由于阀门的节流作用造成刺耳的水击声。这种情况一般很少发生。

10.2.3 冷却塔噪声治理要点

1. 风机降噪措施

风机的降噪可以采取以下措施。

（1）增大叶轮直径，降低风机转速，减小圆周速度。根据冷却塔的特点和节能要求，增大叶轮直径，减低出口动压，从而可以实现节能和降噪的要求。

降低圆周速度，也是减小风机噪声有效途径之一。因为风机噪声的声功率 W 与叶梢圆周速度 u 的 6 次方成正比，与叶轮外径 D 的平方成正比。用数学表达式表示为

$$W \propto \frac{\rho \xi^2 D^2 u^6}{c^3} \tag{10-6}$$

式中 ξ——阻力系数；

  c——声速。

根据有关资料介绍，在实际工程中，由于转速降低，圆周速度下降，从而使噪声减小，降噪量可按式（10-7）估算：

$$L = L_2 - L_1 = 50 \lg \frac{n_2}{n_1} \tag{10-7}$$

式中 n_1——风机原来转速（r/min）；

n_2——改造后风机转速(r/min);

L_1——转速 n_1 时的排风噪声级(dB(A));

L_2——转速 n_2 时的排风噪声级(dB(A))。

如将风机转速从 720r/min 降至 480r/min,噪声将降低 10dB(A)左右。

(2)采用大圆弧过渡的阔叶片,其形状近似于带圆角的长方形,适于配合低速驱动,并能达到高效及降噪要求。叶片扭转角为空间扭曲型,合理选择升力系数 C_y 和冲角 δ 值,有利于减小周扰动和尾迹涡流,可实现较大的降噪量,且具有良好的气动性能。这类叶型风叶所用材料一般为轻型铝合板材。

(3)机翼形叶片,要比等厚度板形叶片气流扰动来得小,尤其是大风叶和在较高转速时,具有较高升力系数和较大的冲角,有利于减少周期扰动和尾迹涡流,可实现较大的降噪量,并具有良好的气动性能。这种叶片一般用玻璃钢材料制作,中间空芯,可减轻重量,有利于减少振动,吸收噪声。在设计这类叶片形式的低噪声风机时要采用非等环量流型进行设计,例如在满足给定的风量和风压条件下,寻求旋转速度头最小的,并使出口速度沿叶轮径向的分布能和叶道内的实际流动情况相符合的流型,设计出叶片来。通常冷却塔风机的轮毂比较小,约为 0.3m 左右,叶片较长,如采用等环量流型设计叶片,则叶片扭曲大,靠近叶根处的叶片安装角也较大,气流脱体严重。为了克服这些问题,也要求用非等环量流型进行设计叶片。在相同规格与气动性能下,玻璃钢翼形叶片要比铝合金板形时噪声低 3~4dB(A)。

(4)采用均流收缩段线,最大限度实现了均匀的气流速度场,使风机进口处涡流减为最小,确保轴流风机的正常工作条件。

(5)风叶外缘与机壳的间隙应该是常数,否则将产生不均匀扰动,出现周期性的脉动噪声,因此要控制外缘径向跳动量。

(6)风叶端面应在同一平面内,否则将形成湍流噪声。

(7)提高整机部件加工和安装精度,也可降低风机噪声。

(8)提高转子平衡精度,先作静校,后作动平衡校准,以减少振动和由此而引起的风叶扰动噪声。

2. 淋水噪声降低措施

降低淋水噪声的措施具体如下。

(1)增加填料厚度,改进填料布置形式,对降低淋水落噪声有利。

(2)在填料与受水盘水面间悬吊"雪花片"(因其形状如雪花而得名,是用高压聚乙烯横压成型),可减小落水差,使水滴细化,降低淋水噪声。

(3)受水面上铺设聚氨酯多孔泡沫塑料。这是一种专门用于冷却塔降噪用的新型材料,它既有一般泡沫塑料的柔软性,又有多孔漏水的通水性,可减小落水撞击噪声。采取该措施效果见表 10-3。

(4)进风口增设抛物线形状放射式挡声板,进风不受影响,而落水噪声则不会直接向外辐射。

表 10-3 逆流式冷却塔铺设聚氨酯多孔泡沫塑料效果

逆流式 冷却塔规格	测量条件	测点/m	计权声压级/dB	
			A	C
12t/h	未加透水泡沫	距塔边 1.1 高 1.5	66	67
	加透水泡沫		61	64
200t/h	未加透水泡沫	距塔边 1.1 高 1.5	70	71
	加透水泡沫		63	66

3. 设置声屏障

在冷却塔噪声控制工程中，声屏障是比较常用的降噪措施。但在冷却塔周围用声屏障，会带来一系列问题，必须注意下面 3 点。

（1）一般来说，增加声屏障将影响冷却塔正常进风，影响冷却效果，这就要看原来选用的冷却塔是否留有富余容量，否则慎用。

（2）冷却塔声屏障一般只能设置一个边，至多能 L 形布置。若噪声影响居民面广，设置屏障的效果不尽理想。

（3）冷却塔声屏障高和宽的面积一般都很大，而且大都安装在高处，受风压力大，建造时要考虑原建筑是否牢固，有没有安装位置。声屏障的形式如图 10.5 所示。

图 10.5 声屏障形式

4. 增设消声器

增设进排气消声器也将影响通风效果，因此对消声器除了消声量要求外，通风阻力也要小。

1）进气消声器

增设进风消声围裙，实际上是一种消声空腔，进风首先通过消声百叶窗，然后进入环状消声腔，使得淋水噪声通过进风口外辐射时有较大的衰减。

2）排气消声器

阻性消声器的消声量依通道长度而定，每米 15～18dB(A)。

进气消声器和排气消声器实物图如图 10.6 所示。

图 10.6　进气消声器和排气消声器实物图

10.3　内燃机噪声控制

　　内燃机通常指汽油机、柴油机和煤气机等燃料发动机，是使用较为广泛的动力机械设备。饭店、宾馆、电信局等企事业单位使用的自备发电机，及市政施工中使用的移动式空气压缩机都是用内燃机作为动力。因此，内燃机所产生的噪声也就成为环境噪声的主要污染源之一。根据内燃机结构可分为四冲程和二冲程两类；按照供油燃烧方式分为直喷和非直喷式；在进气方式方面又可分为自然吸气和增压进气两种，常见内燃机如图 10.7 所示。

柴油内燃机　　　　　　　　　　　　　　　煤气内燃机

图 10.7　各类内燃机

10.3.1　内燃机噪声的产生机理和特点

　　内燃机的整机噪声通常分为气体动力性噪声、燃烧噪声和机械噪声。其中气体动力性噪声包括排气噪声、进气噪声和冷却系统风扇噪声。

　　1. 排气噪声

　　排气噪声是内燃机声源组成中最高的噪声源，属于一种宽频带噪声，其噪声级高达 117~125dB。噪声峰值一般出现在排气周期性基频及其谐波处，尤其是单缸机气柱共振产生的低频峰值，而涡旋则形成高频峰值。

排气噪声周期性频率 f_i

$$f_i = \frac{iZn}{60\tau} \qquad (10-8)$$

式中　Z——气缸数；

　　　n——转速（r/min）；

　　　τ——冲程数（回冲程 $\tau=2$ 为四冲程，$\tau=1$ 为二冲程）；

　　　i——谐波次数，$i=1，2，3，\cdots$。

气缸共振频率 f

$$f = \frac{c}{2\pi}\sqrt{\frac{S}{V_n(l+1.2r)}} \qquad (10-9)$$

式中　c——声速（m/s）；

　　　r——排气管半径（m）；

　　V_n——气缸排量（m³）；

　　　l——排气管长度（m）；

　　　S——排气管横截面积（m²）。

涡旋噪声频率 f

$$f = \frac{S_t v}{d} \qquad (10-10)$$

式中　S_t——斯脱哈系数；

　　　v——废气流经管口时流速（m/s）；

　　　d——气道口直径（m）。

2. 进气噪声

对于非增压柴油机，因进气管道上空气滤清器的吸声作用，进气噪声可得到大幅度控制，但目前仍有部分空气滤清器未考虑进气消声，对于增压柴油机，高速压气机会产生强烈的高频叶片噪声和涡旋噪声，声级比非增压时高 8dB。

进气噪声的频率特性也可用式（10-8）～式（10-10）计算。

3. 燃烧噪声

汽油机用电火花点燃汽油和空气的混合体，燃烧柔和，因此燃烧噪声不很突出。柴油机则相反，它是靠压缩提高气缸内空气压力和温度，使雾化了的柴油突然自燃，一旦着火燃烧就很剧烈甚至粗暴，燃烧噪声就很高。

4. 机械噪声

内燃机的机械噪声是其零部件在相对运动时，相互撞击并激发结构振动所产生的。以活塞撞击、曲轴扭振和齿轮机构的振动响应为主。

5. 冷却系统风扇噪声

用于冷却水箱的风扇是不可忽视的声源之一，尤其在大型柴油机上这类噪声显得十分突出，当内燃机的进、排气管路安装消声器后，风扇噪声便成为主要成分，据测试通常可达 100dB(A) 左右。

10.3.2 内燃机噪声治理要点

1. 降低进、排气噪声

在进、排气管路上安装消声器是降低噪声的有效措施，通常排气消声器选用抗性消声器，而进气消声器可用抗性或阻抗复合消声器。

2. 降低燃烧噪声

燃烧噪声主要产生在速燃期，主要频率在 3000Hz 以下，强度主要由最大压力升高率 $\left(\dfrac{\mathrm{d}p}{\mathrm{d}\theta}\right)_{\max}$ 决定。压力升高率主要取决于着火延迟期的长短和在着火延迟期内形成可燃混合气的数量。缩短着火延迟期，可使着火前形成的可燃混合气量少些，着火后压力升高较缓，燃烧噪声较低。

缩短着火延迟期的一种措施是减小喷油提前角，推迟喷油开始时间，降噪声作用明显。采用增压措施，可使柴油进气密度、压力和温度升高，缩短着火延迟期，燃烧变得柔和，$\dfrac{\mathrm{d}p}{\mathrm{d}\theta}$ 下降，燃烧噪声显著降低。在组织供油规律时应努力使着火延迟期最短。采用预喷射、泵喷嘴和双弹簧喷油器装置等减少着火延迟期内的喷油量，也可减少 $\dfrac{\mathrm{d}p}{\mathrm{d}\theta}$，降低燃烧噪声。此外选用低噪声燃烧室如碗形、球形燃烧室等，也能取得很好的降噪效果。

在降低燃烧噪声的同时，会使内燃机的其他一些性能指标例如烟度、油耗和排放恶化。这就必须统筹兼顾，为获得各种性能指标的最佳组合，有时只好折中。因此受其他因素制约，难以减小燃烧激励力时，从结构上采取措施使燃烧力激励的振动在传递到内燃机表面的途径中，尽可能地衰减并减小表面噪声辐射效率，对于降低燃烧噪声显然也是非常有效的，结构衰减措施与机械噪声控制有着共性，下面再介绍。

3. 降低机械噪声

1) 降低活塞撞击噪声的措施

通过改进活塞结构，减小活塞与气缸的工作间隙是有效的降噪措施。成熟的活塞结构形式有椭圆鼓形裙部活塞、银钢片热膨胀自控活塞、低膨胀系数高含硅量过共晶铝硅合金活塞、组合式铸铁活塞等。此外，减小活塞撞击的措施还有减少活塞环数量，缩短活塞长度，采用椭圆活塞环、压力润滑和活塞销向主推力面偏移 $(0.016\sim0.023)\times D$（D 为缸径），以及提高气缸套刚度和阻尼，减小缸套变形等，但活塞销偏置受燃烧室凹坑形状的位置及喷嘴位置等影响，应与燃烧和供油系统结构相一致。

2) 曲轴扭振噪声的降低

曲轴扭振噪声可装置扭振减振器降噪。当前国外许多 3 缸和 4 缸柴油机采用这项措施降噪，国产同类机型按传统设计尚无扭振减振器。在进行计算安装减振器后的实际降噪效果很明显。

内燃机扭振减振器应同时满足曲轴扭振强度要求和降噪要求。扭振减振器的减振性能和调频特性与结构形式有关。减振器常设计成与皮带轮分开或组合成一体，由惯性轮、橡胶层和支承壳体三部分组成，通常固定于曲轴自由端。为简化结构，有的内燃机以皮带轮兼作支承壳体。近年来发展的压入式橡胶减振器性能优于硫化式橡胶减振器，且方便地将皮带轮兼作惯性轮。相同结构尺寸的扭振减振器，压入式的减振降噪效果优于硫化式。

3) 降低齿轮机构噪声的措施

对于齿轮机构的降噪需要从消除共振、增大刚度、降低转速、改进齿形、提高精度等多方面考虑。

(1) 齿轮机构共振。一般情况下，齿轮机构传动特性确定后，可通过计算分析查寻出产生噪声峰值的啮合频率关系。为消除共振，可改变齿轮某些设计参数成加阻尼，使齿轮固有频率避开共振区；也可改变激励振动力的特性，如重新设计曲轴扭振减振器等。大于0.04mm 时，齿轮噪声将会急剧上升。内燃机齿轮轴为悬臂结构，受力后轴的平行度误差更易加大，更易产生弯曲和扭转振动，并造成啮合轮齿边缘性接触。因此提高轴系的刚度和制造安装精度能降低这种噪声。轴的长径比最好不超过 5，齿轮与轴的联接方式尽可能用渐开线花键，轴承孔应保证安装后轴承内外环不变形。

(2) 齿轮转速。齿轮转速的降低，可有效降低齿轮噪声。因为齿轮噪声 L_p 与节圆线速度的关系如下式，线速度大小变化一倍，噪声相差约 7dB：

$$L_p = 10 \lg \left(\frac{v_1}{v_2} \right)^{2.3} = 23 \lg \frac{v_1}{v_2} \qquad (10-11)$$

(3) 齿轮结构设计参数。小模数齿轮有较大的重合度，在负载作用下节圆运动变化较小，模数减小一半，噪声约降低 3dB。齿轮运行的实际重合度为 $\varepsilon_{实} = 2$ 时，齿轮的一个轮齿退出啮合瞬间与正在啮合的轮齿的滑动作用力正好大小相等，方向相反，有助于消除啮合运动所产生的径向力，且齿面上负荷分布瞬时变化最小，运转最为平稳，啮合噪声最低，因此内燃机总体设计时，应尽最大可能使齿轮副的实际重合度等于 2 或接近于 2，经验推荐设计计算重合度 $\varepsilon_{设计} = 0.09 \sim 2.10$ 为最佳。压力角为 20° 的标准直齿圆柱齿轮的最大重合度只能达到 1.98，必须变位才能达到 $\varepsilon_{实} = 2$，变位圆柱直齿轮互换性差，不常用。因此采用斜齿轮既容易又方便达到 $\varepsilon_{实} = 2$。斜齿轮啮合时具有逐渐推进的滑动线接触特性，传动平稳，冲击负荷小，在相同负荷和线速度条件下，噪声比直齿轮低 3~10dB，因此为降低内燃机噪声，宜采用斜齿轮传动，尤其是新机型设计时更应如此，螺旋角选用15° 左右较为合适。

(4) 齿轮加工精度。提高齿轮的加工精度是降噪的有力措施。国产内燃机齿轮，特别是小功率单缸柴油机用齿轮一般用滚齿。国外产品则普遍采用剃齿或磨齿。专家们认为采用齿轮研磨工艺可降低噪声 3~4dB(A)。齿轮的齿节、齿形、齿距和齿向误差以及表面粗糙度都对齿轮噪声有影响。若在加工过程中能加以控制，也可有效降低噪声。

（5）齿轮机构总体设计方案。内燃机齿轮机构传动荷载不大，因此可采用齿形皮带或链条传动取代噪声高的齿轮传动。

（6）限制齿隙，缓和啮合冲击。齿轮成品不可避免地存在制造误差，运转时会产生啮合冲击。为缓和这种冲击，降低噪声，延长使用寿命，某些型号柴油机在曲轴齿轮和凸轮轴齿轮上各设计安装了一弹性薄钢齿片，借助其弹力和摩擦力使轮齿间啮合冲击得以缓和，运转噪声大为降低。此外，还有不少降低齿轮机构噪声途径。例如合理确定齿轮中心距设计基准，减小齿轮中心距的累积误差；将齿轮布置安装在齿轮轴的扭振节点上；安装吸振弹性惰轮以及采用高性能曲轴扭振减振器等都能有效改善齿轮机构的工作平稳性，取得良好的降噪效果。

4. 降低结构响应

内燃机的结构件在燃烧力和机械撞击力作用下表面产生法向振动时辐射噪声称结构响应，辐射效率取决于其模态。构件主要有机体、缸盖罩、齿轮宝盖板、油底壳、进排气管、机体盖板和皮带盘等。低频声辐射效率很低，频率较高时(一般超过 $600 \sim 800$ Hz 时)，迅速增大，低频声辐射效率近似为 100%。降低结构响应的有效途径是降低表面振动模态的幅值，把结构件的主要声辐射模态调整到激励力最小的频率上。例如合理加强机体不同部位的刚度；在钢板制油底壳、缸盖罩，齿轮宝前盖板类零件上设置或压出加强筋或加阻尼层；对进气管、油底壳等安装结合面作隔振处理等。这些措施可在内燃机的最初设计阶段利用有限元模型、模态分析等现代分析技术对结构零件的振动和噪声进行预测后修改设计、修改模态来实现。

5. 降低冷却风扇噪声

合理设计风扇叶片，采用机翼型叶片可降低风扇噪声；采用隔声室——消声器的综合治理方案，不仅可有效降低风扇噪声，同时对其他部分产生的噪声也有显著的效果。

10.4 水泵房的噪声治理

10.4.1 水泵的噪声及其分析

水泵噪声就其发声部位来说，主要为泵体噪声、电机噪声及管路噪声 3 个部分。

当叶轮被泵轴带动高速旋转时，叶片和被叶片带动的水流之间发生力的作用，将外加的机械能传递给被抛的水流。当叶轮转动，叶片上的水流质点的圆周速度沿半径方向愈来愈大，在逐渐增大的离心力作用下，基本上沿着径向流过叶轮，并被甩向叶轮出口，从而使水流获得动能。由于水泵叶轮上的叶片数有限，在叶轮出口处圆周方向形成的压力分布不均，当水周期性地通过导叶的进口或蜗壳室的隔舌部位时，这个压力的高低变化就传递到压水侧，这种压力脉动产生了泵体的噪声以及泵壳出水管的振动。同时在叶轮、导叶、泵壳的内部，漩涡的发生是不可避免的，特别是在远离水泵设计工况点的状态下，这种漩涡不规则地反复发生、消失，也会产生噪声和振动。图 10.8 给出了白山坪矿业公司大岭煤矿中央水泵房现场图。

图 10.8　白山坪矿业公司大岭煤矿中央水泵房

10.4.2　水泵噪声治理措施

水泵噪声频谱呈中频特性，高频声较小，在 31.5～125Hz 的低频段常有一个峰值，其声级一般在 85～101dB(A)，随着转速、扬程增高，噪声级亦增高。

根据水泵噪声产生机理、传播途径及不同场所的要求，可采取相应的措施，见表 10-4。

表 10-4　水泵噪声控制措施

噪声来由		采取措施
机械性故障	地脚栓松动	拧紧并填实地脚螺栓
	联轴器不同心	矫正同心度
	转动部件振动大	对转动部件校正平衡，校正电机与泵体同心度
	泵轴弯曲，轴承坏或磨损	矫直或调换泵轴，更换轴承
	泵内有严重摩擦	检查并修整咬住部分
气蚀、水锤		选择合适的阀型及口径，降低吸水高度，减少水头损失，避免远离泵的设计工作点运行，减少局部流速过高的现象
机组噪声空气声传导		机房(组)作隔声(降温通风)吸声处理。电机亦可设局部隔声罩
机组固体声传导		避免将水泵设置在水池上或楼板上，需设在楼板上时，应使水泵基础中心和梁中心一致或使之跨在两根梁上，尽可能接近建筑物墙壁

（续）

噪声来由	采取措施
机组固体声传导	机组作隔振处理（隔振混凝土机座板见表）进、出水管配置柔性接管，管道支架作弹性支承连接，进、出水管与墙体连接处垫软木或橡胶板
管路噪声	设置消声装置，如加设 1/4 的长分支管或水锤消声器，管道包孔

10.5　中小型空压站的噪声控制

空压站是工矿企业的动力站房之一，在工业系统中为生产提供压缩空气。压缩空气在生产、输送及使用过程中都伴有较强的噪声和振动，对生产和周围生活环境都可能产生不同程度的影响。本节在分析中小型空压站噪声振动特性的基础上，对其控制途径进行简要论述，并简介几个空压站噪声振动控制实例，供新建空压站的噪声振动控制设计和已有的空压站噪声振动治理设计参考。对于大型空压站和特种气体压缩机站房的噪声振动控制，本节没有论及，但对这些站房的噪声振动设计亦有一定的参考价值。

10.5.1　空压机和中小型空压站简介

空压机一般可分为往复活塞式、螺杆式、滑片式几类，由于往复活塞式空压机的性能稳定，效率高，气量容易调节，维修方便，所以应用广泛。往复式空压机从结构形式可分为：V 型（气缸中心线均倾斜于水平面，呈 V 型排列）、W 型（气缸中心线分别与水平面垂直平行，呈 L 型排列）和 Z 型（立式，气缸中心线均与水平面垂直），这些空压机的转数一般为 400～980r/min，空压机运转时产生较大的振动，输出的压缩空气有压力脉动，这是两个明显的特点。

中小型空压站通常是一幢独立的建筑物，但也有设在生产主厂房的披屋内，用砖墙或混凝土墙与主车间隔开，形成空压间。空压站一般包括机器间及辅助间——水泵间、修理间、配电间及控制值班室；在空压站里，一般安装有多台同一类型（最多两种型号）的空压机和辅助设备，储气罐一般都布置在站房一侧的墙外，各类空压机实物图以及空压机房现场图如图 10.9 所示。

空压机噪声与振动中进气噪声、排气噪声及排放噪声属于空气动力噪声；压缩机与电机的本机噪声属机械噪声。往复活塞式压缩机运行时曲柄连杆不平衡力产生较大的振动扰力，电机的旋转质量不平衡亦产生振动扰力，排气管道系统也有可能产生振动，甚至共振，这些振动扰力通过基础及支承结构传播影响环境。

1. 进气噪声

在空压机运行过程中吸气阀不停地间歇开闭，气体间歇地被吸入气缸，在进气管内形成压力脉动的气流，以声波的形式从进气口辐射出来形成进气噪声。

(a) 往复活塞式空压机

(b) 螺杆式空压机

(c) 滑片式空压机

(d) 空压机房

图 10.9　各类空压机及空压机房

进气噪声的声级一般超过 100dB(A)，呈明显的低频特性，其基频 f_1 与进气的气体脉动频率相同，取决于压缩机的转速：

$$f_1 = \frac{mn}{60} \qquad (10-12)$$

式中　　n——压缩机的转速(r/min)；

　　　　m——常数，单作用 $m=1$，双作用 $m=2$。

进气噪声除了基频外，还有 $2f_1$、$3f_1$ 等谐波，由于往复活塞式的转速一般为 300～980r/min，其基频多在几十赫兹，对于低转速的 L 型空压机，其噪声的基频已低于 20Hz，即含有对人危害更甚的次声成分。实测表明，空压机的进气噪声较机组其他部位辐射的噪声约高出 5～10dB(A)，是整个机组的主要声源部位，又由于大部分中小型空压站的进气口都设在室外屋檐之上，所以对外环境的污染严重。

2. 排气噪声

空压机排出的压缩空气经排气管进入贮气罐或其他用气部位，与进气一样，排气也是间歇地进行，必然要形成压力脉动，使排气管和贮气罐振动而辐射噪声。由于排气是在密封管道中进行的，管道壁较厚，有的系统在贮气罐和排气口之间还设有冷却器，所以排气噪声比进气噪声要低，也呈明显的低频特性。如果排气管道系统设计不当也有可能发生共振而产生结构噪声。

有些空压站的贮气罐布置在室外，甚至接近居民住宅，其噪声对环境亦有不利的影响。

3. 排放噪声

有的空压站在空气机的排气管道或储气罐设置了排放口，在周期性停车或调试过程中，把压缩空气排放至大气而形成很强的喷射噪声，声级可超过 110dB(A)，是空压站最强的噪声源。排放口常启动，并且声级过高，对内外环境都有较大的危害。

4. 机体本身噪声

空压机运转时，许多部件撞击摩擦而产生机械性噪声即本机噪声，主要包括曲柄连杆机构的撞击声、活塞在气缸内作往复运动的摩擦振动噪声以及阀片对阀座冲击产生的噪声等。机体本身噪声具有随机性质，呈宽频特性。有些空压机的产品说明书上标有本机噪声，从理论上说应为围绕机组若干测点声级的平均值，测量应符合 JB2747 容积式压缩机噪声测量方法的有关规定，小型空压机 1m 处噪声为 82～85dB(A)；中型空压机 1m 处噪声 85～88dB(A)。

5. 电机噪声

一般来说，中小型空压机组的电机噪声要比空压机本机噪声低一个数量级，占次要地位。

6. 空压机的振动

空压机曲柄连杆机构的往复运动所产生的不平衡扰力是压缩机基础振动的根源。V 型及 W 型空压机，气缸直径小，不平衡力较小；L 型空压机具有较大的垂直扰力和水平扰力；Z 型空压机也具有一定的垂直扰力及回转力矩。

往复活塞式空压机的不平衡扰力及回转力矩可以通过计算求得，常用的 L 型及 Z 型空压机的扰力可从有关手册中查出，表 10-5 列出了几种空压机的扰力数，表中一阶与二阶频率是每秒作用的次数及其倍数。L 型及 Z 型空压机的转速为 400～730r/min，其一阶扰力的频率为 6.7～12.2Hz，其中 L 型空压机(低转速)的一阶频率为 6.7～10Hz，这一频率正好与人对振动的反应的最敏感频率相吻合，因此，这些振动对人体的危害比较严重，是空压站内外环境恶劣的主要原因之一。

表 10-5　几种空压机的扰力

空压机型号	转速/(r/min)	垂直扰力/kN		水平扰力/kN	
		一阶	二阶	一阶	二阶
2Z-3/8-1 2Z-6/8-1	730	0.49	2.65	0	0
3L-10/8	480	4.90	2.65	1.67	1.67
4L-20/8	400	2.30	3.60	3.1	2.3
5L-40/8	428	26.7	10.8	6.1	5.9
L5.5-80/2	590	4.0	5.2	4.0	5.2

7. 空压机站噪声振动概况

一般来说，安装多台往复活塞式空压机的空压站是一个强噪声及强振动的动力站房，如果不采取必要的控制，空压机运转时产生的噪声振动将对站房内外环境形成较严重污染。

站房内数个强噪声源的辐射叠加和站房内混响声使站房内的噪声级达到 88～95dB(A)，即使设有封闭的隔声值班室，值班室内的噪声也会超过 70dB(A)，站房窗外的噪声在 85dB(A) 左右，进气口处的噪声在 100dB(A) 左右，而且这几处的 C 声级都超出 A 声级 10dB(A) 以上，有丰富的低频噪声成分。

由于低频声能级高，距离衰减慢，容易绕过障碍物等，不易隔离，往往一个中型空压站的噪声就足使一条街或一个小区成为不得安宁的共鸣环境，距离空压站 30m 处的噪声仍超过 50dBA。空压机基础及站房地面的垂直振动级可达到 85～90dB，振动以弹性波的形式通过土壤向周围传播，距空压站 20m 处地面垂直振动级达到 75dB 以上，而且振动频率一般为 6～12Hz，对人的危害程度较大，其通过土介质衰减较慢，影响范围也较大。低频噪声和低频振动不但使站房内环境恶化，而且对外环境污染十分严重，往往成为厂群矛盾的交点。

长期在空压站工作的值班工人，受噪声振动的危害，患有神经衰弱、心血管疾病、高血压及植物神经失调等多种疾病。

8. 空压站的辅助设备噪声

空压站的辅助设备是水冷却系统的设备：离心水泵及冷却塔；气体的干燥与净化系统设备：切换阀门及脱水器；通风系统的轴流风机等。虽然这些辅助设备的噪声比起空压机的进排气及本机噪声要低一个数量级，但是在空压机主要声源经控制降低后，这些辅助设备的噪声有可能突出，对于邻近居民住宅的空压站，这些辅助设备的噪声与振动的影响不可低估。

10.5.2 空压站噪声振动控制的原则方法

对于新建或与总体项目同时设计的空压站，应严格按照有关的设计规范及标准，分别采取消声、吸声、隔声及隔振等综合措施，努力把空压站设计成低噪声、低振动的现代化动力站房。由于这些措施与站房工艺土建同时设计同时施工，花钱不多，施工安装容易，收效甚大。尤其在总图的工艺布置方面，尽可能使空压站远离居民住宅和对噪声振动敏感的场所，尽可能利用一些建筑作为自然声屏障(如仓库)，贯彻噪声振动控制与站房土建工艺同时设计、同时施工、同时验收的原则，把噪声振动控制指标作为空压站设计的一项考核指标。

对于现有的空压站的噪声振动治理，只能因地制宜，根据环境标准要求及站房具体情况分别采取有关控制措施。对空压站的噪声振动控制设计，必须充分考虑以下的工况：(1) 空压站是热车间，站房内的通风降温必须符合有关设计规范；(2) 空压站的噪声呈显著的低频特性，振动亦是低频振动；(3) 空压机进气有一定的洁净度要求，排气系统属压力容器。表 10 - 6 所列是空压站可以采取的各种控制措施，可供参考。

表 10 - 6　空压站可采取的各种控制措施

序号	措施内容	安装位置	目的	难易程度	费用	备注
1	合理的总图布置及工艺设计		使总体布局合理	易	少	极为重要
2	进气消声	进气口	降低进气噪声	易	2000～3000 元	重要
3	排气消声	排气管道中及储气罐中	降低排气噪声及气罐噪声	易	2000～3000 元	重要
4	排放口消声	排放口或排污口	降低排气噪声	易	2000～3000 元	重要
5	储气罐吸声	储气罐中	降低气罐共鸣声	易	500	
6	站房内吸声	站房顶部	降低站房内混响声		65～125 元/m²	
7	隔声观察值班室	站房内	保护操作人员			重要
8	机组隔振	机组基础上	减少振动传播	较难	10000～30000 元/台	
9	门窗的改造	站房建筑结构	减少空气声传播			在有环境噪声要求中实施
10	通风系统消声	通风系统中	减少空气声传播			
11	其他	冷却塔管道系统				

1. 进气消声

由于空压机进气噪声比机组噪声高出 10dB(A) 以上，所以在空压机进气口或管路上安装消声器以降低进气噪声是必须实施的措施之一。进气消声器是一种以抗性为主、辅以阻性的复合式消声器，市场上可供选择的有 K 型、XL 型、RCM 型、KXX 型及 ZKSG 型组合式空气消声过滤器，有的厂矿利用地形设计成地坑式消声器，实际消声量一般为 10～25dB(A)。在设计进气消声器时，除了针对基频 $f_1 = \dfrac{mn}{60}$ 的低频噪声外，还应注意消声器内部清洁及滤清器的配合使用，并尽可能减少进风阻力。在选用进气消声器时，应注意消声器的过滤作用与压降指标，消声器一般安装在进气端。

2. 排气消声

空压机排气口处安装消声器是降低气体脉动形成的低频噪声，可使排气管道及储气罐处噪声有较大的降低，有的排气系统安装有冷却器也可起到类似的作用。排气消声器尚无正式产品，可自行设计成二级或三级抗性膨胀室消声结构。设计时应注意到在排气管道中流通的是具有一定温度的含水含油的压缩空气，并须符合钢制压力容器的设计规范，绝对不允许用进气消声器代用。

3. 排放口消声

在压缩空气排放口安装放空消声器，可大大降低排放口的压缩空气喷注噪声，市场上已有可供选用的放空消声器，一般有 20～30dB(A) 的消声量。这类消声器是小孔喷注和降压扩容式，自行设计时可参考有关专著，并要注意排出的压缩空气不但压力高，而且含有油与水，尤其是储气罐兼排污用的排放口。

4. 储气罐内吸声

在储气罐内安装吸声体，可降低储气罐内的共鸣声。但在安装了排汽消声器后，一般情况下此措施已无必要。在特殊情况下，储气罐内安装吸声体时，要考虑到罐内的压缩气体的温度、含油含水，储气罐是一压力容器等工况。

5. 站房内建筑吸声

在站房内及值班室的顶部安装吸声结构是为了增大站房内的吸声系数，降低因混响引起的噪声 4～6dB(A)，减少站房噪声对外环境的影响。

从理论上看，吸声结构的总面积为站房面积的 40%～60%，就能达到较佳的吸声降噪效果，为了兼顾站房内的整体协调，可在站房的顶部安装一个全面积的吸声顶(如果站房高度大于站房长宽尺寸，就不要在顶部安装吸声顶，而把吸声结构安装在四边墙上)，在墙上就不必再安装吸声结构了。

吸声结构的设计须充分考虑站房噪声的低频特性，适当加大吸声材料的厚度和容重，吸声结构还须考虑室内消防、安全及色彩协调问题。

6. 隔声值班室

在空压站的一侧或一端设置一个按标准要求的隔声值班室，使操作值班人员在其中观察和休息，仅是定期进入站房内巡视检查，这样可使值班人员大部分时间免受较高噪声的直接影响。

新建的空压站隔声值班室可与站房同时设计，围护结构可用砖墙，通往站房的门设为隔声门，并在墙上设置面积较大的双层玻璃隔声窗，供值班观察用，窗的安装高度要求距地面 900mm。值班室内可安装吸声顶，并满足通风方面的要求。

旧有的空压站，可因地制宜地设置隔声值班室，或选用组装式的隔声室。

7. 门窗处理及通风系统的消声

一般情况下，空压站的门窗不应封闭，以利于站房内的通风降温，但站房距居民住宅较近时，就不得不把空压站的门窗封闭并安装机械通风系统。也就是说，门窗一旦封闭，就必须机械通风，风量须满足机组散热的要求。

8. 空压机的隔振处理

中小型往复活塞式空压机的隔振因机型不同、结构不同及振动扰力不同，处理方法及难易程度也不同。V 型及 W 型空压机，重心较低，转速较高，结构基本对称，隔振处理比较简单。Z 型空压机重心偏高，有一定的倾覆力矩，隔振结构设计应比较慎重。L 型空压机的重心偏高，不但有较大的垂直扰力，而且有较大的作用位置较高的水平扰力，尤其是低转速 L 型空压机的隔振后机组振幅不易控制，难度较大，应进行必要的工程计算。在进行隔振设计时，应着重考虑以下几方面的问题。

1）隔振效率与系统固有频率的确定

隔振系统的固有频率至少应满足以下计算式。

$$\frac{f}{f_0} \geqslant \sqrt{2} \qquad (10-13)$$

式中　f——机组的一阶扰力频率，对于 Z 型、L 型空压机

$$f = \frac{n}{60} \qquad (10-14)$$

　　n——机组转速（r/min）；
　　f_0——隔振系统的固有频率（Hz）；

$$f_0 = \frac{1}{2\pi}\sqrt{\frac{k \cdot g}{\omega}} \qquad (10-15)$$

式中　k——支承振器的总刚度（kg/cm）；
　　ω——机组及隔振台座的总重量（kg）；
　　g——重力加速度，980cm/s^2。

为了取得良好的隔振效果，建议 $\frac{f}{f_0}$ 的值为 3～5，其隔振效率为 85%～95%。对于转速为 400～500r/min 的 L 型空压机，其隔振系统的固有频率为 2Hz 左右，属超低频隔振系统。

2）机组振动的控制值

空压机机组隔振之后，机组自身的振动必然要增大，为了保证空压机的正常运转和使用寿命，必须对隔振后的振动加以控制。根据《动力机器基础设计规范》对往复活塞式空压机基础的设计要求，并参考国外有关动力机器隔振后（软支承）机器本身振动的控制值规定，可把空压机隔振后的振动控制值定为 10mm/s（中型以上机组）及 6.3mm/s（小型机组）。

机组振动的主要控制方法是增设附加质量块（即公共底座的质量）及加大支承面积，对于 L 型空压机附加质量，一般设计为机组质量 3～5 倍，并使隔振器的支承点之间最大距离为机组重心高度的两倍。

3）隔振器的选择

隔振器的选择须注意两个参数，即隔振器的动刚度和隔振器的阻尼比，前者为了确定

系统的固有频率；后者是为防止机组在启动停机过程中经过共振区振幅太大。一般螺旋钢弹簧隔振器基本上可满足往复活塞式空压机隔振系统的刚度要求，但市场上供应的这类产品的阻尼比太小，笔者在处理 L 型空压机隔振中，设计了一种大阻尼弹簧隔振器，这种大阻尼弹簧隔振器的阻尼接近橡胶隔振器，使用效果不错。

4）管疲乏及电缆的弹性连接

为了防止振动沿管道及电缆向外传递，并保证管道及电缆的正常使用和不被破坏，隔振台座上机组的管道电缆向外须增加弹性的连接元件，电缆线可盘成螺旋状，进气管和冷却水管安装橡胶柔性拉管（每个方向上安装一个），排气管道如温度较高可安装不锈钢波纹管。

5）隔振效果

如果隔振系统的频率比能达到 3～4，隔振后地面振动将衰减 15～20dB，人坐在值班室内将不会感到地面明显振动，而且固体声的传播也将明显减少。

9. 空压站噪声治理效果预估分析

对于空压机单项的控制措施，比如进气消声其预期效果比较接近实测值；站房内的降噪效果比如隔声值班室内噪声基本符合理论计算。但是空压站噪声对环境的影响经治理后，对降低量却很难作出精确的定量分析，有一些空压站噪声治理，其环境噪声的预期效果（或计算得到）与治理后实测效果差距较大，其原因是：某一点的噪声级是多个声源辐射传播声压的叠加，每个声源的特性及传播规律不一定相同，有点声源、线声源、面声源及介于三者之间的特殊声源，再加上周围环境的多种影响如产生反射等。因此，空压站噪声治理效果的预估分析须注意以下几方面的因素。

（1）站房向外辐射噪声距离衰减计算，在近距离按面声源距离衰减率；进气口的噪声距离衰减按点声源，但也有留一定的余地。

（2）由于噪声呈低频特性，距离衰退减慢，在进行距离衰减计算时应充分考虑这一特性，或采用分频计算。

（3）空压站隔振与否，不但与建筑结构的二次结构噪声有关，也与固体声传播途径的隔离有关，对于没有采取空压机隔振的空压站，固体噪声的影响不可低估。

（4）注意噪声传播的指向性，还应注意噪声的泄漏影响、周围建筑物的隔声及反射等问题。

（5）空压站附属设备，如冷却塔的噪声影响须充分注意。

习　题

1. 对于常用机电设备的噪声治理可以采取哪些常规的控制措施？

2. 风机配用的电机噪声主要有空气动力性噪声、电磁噪声和机械噪声，那么对于风机噪声应该采取何种控制措施？

3. 冷却塔由于用途不同而有多种结构形式，对于不同的类型冷却塔应采用何种控制及防治措施？

4. 简述内燃机噪声的产生机理和特点。

5. 对空压站的噪声振动控制设计注意哪些事项？简述空压站噪声治理振动控制的原则方法。